# 干潟に生きる小さな貝たち

## のどかで楽しい不思議な暮らし

小倉雅實 著
江良弘光 画・マンガ

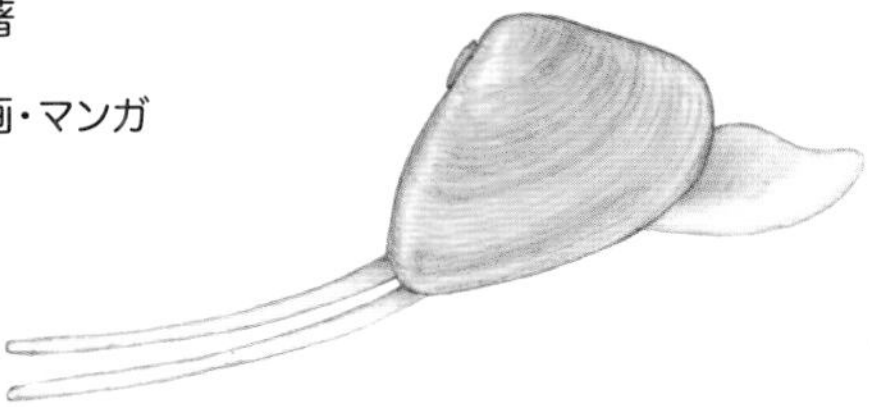

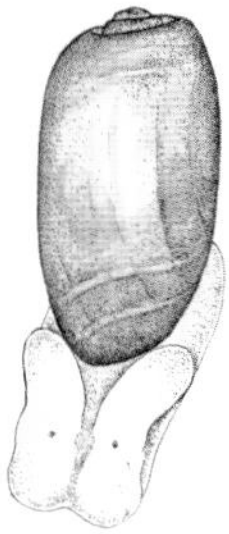

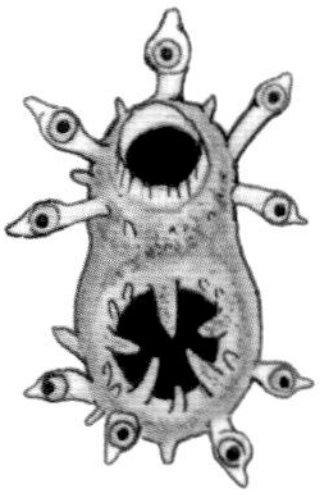

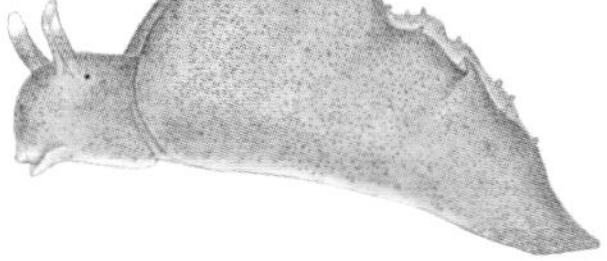

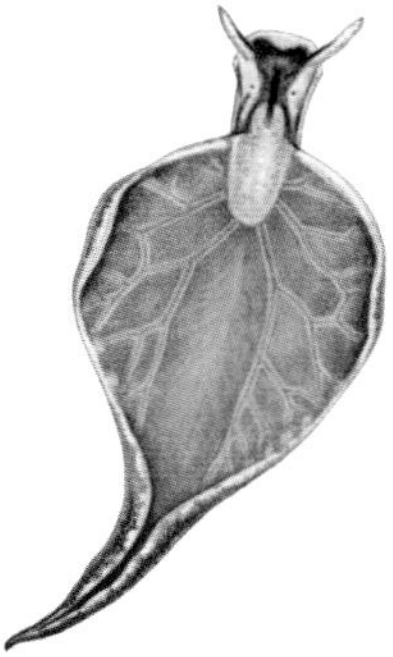

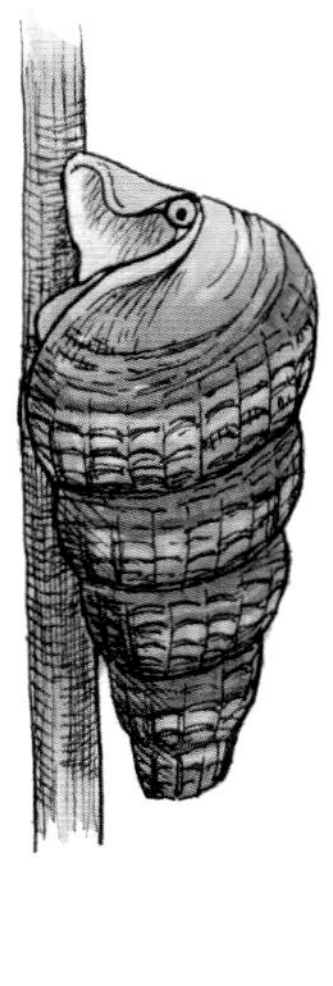

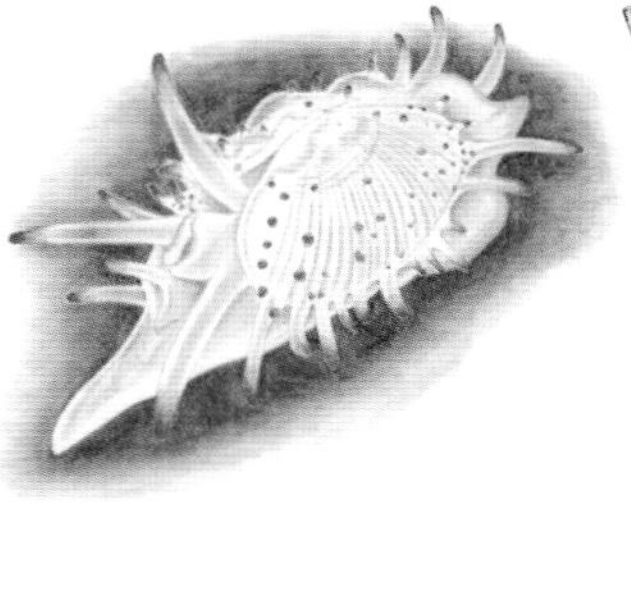

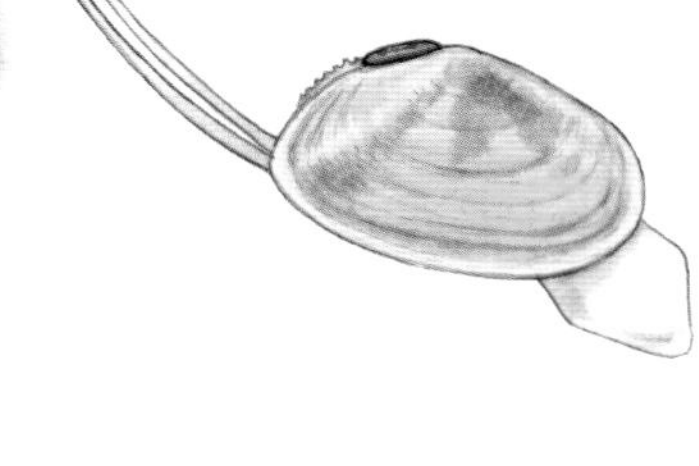

八坂書房

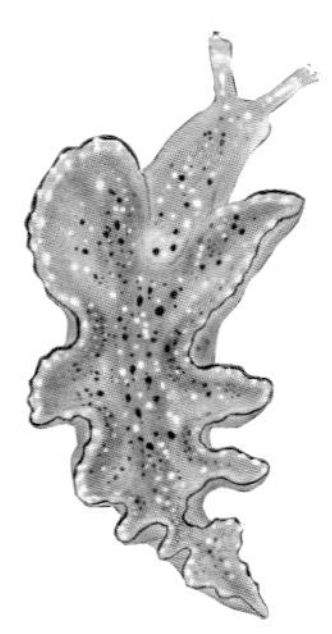

# はじめに

私は長靴をはいて干潟を歩き回るのが大好きです。

干潟は楽しいミュージアムです。

干潟は海と陸が共存し、淡水と海水が入り混じる生きものの楽園です。近ごろ、干潟は人間との共存が難しくなったためか、私の地元の相模湾ではほとんどなくなり、関東周辺でも見られなくなってきています。干潟、そこに暮らすちっちゃな生きものたちは様々な工夫をしてライフスタイルを進化させてきました。ここでは小さな干潟に暮らす生きものたちののどかで楽しいライフスタイルを少しだけ紹介します。長靴をはいて、スコップ、フルイ、バケツ、物差し、ノートと鉛筆そして最新兵器のデジカメを持って干潟に出かけ、歩き回ったり、干潟に何時間も座り込んだりして干潟の生きものを見て感じ、不思議に思ったこと、調べて考えたことなどを書き綴りました。私が小学生、中学生だったころに知りたかったなあと思ったことを書いたつもりです。これを読んで、干潟と海辺の生きものに興味を持ち、干潟が楽しいところだなあ〜と思ってくれる仲間が増えると、とても嬉しいです。

小倉雅實

『干潟に生きる小さな貝たち』

# 目次

## 第二章 二枚貝は干潟の地下生活者（トラグロダイト）……63

# この本について

どーも、生物画家をしてる江良弘光（えらひろあき）です
この本ではイラストとマンガを担当します
なぜこの本にマンガがついてるかと言いますと
貝の話というのは馴染みがなくマニアックです
作者の小倉雅實（おぐらまさみ）さん
私は一般の人にも読んで欲しいので、何かいい方法はありませんか？

小倉さんのこの依頼に私（江良）が考えたのが

さて、どうしたものか

小倉さんに出会った頃のエピソードをマンガにして小倉さんの本文の前につける事でした。

と、言うのも、当時の私は、貝も干潟の生物も全然わからない初心者で

調査方法から何から全部、小倉さんに教えてもらったのです。

私が調査を学んだ場所は神奈川県三浦半島の先っちょにある、小網代（こあじろ）湾の奥に広がる小さな干潟です。

私と小倉さんは小網代の森の環境を保全するＮＰＯ法人に所属していて、

三浦半島

小網代（こあじろ）湾

干潟

そのＮＰＯで、十年程前、干潟の生物調査をすることになり、私は小倉さんについて干潟調査員見習いを始めました。

私はスコップやフルイを使うベントス（底生生物）調査というのも初めてでしたし、

干潟に棲むたくさんの貝についても、そのほとんどが魚屋さんには並ばないものばかりで、名前も知りませんでした。

そうした貝の生活についての小倉さんから聞く話も、初めて聞く話ばかりでした。

調査してみると、小さいながらにスゴイ干潟で、関東では中々見られなくなった生きもの

不思議な生きものがたくさん暮らしていました。

小倉さんはこの干潟で長年コツコツと調査を続けていて、

その膨大な知識と知見を、惜しげもなく、いくらでも教えてくれました。

素晴らしい干潟と先生に巡り合ったことで

私はすっかり干潟の面白さに目覚めてしまいました。

こんな干潟初心者が、干潟の面白さにはまっていく様を通じて、

干潟の面白さを皆さんにも感じてもらえたら、と思ってマンガをつけたわけです。

また、小倉さんの話には予備知識が必要なものもあるので…

恐縮です…

マンガで事前に説明をしていたりもします。

前置きが長くなりましたそれでは、どうぞ!

フルイ買った

# 第一章　干潟の小さな貝たちの暮らし

# 干潟歩き入門日記
## 小倉さんそれ小さすぎます!の巻

これが、小網代（こあじろ）の干潟です。
すでに何年か小網代の川の調査をしていた私は、河口に広がる素晴らしい干潟を調べてみたいと思っていました。

そんな折、干潟調査の話が持ち上がりました。私はこれ幸いと調査員に名乗りを上げました。
はーい！やりまーす！

干潟調査の中心は小倉さん。小網代は森が有名で、森好きの人が多いのですが、
小倉さんはとにかく干潟が好きで、長年この干潟を見続けていたからです。

丁度そのころ、小倉さんは定年退職間近で干潟に入り浸りの状態でした。
おお、小倉さん今日も来てる…そうか、今日は大潮か…
潮が良い日は大抵いる
長年激務で思うように干潟にこれなかった欲求不満が爆発し、退職前から有休消化で干潟に入っていたのです。

私も調査に参加したい旨伝えると
私はもう時間がありますから、江良さんに合わせますよ
初心者歓迎です
とのありがたいお言葉。こうして私は干潟調査に入門しました。
さて、初調査当日、待ち合わせは干潟
おお、もう調査してる
おはよーございまーす。今日からよろしくです

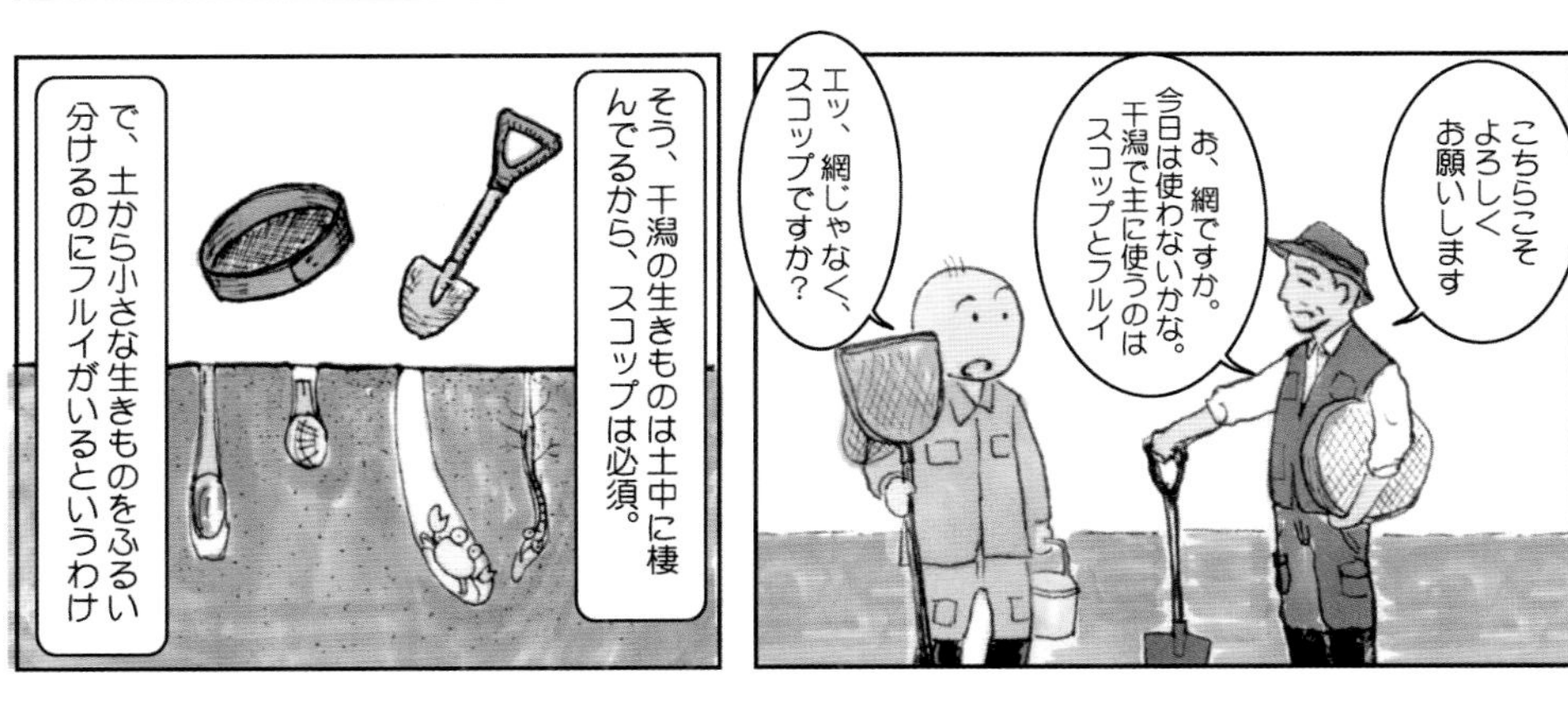
こちらこそよろしくお願いします
お、網ですか。今日は使わないかな。干潟で主に使うのはスコップとフルイ
エッ、網じゃなく、スコップですか?
そう、干潟の生きものは土中に棲んでるから、スコップは必須。
で、土から小さな生きものをふるい分けるのにフルイがいるというわけ

良さそうな場所の砂を採ります。
採るのは表面の砂で良いです
ヨイショっと

砂を採ったら海で洗います。
だから、あんまり海が引きすぎるとかえってやりずらい
ジャブジャブ

と、まぁこんな感じでやるわけです
私が使ってるのは農作業用の一ミリ目のフルイです。
なるほど~フルイはこう使うんですね。

さて、何が採れてますかね
おお〜！色々いるもんですね〜
ハゼの仲間
小さなカニ
エビジャコ
ホソウミナ
チロリ
ヤドカリ
ゴカイの仲間
エビの仲間
思ったよりフルイで色々採れるのはわかったのですが
今日、小倉さんが狙ってる生きものとかあるんですか？
ああ、今日狙っているのはコメツブガイって貝なんだけど…
う〜ん、入ってるかなぁ…
え、ピンセット…
あ、いたよ
コメツブガイこれです
え、どれ？
この指先のがコメツブガイ
3ミリ弱
え！このちっちゃいの貝の赤ちゃんじゃないんですか!?

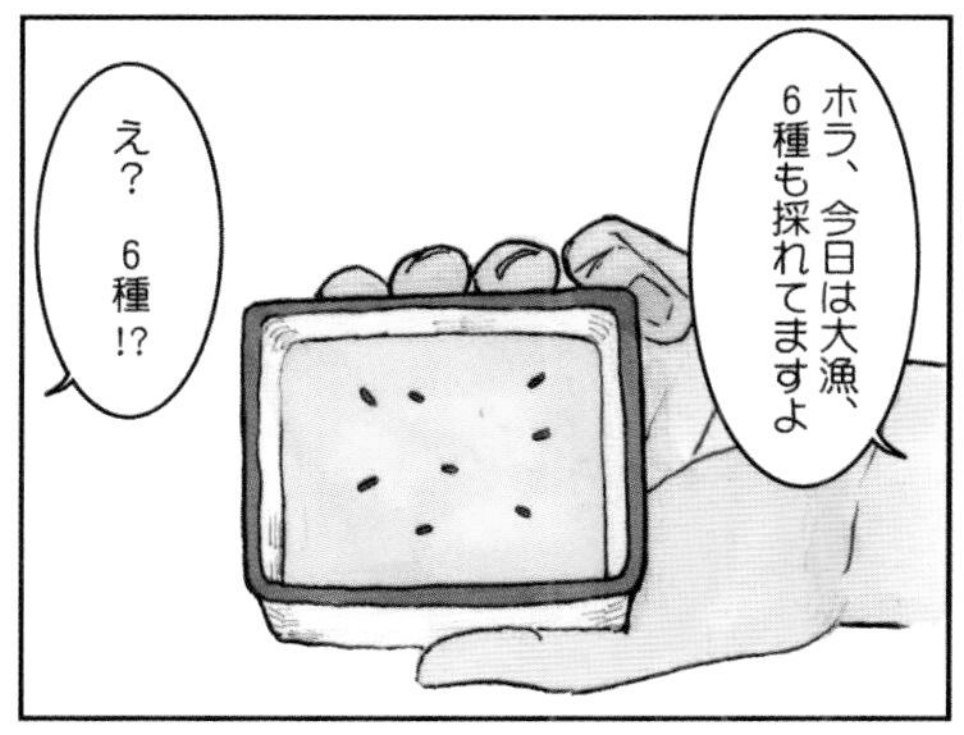

見つけるのもやっとなこのちっさい貝をさらに6種もみわけるのか…

ゴ‥ゴクリッ

しょ、正直言って、ゴマ6粒と見分けがつかん気がする・・・

もしやこれはすごいことに手を出してしまったのではっ

干潟って広々して楽しそうだなぁ〜、ぐらいの気持ちで調査員になったが、想像を超える難易度に恐れおののくことになった調査初日。あやうし！ 干潟調査！

# 1 干潟には小さな貝たちがいっぱい

## ◎生きた貝は美しい

干潟の貝、というとみなさんはどんな貝を思い出すでしょう。アサリ、ハマグリ、マテガイ……潮干狩りでお馴染みのおいしい貝を思い出す人が多いことと思います。私は干潟で貝を探してばかりいますが、探しているのは食べられるおいしい貝ではなく、もっとずっと小さな、米粒より小さな貝です。こうした貝は潮干狩りのやり方では見つかりません。どうやって探すかというと私はフルイを使って探しています。干潟の泥をフルイで振るうと、体長五ミリに満たないような小さな貝がたくさん見つかります。こうした小さな貝は貝の赤ちゃんだと思われがちですが、その大きさで成熟する貝もたくさんいるのです。

こんな風に食べるわけでもない小さな貝を年中、一生懸命に採っている姿を、地元の漁師さんなどはあきれ顔で見ていますが、私にとってはとても楽しい作業なのです。砂粒より小さな貝を探すのはとてもマニアックな行為のように思われがちですが、小さくとも生きた貝には死んだ貝殻には無い艶や透明感があり、なんともいえず美しいものです。私が干潟でフルイを振るって貝を探す姿を見た友人たちは、「砂金か宝石でも探してるみたいだね」とからかいますが、言われてみればなるほど、私にとってそれは宝探しそのものです。もっとも私にとって貝は砂金や宝石よりずっと美しく映るわけですが。

# 私が干潟で出会った美しい貝たち

この方法で百種類を超える貝たちに出会うことができました。なにより重要なのは、この方法は小さな貝を生きた状態で採ることができる点です。生きた貝の美しさは格別です。

貝の殻というのは丈夫なもので、貝が死んでしまっても美しく、ついつい拾って集めたくなるものですが、それでも生きた貝の美しさには遠く及びません。生きた貝の殻は生命感があってとても美しいのです。小さな貝は殻が薄いものが多く、特に生きているときの美しさが際立ちます。

## ◎コメツブガイたちの棲み分け

そうした小さな貝の中にコメツブガイの仲間がいます。小さな俵型の形をしたこの貝は環境の変化に弱いのか、日本各地の干潟でその数を減らしています。しかし、小網代の干潟では健在です。さらに嬉しいことに一種ではなく、多くの種類に出会うことができます。これは、関東の干潟では異例の多様性で、小網代干潟の保存状態の素晴らしさの証だと思います。

小網代干潟の上部の澪筋(ミオスジ)横の砂泥底(さでいぞこ)には、殻の表面が赤褐色の殻皮(かくひ)に覆われ、螺塔(らとう)の頂部が少し突出し、螺溝(らこう)が上下端にしか見られないコメツブツララの仲間（正確な名前は決められないため、コメツブツララsp.としておきます。35ページ参照）が暮らしています。数はごくわずかでミオスジ近くの少し泥っぽい場所に暮らしています。

それに対してコメツブガイは干潟の海寄りの場所、アマモが見られるようなあたりを中心に暮らしています。ですが、個体数が増える初夏から夏にかけてはコメツブツララsp.が暮らすミオスジ下流あたり

## コメツブガイの仲間の棲み分け図

コメツブガイの仲間の多くは干潮時にも干上がらない場所で暮らすのに対し、コメツブツララは干潟の中でも干上がりやすい干潟上部に暮らしています。

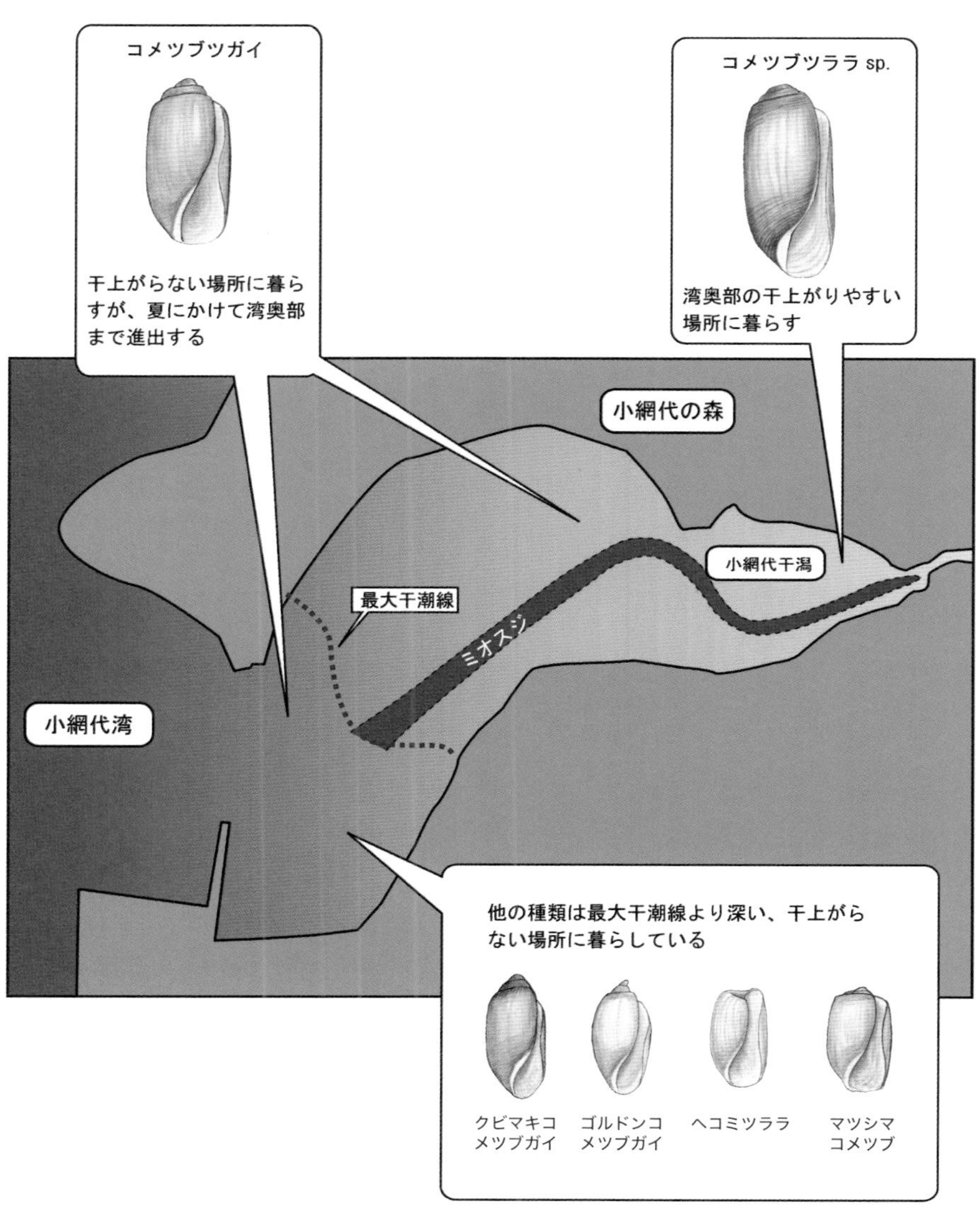

まで範囲を広げます。その他にも、ヘコミツララガイ科のマツシマコメツブとヘコミツララ、クダタマガイ科のゴルドンコメツブガイが、コメツブガイと同様の場所にわずかに見られます。こうした棲み分けを示したのが前ページの図です。

このほかに少し大きいブドウガイ科のカイコガイダマシやカミスジカイコガイダマシ、ホソタマゴガイも干潟のやや海寄りのところに少しだけ暮らしています。干潟に暮らす小さな生きものは広い干潟で一番暮らしやすい場所を見つける工夫をそれぞれが行っているのです。

この図を見ると、コメツブツララ sp. が飛びぬけて湾奥で暮らしていることが分かります。他のコメツブガイの仲間が一番潮が引いた時にも干上がることのない場所に暮らしているのに対し、この貝はぐっと湾奥の干上がりやすい場所に暮らしています。湾奥の干潟上部というのは大潮の日には何時間も干上がり、夏には強い日差しに、冬は海水よりはるかに冷たい空気にさらされる厳しい環境です。

「小さな体でこんな厳しい環境に暮らすなんてスゴイ貝だ、一体、どんな暮らしをしているのだろう?」私はこの貝が何を食べ、どう暮らし、寿命はどれくらいか、そんなことが知りたくなりました。

調べるにはまず名前を確かめねばなりません。新種でもないだろうし、大きな図鑑で調べれば分かるかと思いきや、これがなかなか大変でした。次ページの写真を見てください。コメツブガイとコメツブツララの仲間は、みな一様に俵型の殻を持っていて、どれもよく似ています。実際、区別するのがとても難しい種類の貝だったのです。

## コメツブツララsp.とコメツブガイ

この二種はよく似ていて、慣れないと区別は難しいです。比較写真を載せますので、見比べてみてください。

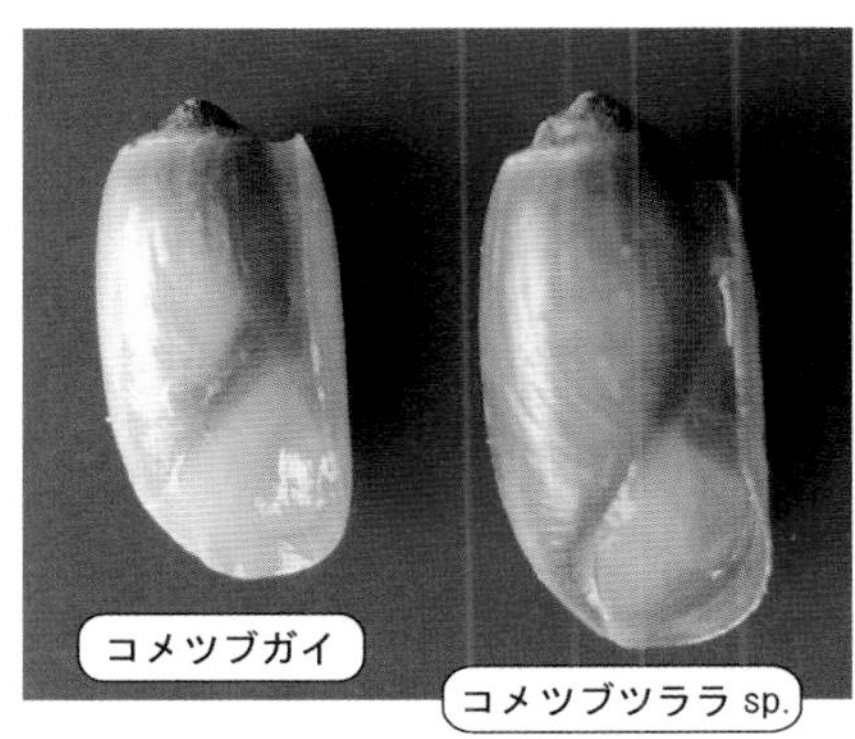

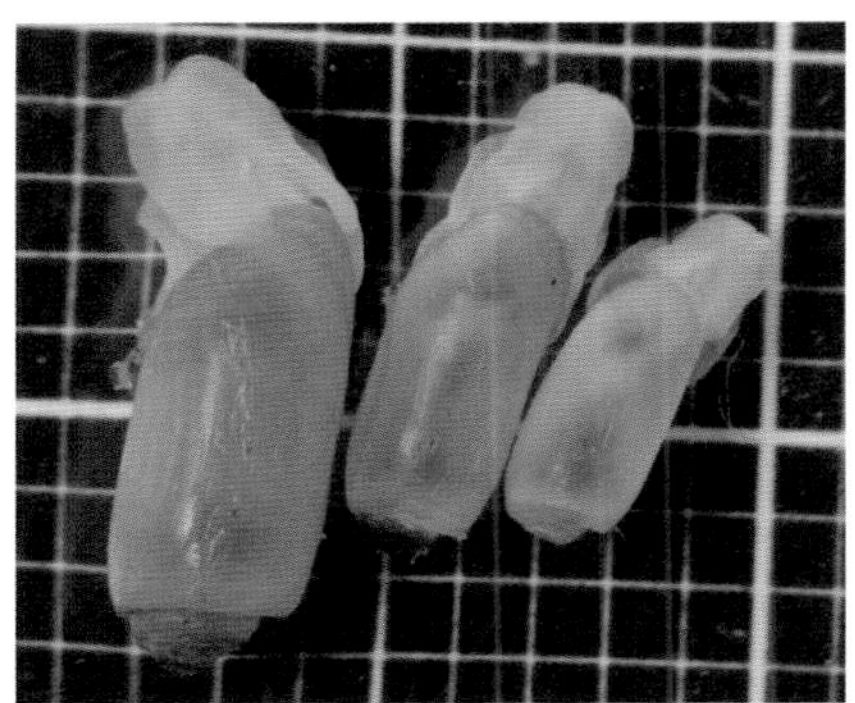

色んなサイズのコメツブツララ sp.

殻皮が茶色く螺塔が高い

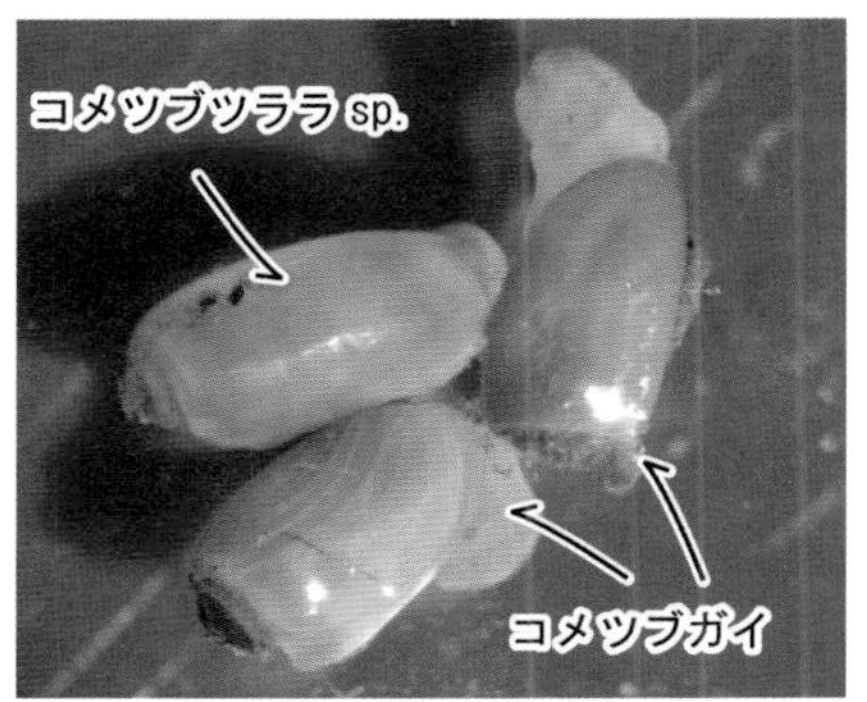

殻皮が白っぽく螺塔が出ている

## コメツブガイの仲間いろいろ

小網代干潟には多種類のコメツブガイの仲間が暮らしています。
その一部をご紹介します。これらの区別もなかなか難しいです。

### マツシマコメツブガイ

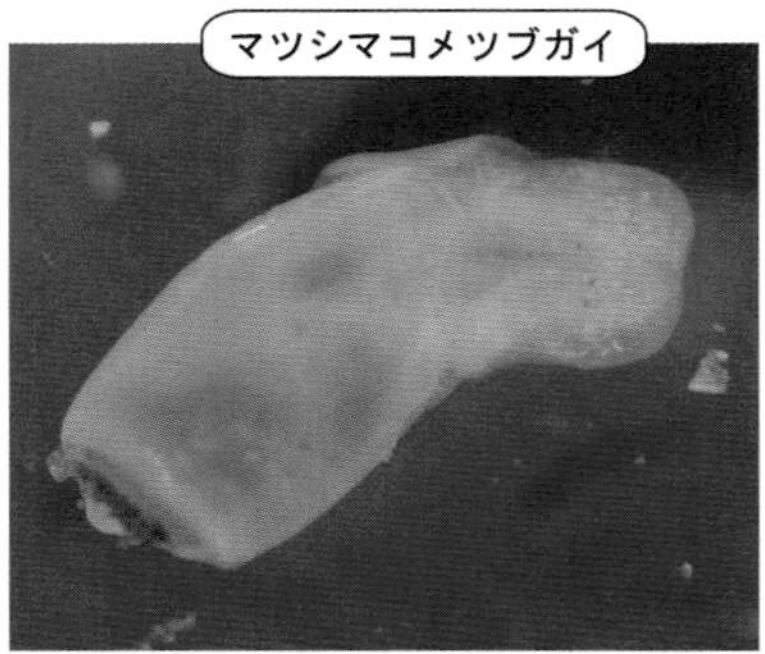

螺塔の頂部は低く色は淡い黄色で半透明、殻は円筒形で太短い

### クビマキコメツブガイ

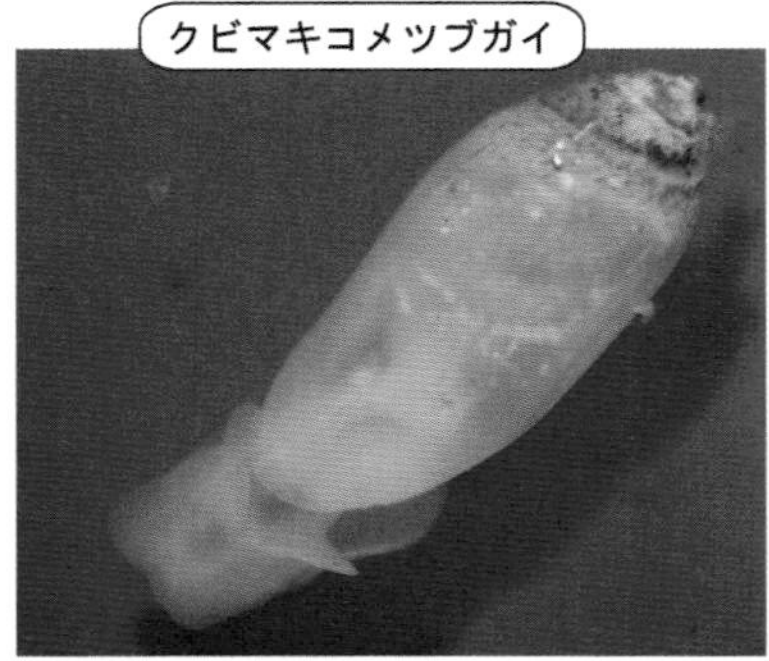

螺塔の頂部が大きく突出し、色は淡い黄色で半透明、殻は紡錘形をしている

### ゴルドンコメツブガイ

螺塔の頂部が大きく突出し、色はほぼ白色で光沢がある。殻は厚く紡錘形をしている

### ヘコミツララ

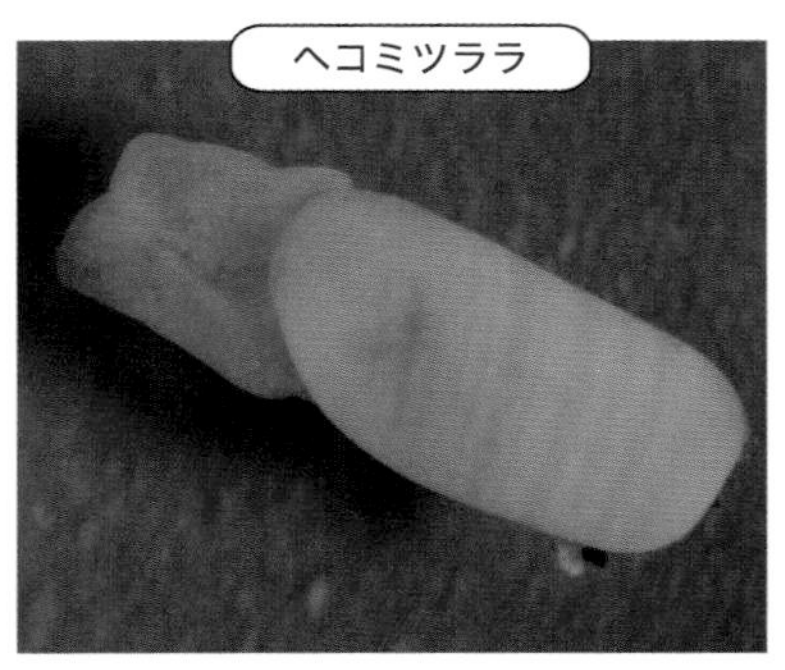

螺塔の頂部は浅くへこみ、色は白色で半透明、白色の螺帯をめぐらす

### カミスジカイコガイダマシ

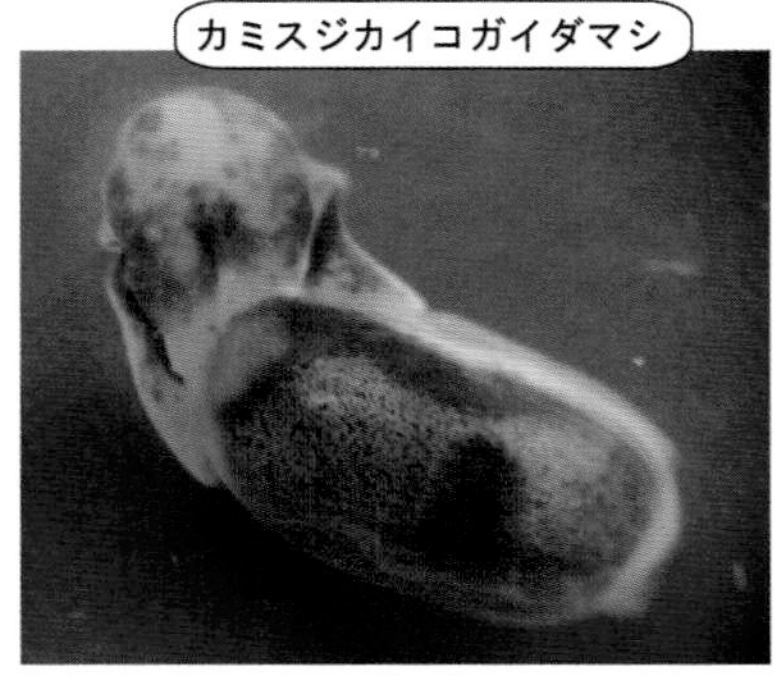

軟体部が黒く、殻にも特徴的な模様がある

### ホソタマゴガイ

殻はタマゴ型で特徴的な模様がある

# 小さな貝の観察器具

こんな小さな貝をどうやって観察したり、撮影しているのかよく質問されます
特別な器具は使ってませんが、私の使っている道具を少しご紹介します

## ピンセット

自作で竹製です
ミジンコもつまめます

貝に直に触る器具なので、ピンセットは大事です。極薄の殻を割らないように、竹で自作しました。特別なことでは無く、微小貝屋には竹ピンセット作りの名人がたくさんいます。KFI 製の微生物用ピンセットは、ペラペラ部分がクッションになってミジンコも潰さずにつまめるスグレモノです。

## 実体顕微鏡

顕微鏡は良いものが欲しいです
LEICA
Leica

微小貝を見るのに実体顕微鏡は欠かせません。良い顕微鏡は歪みの無い視野が広く、色の見え方も違います。対物レンズはアポクロマートなど、色収差の少ないものがおすすめです。私はライカのものを愛用しています。初めてライカで微小貝を見たときは、シャープで色味も素晴らしくて感激したものです。ちょっと値は張りましたが…

## デジカメ

顕微鏡との相性も良し！
EXILIM

野外観察が多いので、コンパクトデジカメが軽くて使い良いです。特にカシオのハイスピード EXILIM は起動が速く接写もできるので愛用しています。なぜかライカとの相性が良く、接眼レンズから撮ってもシャープな撮影ができるので顕微鏡カメラとしても使っています。カシオがデジカメから撤退してしまったのがとても残念です。

# 干潟歩き入門日記

## 小倉さんは柔らかいものが好きの巻

どうなる事かと思った干潟調査ですが、人間、三ヶ月もすると慣れるもので、朝、その日調査する場所を決め、
さて、今日はドコやりましょうか
造船所の前あたりどうですかね
フルイ買った
まず、何箇所かで砂を採取して、
網で表層砂泥をさらっている。
浅い場所に棲む生きものを見るなら、この方が広い範囲の砂泥を集められて良いとわかった
モクモ
ズズズ

その砂を、日没か満潮で調査不能になるまで見るというスタイルに落ち着きました。
集めた砂泥
じゃあ、やりますか

あ、いた
なに？

ムシロガイかな？
おう、それはすごい

あ、いた

何です？
ヘコミツララ
なんとのどかな調査であることか…

何しろ6時間以上この調子なので
いろいろ雑談をする。
小倉さんはなんでコメツブガイ好きなんですか？
私、ウミウシ好きなんですよ。コメツブガイはウミウシに近い仲間でね。それで

ん？　なんで、ウミウシ好きなんですか？
ウミウシ、殻ないじゃん。そこが良い。
殻とか骨とか、硬いのって好きじゃないんだよね。

え？小倉さん貝屋なのに貝殻好きじゃないんですか
嫌いじゃないけど、貝殻って生きてないじゃない。
生きてる軟体部の方が興味ありますね

アラムシロ
殻がっちり
アメフラシ
殻ほぼゼロ
貝と言えば貝殻なんだろうけどこーいうガッチリした貝より
ウミウシみたいに殻を無くした貝の方が好きですね。

コメツブガイの仲間
殻はあるが薄くもろい
コメツブガイの仲間はウミウシに近縁なんだけど殻がある
そういう中間的などっちつかずなところも面白くて好きなのかも

干潟には貝のほかにも柔らかいニョロニョロ系の生きもの一杯いるじゃないですか
そーいうのも好きなんですか？
好きですね～すごく興味ありますね

みんな骨なし
ツバサゴカイ
乳白色でとても柔らか
なめらかプリンくらい？
ミドリヒモムシ
ビロードのような光沢があり
すごく伸びる
ユムシ
柔らかで透明感がある
スジホシムシ
ハリとツヤがあり
虹色光沢がある
ギボシムシ
クリーム色で柔らか
変なにおいがする
どれも柔らかくて、質感も様々で良いですよね～
う～ん よりどりみどりですね～

こういう生きものって標本にすると生きてる時とは別物になっちゃうし、
×標本
×飼育
×水族館
どの方法も向かない
飼おうにもどう飼って良いかわからないし、水族館で見れる生きものでもない
だから、干潟に自分で来て、自分で掘って見つけないと見れないんですよ
現場でしかみれない

しかも、その光沢も質感も死ぬとすぐ失われちゃう
「いのち」を見てる気がします
そういう生きものが生きて動いてるのを見てると、ああ、生きてるなキレイだな～って思うんだよね

ハハ、そりゃうれしいね。同好の士少ないから
私からすると干潟って、陸に上がらなかった柔らかい生きものがたくさん見られて、とても良い所なんですよ

面倒で儚いからこそ価値があるわけですね
うーん、確かにニョロニョロ系の価値が上がってきた気が…

いや～、ホントにニョロニョロ系の生きもの好きなんですね～昔からですか？
ハハハ、小さいころもミミズとかナメクジ飼って親に怒られた

小さい頃からクワガタとかカブトムシより、柔らかいものが好きだったから、ナメクジとかミミズとかを連れ帰って水槽に入れてよく見てた…
ミミズやナメクジを飼う小倉少年の図
キレ～だなあ～
ウニョ～
ウネウネ

そしたら、親から
アンタはキレイなもの汚いものの区別ができてない！
親
って叱られたというか、あきれられたというか…

むむ、確かに親からすると若干心配になるかも…
ミミズ かったこと 無いなあ～
ではその頃からニョロニョロばっかり飼ってたんですか？

イヤイヤ 生きてるの見るのは好きだから、骨があるのも殻があるのも飼いましたよ
犬とか猫とか、カブトガニとか
おっ、またいたぞ

えっ、カブトガニ飼ってたんですか？
カブトガニ
ハハ、十五年飼った
カブトガニって…小倉さん…謎が多い

## 2 貝の名前を調べるには

生きものを調べるためには名前を特定するのはとても重要です。名前が分からなければ過去の研究や、近い仲間の暮らしぶりなどと比較できないからです。しかし、図鑑や文献を調べていくと、この貝は簡単には名前を特定できない種類であることが分かってきました。そうした事情をいきなり書いてしまうと、ややこしくてわけが分からなくなりそうなので、大まかな分類から徐々にお話ししようと思います。

### ◎殻を捨てる貝たち——軟体動物の分類

まず、コメツブガイは巻貝の中の頭楯目（とうじゅんもく）というグループに分類されます。この仲間は貝なのになぜか貝殻を捨てるものがたくさんいるユニークなグループです。殻を捨てた貝がいる、というと「え？そんなのいるの？」とか「それもう貝じゃないじゃん」などと疑われてしまうことがあるのですが、実は殻を捨ててしまった貝の仲間はたくさんいて、身近なところではナメクジがそうですし、タコやイカ、最近人気の高いウミウシなどもそうなのです。マンガにもありましたが、私は貝の殻ではなく、柔らかい軟体部に興味があるので、こうした貝に魅かれるのです。

ちょっとここで貝類がどんなふうに分類されているのかを見てみたいと思います。一般に貝類は軟体動物に分類されます。軟体動物の分類は遺伝子解析が進んで、大きく変わりました。この本を書いている二〇二〇年現在も定まっていません。落ち着くまではまだ相当かかりそうですので、大まかな話になりますが許してくださいね。まず、この図を見てください。

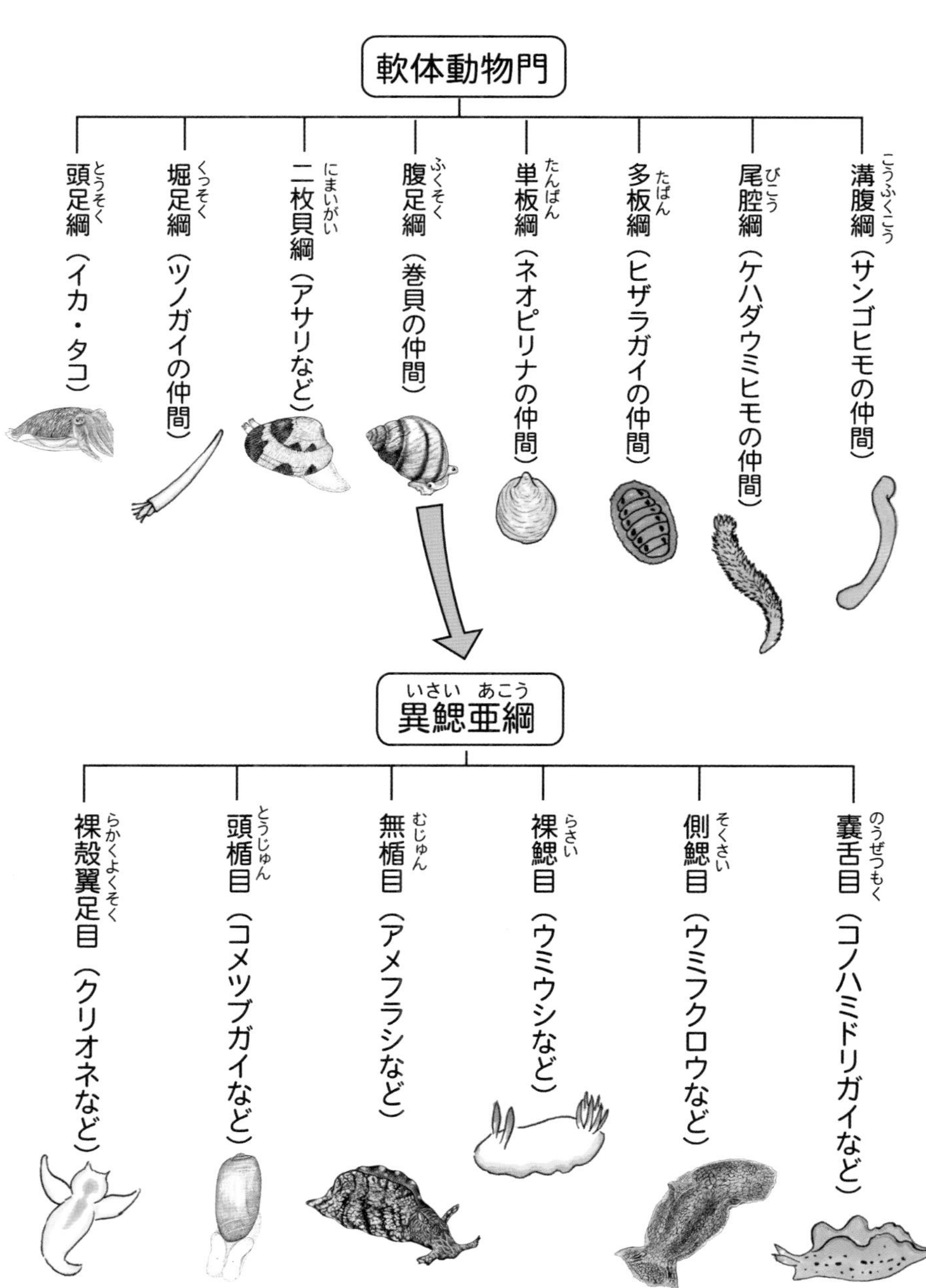
軟体動物門
頭足綱（イカ・タコ）
堀足綱（ツノガイの仲間）
二枚貝綱（アサリなど）
腹足綱（巻貝の仲間）
単板綱（ネオピリナの仲間）
多板綱（ヒザラガイの仲間）
尾腔綱（ケハダウミヒモの仲間）
溝腹綱（サンゴヒモの仲間）
異鰓亜綱
裸殻翼足目（クリオネなど）
頭楯目（コメツブガイなど）
無楯目（アメフラシなど）
裸鰓目（ウミウシなど）
側鰓目（ウミフクロウなど）
嚢舌目（コノハミドリガイなど）

## 巻貝の分類は鰓の位置が基本になっています

### 一般的な巻貝の鰓の位置は心臓の前

巻貝は心臓の前に鰓がつくという特徴があります。ですが、異鰓亜綱では、その原則があてはまらず、さまざまな鰓のつき方をしています。

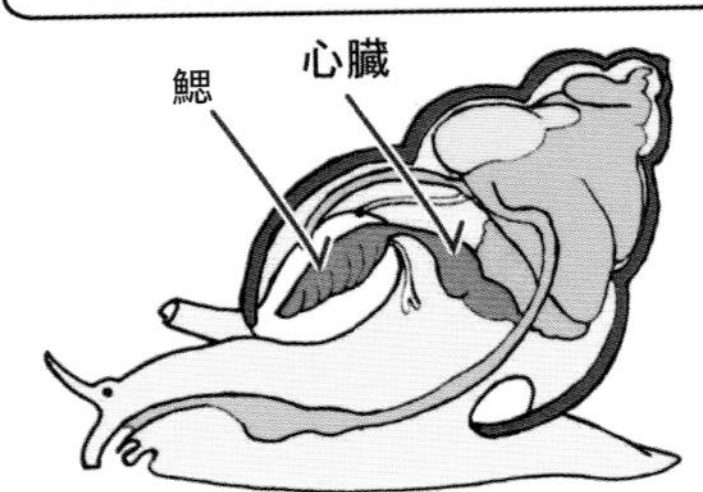


### 異鰓亜綱の鰓の位置はさまざま

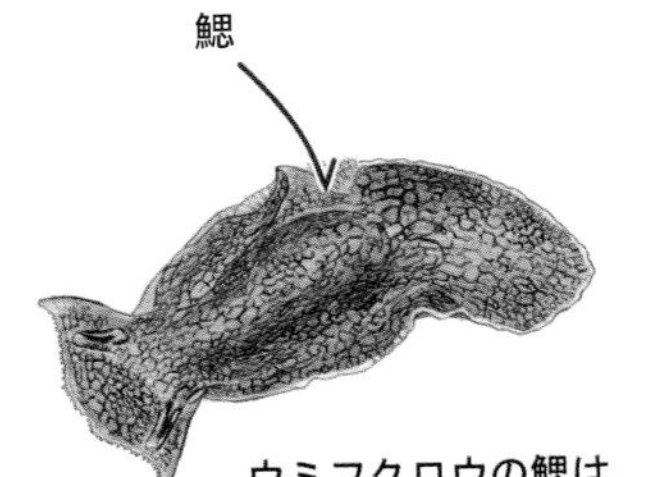

ウミフクロウの鰓は体の脇につく

アメフラシの鰓は体の後ろにある

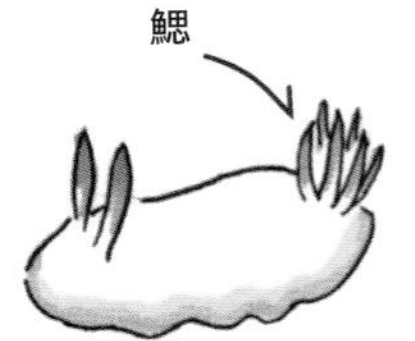

ウミウシの鰓は体の後ろに出ている

## 頭楯目の体のつくり

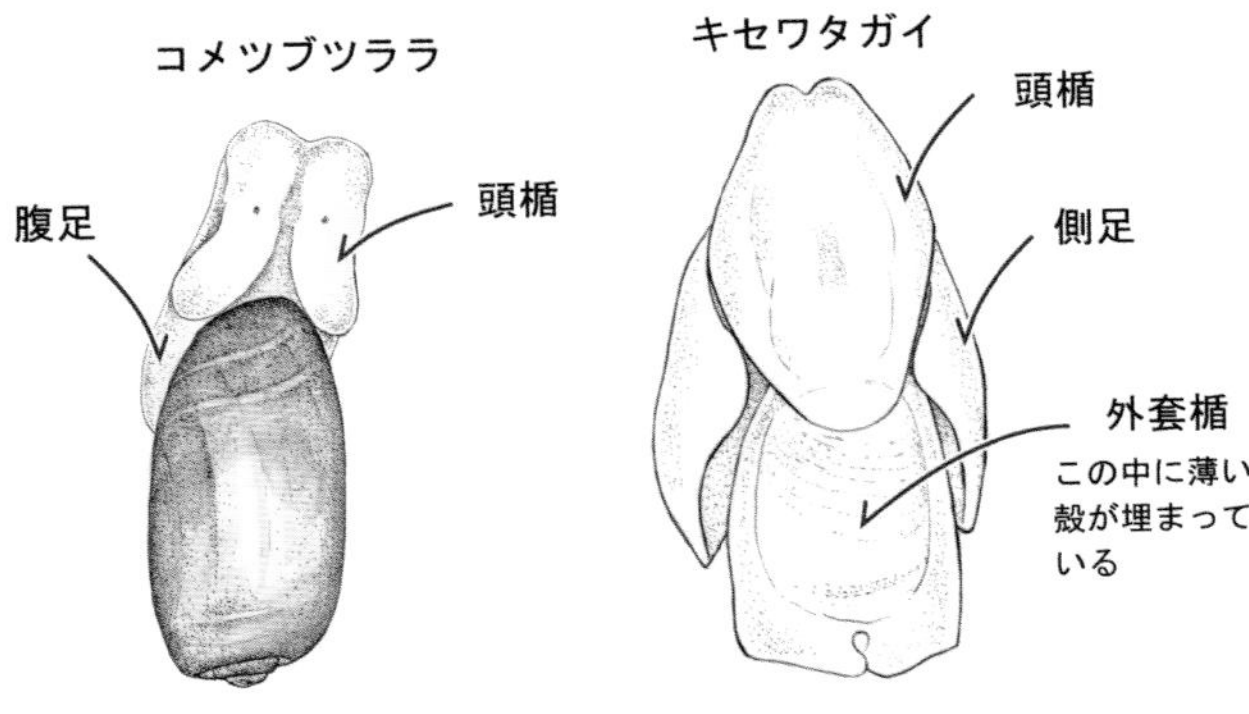

軟体動物には図のように色んな仲間がいますが、巻貝は腹足綱（ふくそくこう）といって、軟体動物の中では四万種を超える最大のグループです。

巻貝の中にはお馴染みのサザエやアワビなどと別の「異鰓亜綱（いさいあこう）」というグループがあります。名前の通り、鰓（えら）のつき方が色々で体の後ろについたり横についたりするグループなのですが、この仲間はなぜか貝殻を捨てるものがたくさんいるのです。ウミウシやクリオネなどあまり貝らしくない種類がたくさん含まれます。カタツムリやナメクジなどの陸貝もこのグループに入っていて、形も暮らし方も実に多様でとても面白いグループです。この章の主人公であるコメツブガイもこのグループです。

もう少し詳しく分けるとコメツブガイは頭楯目の仲間に入ります。この仲間は頭に頭楯と呼ばれる平らな部分があるのが特徴で、触角はありません。砂に潜る種や、側足（そくそく）を使って泳ぐ種もいます。頭楯目の貝殻はコメツブガイのように外にあるものもいれば、キセワタガイのように体の中に殻が埋まっているもの、殻の無いものと様々です。

多様な色と形を持った頭楯目ですが、今回注目しているコメツブガイの仲間はどれも似通っていて、はっきりした識別点となるような特徴が無く、区別するのが難しいグループです。私が小網代で確認した種類を次ページの図にしましたので、見比べてみてください。どれも小さく俵型で区別するのが難しいのが分かると思います。

# 小網代干潟で見つかるコメツブガイの仲間

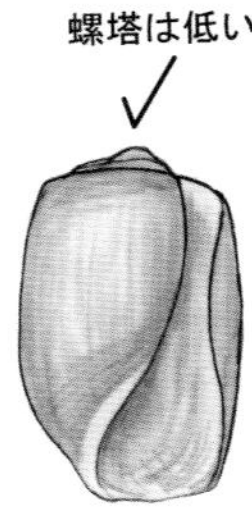


**マツシマコメツブ**

螺塔の頂部は低く色は淡い黄色で半透明、殻は円筒形で太短い

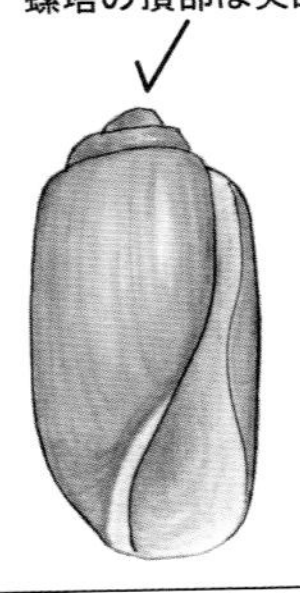


**コメツブガイ**

螺塔の頂部は突出し、色は淡い黄色で半透明、殻は円筒形でコメツブツララより少し太い

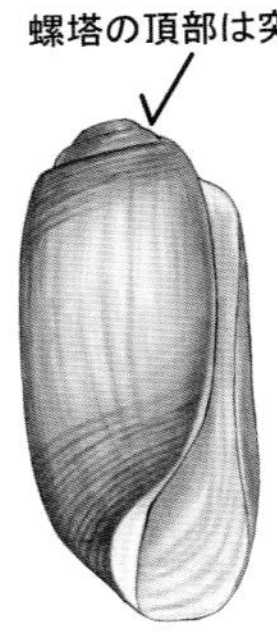


**コメツブツララ sp.**

螺塔の頂部は突出し、色は赤褐色、殻は円筒形でやや細長い

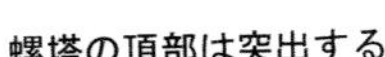


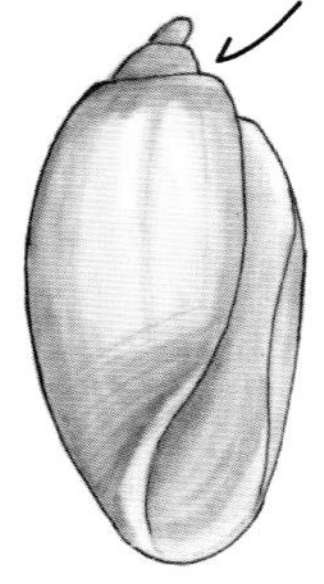

**ゴルドン コメツブガイ**

螺塔の頂部が大きく突出し、色はほぼ白色で光沢がある。殻は厚く紡錘形をしている

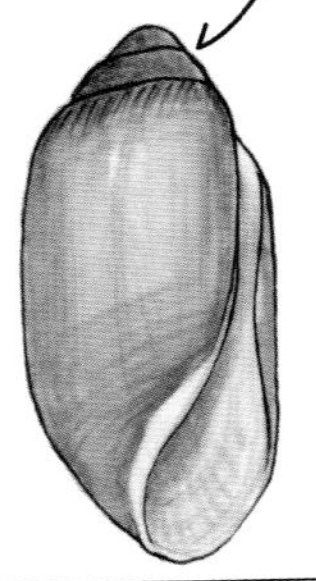


**クビマキ コメツブガイ**

螺塔の頂部が大きく突出し、色は淡い黄色で半透明、殻は紡錘形をしている

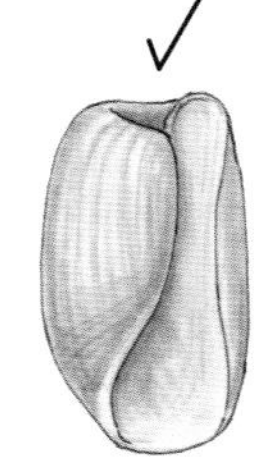


**ヘコミツララ**

螺塔の頂部は浅くへこみ、色は白色で半透明、白色の螺帯をめぐらす

## ◎この貝の名前は何？

さてそれでは、私が調べている貝の名前は一体何になるのでしょうか。図鑑や文献によると、小網代の湾奥干潟にはコヤスツララという貝が生息していたとあり、生息環境や殻の色なども私が調べている貝と一致するのですが、細かい特徴を調べていくと、どうもコヤスツララではないようなのです。とても近い仲間にコメツブツララという貝がおり、どちらかというとこちらに近いように私には思えました。

コメツブツララは学名を*Tornatina decoratoides*（Habe, 1955）といい、クダタマガイ科の仲間です。螺塔は低く殻の頂部は突出せず、殻表が淡い黄色の殻皮で覆われており、殻の上から下まではっきりとした溝（以下「螺溝」と呼びます）が、上下端にしか見られません。コヤスツララの学名は*Tornatina koyasuensis*といい、コメツブツララと同じくらいの大きさです。螺塔は低いですが殻の頂部は突出し、殻の表面が赤茶色の殻皮で覆われており、螺溝が殻の全面に見られます。

ツララガイ（氷柱介）という名前は江戸時代の貝類図鑑にも見受けられますが、現在のツララガイはコヤスツララ、コメツブツララと同じクダタマガイ科です。コメツブツララはツララガイに似ていて小さく米粒のようなのでコメツブツララという和名がつけられたものと思われます。

小網代に生息しているものを見ると、殻の色は赤褐色で、コヤスツララに似ていますが、螺溝は殻の上と下にしかなく、コメツブツララに似ています。貝が色のバリエーションを持つのはよくあることなので、殻の特徴からコメツブツララとしてもよいかと考えたのですが、その後、九州の干潟でコメツブツララを採取することができたので検討すると、こちらは、文献の記述とピッタリでした。これと、小

## 小網代湾奥干潟でみつかる貝は何もの？

小網代の湾奥干潟に生息している貝は、図鑑でも文献でもピタリと当てはまらない謎の貝です。ごく近い仲間のコヤスツララ、コメツブツララと比較してみます。

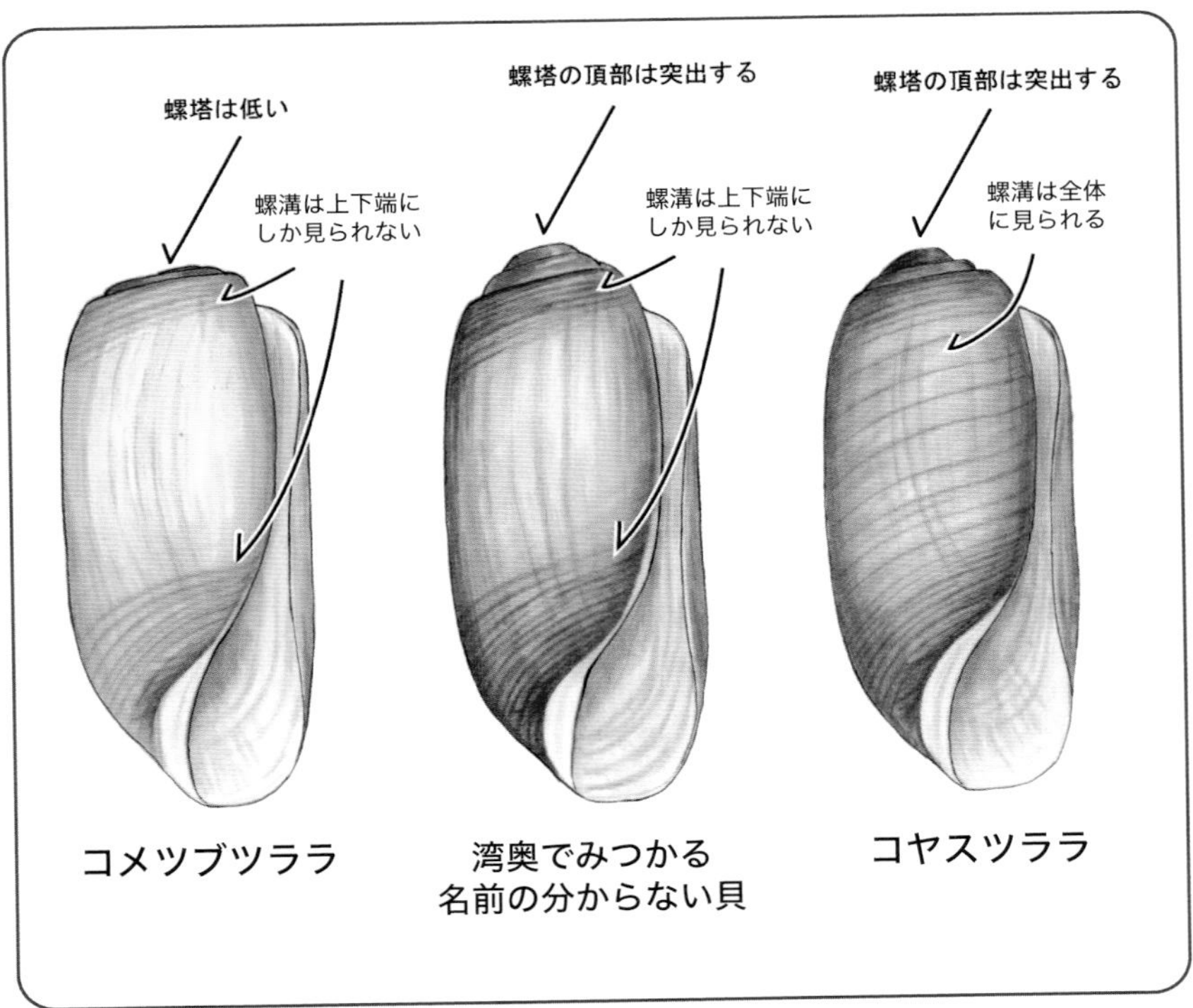


小網代の湾奥干潟に生息しているものを見ると、色は赤褐色で、螺塔が飛び出る点はコヤスツララに似ていますが、螺溝は殻の上と下にしかない点は、コメツブツララに似ています。両方の中間の特徴を持つ悩ましい貝なのです。

網代のもの比べると微妙ですが違いがあり、小網代のものをコメツブツララとしていいものか疑問です。こういう場合、属名の*Tornatina*（トルナティーナ）に種小名（しゅしょうめい）までは決まっていないことを表すsp.をつけた*Tornatina* sp.とするのが正確な記載方法なのですが、読み物としては読みづらくなってしまうので、この本では湾奥で採れた貝はコメツブツララとして話を進めます。こんな風に、小さくマイナーな貝は区別が難しい上に研究が進んでいないものも多く、日本に何種いるのか正確には分かっていないのが現状で、名前を特定するのも一苦労なのです。もっというと、これ以外の貝も研究が進むと名前が変わったり、別種だと分かったりすることが十分あり得ます。微小な貝についてはまだまだ分からないことがたくさんあることを知っておいてもらえると嬉しいです。

長い話になりましたが、これで一応名前が決まったので、いよいよこの貝がどんな暮らしをしているのか調べていきたいと思います。

# 干潟歩き入門日記

## とにかく、数えます の巻

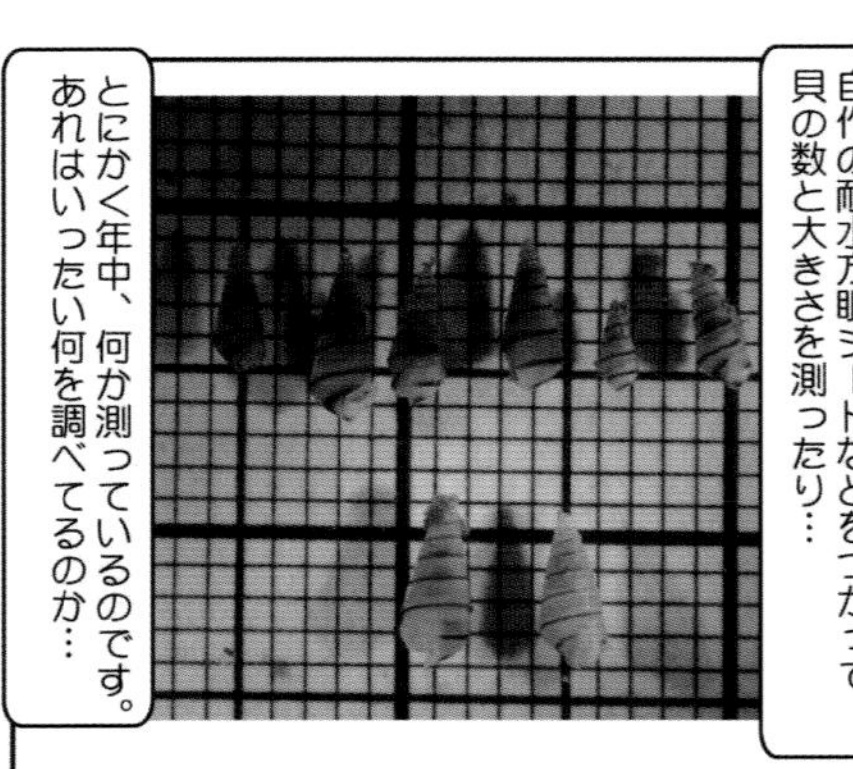

いや、あるな
思い出した
阿部襄先生の『貝の科学』という本があって、これはすごく面白い

生き生きした研究生活、あの手この手で解き明かされていく貝の暮らし、

色んな版があり
今も入手可能

内容は高度なのに、読みやすくて、中学生の僕はとても感動した。そして、今読んでもすごく面白い

この本で阿部先生はカモガイが帰巣できることを解明するんだけど

カモガイ

阿部 襄（あべ のぼる）先生
1907年 - 1980年
山形県出身の動物学者・生態学者

とにかく、先生はひたすら数え、測る。

日差しを避けるため
ボサボサに伸ばして
いたらしい

道具も身近なもので自作してしまう

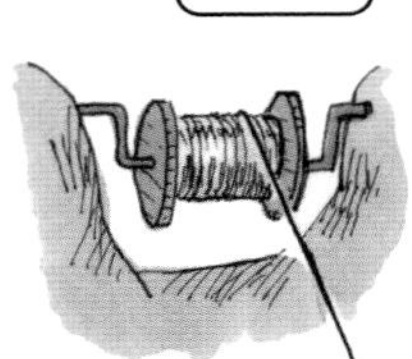

自作の貝の移動距離
を測る装置

そして、集めたデータを読み解いて行くのが、謎解きと言うか、知の冒険と言うか…

科学って面白い！こういう事をやってみたい！って強く思ったね。

おおお…

貝の科学

この本で、数え、計測するのが科学の基本で、
そのデータを基に考える楽しさを知ったのが、僕の野外観察の原点かもしれないなぁ

あとね、阿部先生はのちにパラオに赴任するんだけど、上司から、
新しい研究所なので、満足な設備はないが、君なら仕事ができるだろう
上司
と要請されて

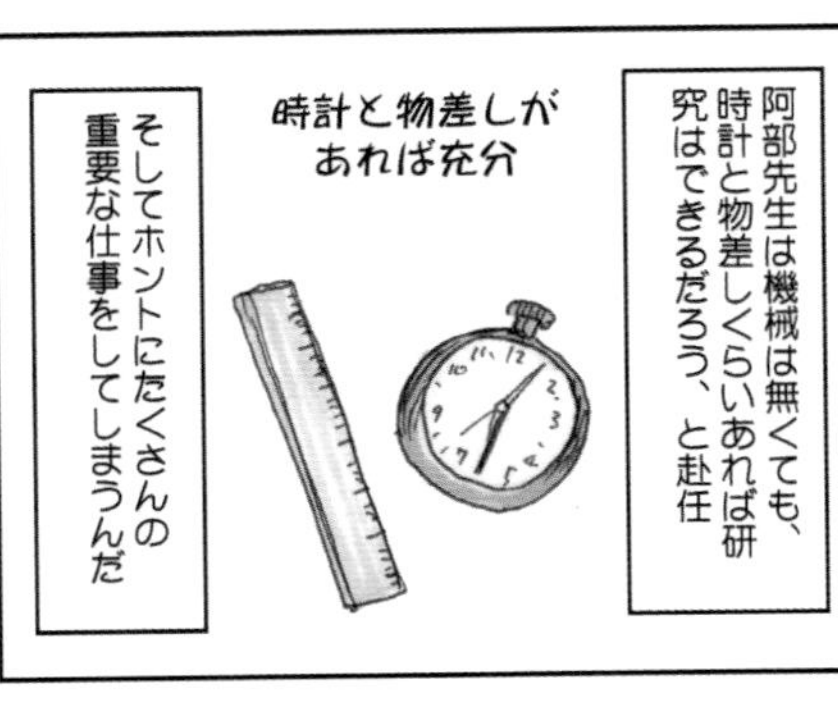
阿部先生は機械は無くても、時計と物差しくらいあれば研究はできるだろう、と赴任
時計と物差しがあれば充分
そしてホントにたくさんの重要な仕事をしてしまうんだ

いや〜、カッコイイ！
あこがれちゃうね
ノートと物差しだけで自然の秘密を紐解くなんて、かっこよすぎる！

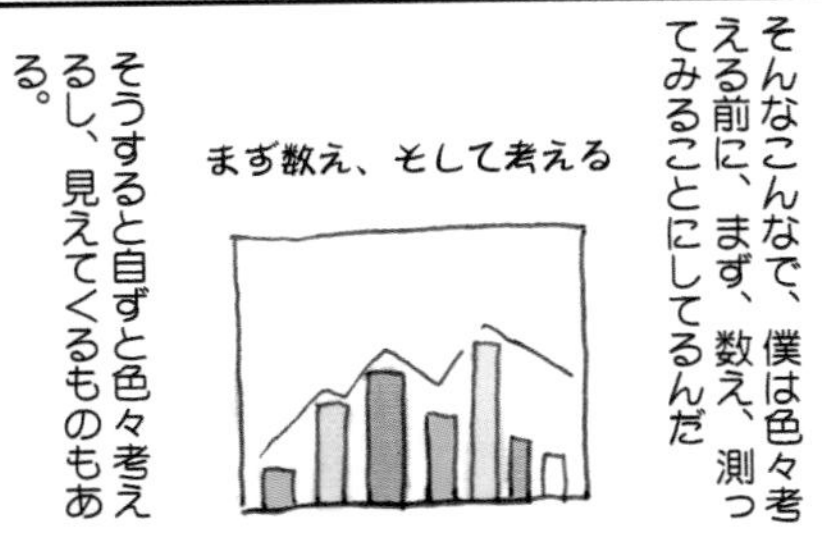
そんなこんなで、僕は色々考える前に、まず、数え、測ってみることにしてるんだ
まず数え、そして考える
そうすると自ずと色々考えるし、見えてくるものもある。

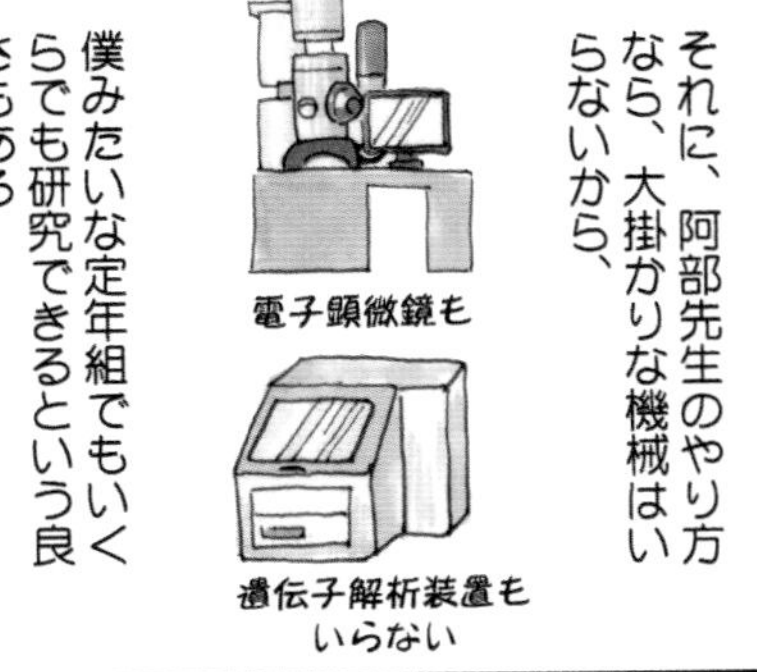
それに、阿部先生のやり方なら、大掛かりな機械はいらないから、
電子顕微鏡も
遺伝子解析装置もいらない
僕みたいな定年組でもいくらでも研究できるという良さもある

それに、身近でありふれた貝って意外と調べられてなくて解らない事が多いから
わかんない事はまだまだいくらでもあるんです
昔ながらのやり方でも研究できることはまだまだ残っていると思うよ

う〜む、なるほど、それじゃ、小倉さんは中学生の頃から、数えっぱなしなわけですね
むむ〜それがそうも行きませんで…

大学では貝を数えたかったんですが…
う〜ん、この大学には貝の事を教えられる先生はいないんだよ
先生
エッ！そういうものなんですか？

大学を出て医療関係に就職したら、これが激務で、とても貝を数えるような余裕は無く

ヒ〜〜

結局、定年退職までお預けになってしまった。

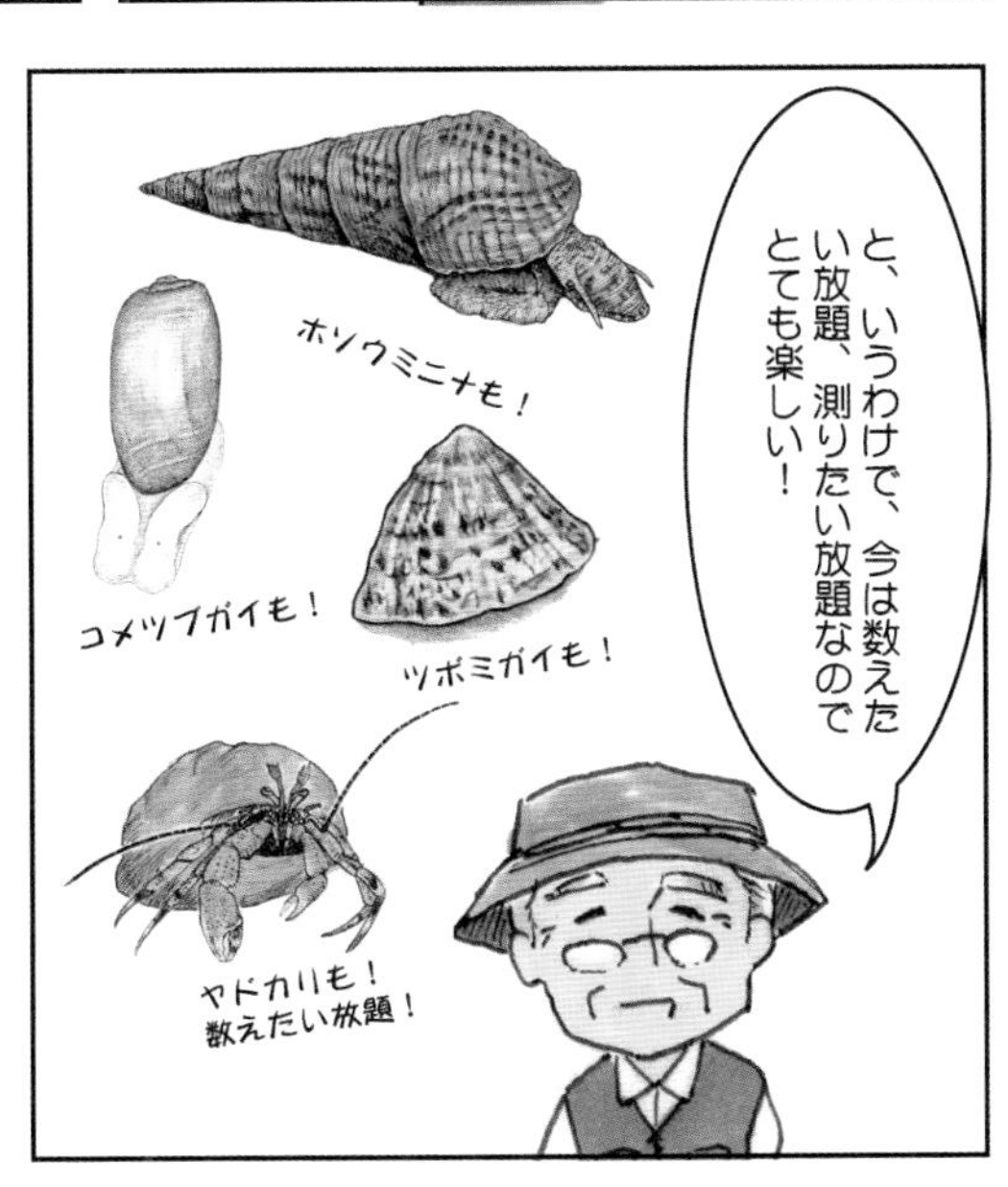

では、小倉さんの数えた成果をご覧ください！

## 3 コメツブツララの生活史

ここまで語ってきたように、小網代の干潟には多くのコメツブガイの仲間が暮らしています。中でも私が興味を惹かれたのがコメツブツララです。なぜなら、この貝の暮らす環境はとても厳しいからです。コメツブツララの暮らす干潟上部はとても変化の激しい環境です。干潟の中でも高い場所に当たるので干上がりやすく、大潮の日などは何時間も干上がってしまいます。

温度の変化も激しく夏には強い日差しに照らされ干潟表面は五〇度以上にもなり、干潟の水たまりの海水も四〇度を超え、お風呂のような温度になります。冬ともなれば海水よりはるかに冷たい空気にさらされます。海水は真冬でも一〇度以上ありますが、空気は零度を下回ります。

塩分濃度も問題です。川の河口が近いので、潮が引いているときは川の水が優勢になって塩気は薄くなり、潮が満ちてくるとほとんど海水になって、塩分濃度が激しく変化します。それが潮の満ち引きによって日に二度も繰り返されるのです。

「こんなに変化の激しい環境であんな小さな貝がどうやって何千年、何万年と命を繋いできたのだろう？ どのように暮らし、何を食べ、寿命はどれくらいなのだろう？」

厳しい環境に暮らすこの小さな貝のことが知りたくなってしまいました。

アサリ、ハマグリ、アワビなど、おいしく馴染み深い貝たちの生活史はよく調べられていますが、人間の暮らしにほとんど関わらないような貝の生活史はあまり調べられていません。イギリスやアメリカではよく調べられた種類がいるのですが、私が知りたい日本のコメツブツララの生活史の研究は無いようなので、自分で調べることにしました。

### ◎どんな一生を送るのだろう?

こういうとき、先人の研究を調べることはとても大事で参考になる楽しい作業です。イギリスでの研究によると、イギリスの河口干潟に暮らすコメツブガイ属の *Retusa obtusa*（レツーサ オブツーサ）（Montagu, 1803）の寿命は約一年とのことだったので、とても近い仲間である小網代で見られるコメツブツララの寿命もそれぐらいだろうと予想して、とりあえず一年間、毎月最低でも二〇頭は採ってそのサイズを測っていくことにしました。

採り始めはどこにいるものかよく分からず、二〇頭採るのに苦労しましたが、何度も採っているうちに、だんだんとコメツブツララの好きな場所が分かるようになりました。そこはミオスジの流れがやや緩やかになる場所で、泥が少し溜まり、それでいて適度に砂が混じるような場所です。あまり泥っぽくても、砂だけでもダメなようでした。そんな条件を満たす場所は限られていて、驚くほど狭い範囲であることが分かってきました。

「なんてことだ、この貝が好むような環境は、この干潟に畳三畳分くらいしかないじゃないか。」

小網代の干潟はわずか三ヘクタールしかない小さな干潟ですが、それにしたって狭すぎる生息範囲です。さらにこうした環境は季節や流れの変化で位置が変わることも分かってきました。年ごとに場所が微妙に動いてしまうので、場所を固定して定めることもできないのです。

それでもコツがわかってきて、二〇頭集められる自信ができたのも束の間、八月くらいから数が減り始め、九月になると二〇頭採るのが難しくなってきました。小さな個体は減り、大きな個体ばかりになって、数も減ってきたからです。

### ◎小さな貝の採集は大変！

さらに悪いことに冬に向けて潮の引きがどんどん悪くなっていき、コメツブツララのいるあたりが干出しなくなってしまいました。そうなのです、日本の太平洋側では冬は夜によく潮が引くようになり、昼はあまり引かないのです。

「これは困ったことになった、水深はたいしてないが、さすがに見当がつかないぞ。」

当て推量で採ってみても、全く採れないことがほとんどです。夜ならいる場所の見当はつくのですが、なにしろ小さな貝なので、夜フルイをふるったところで見つかりっこありません。そこで私は夜のうちに満月に照らされたよく干上がった干潟に入って、ここぞという場所に目印のササを刺しておきました。そうしておいて昼に胴長をはいてそのあたりの砂をすくい、ようやく二〇頭集めたりしました。

ところがこうまでしても、真冬の十二月、一月には目標の二〇頭を集められませんでした。この時期になると体長の大きな個体がほとんど死んでしまい、代替わりした新しい世代はまだ小さすぎて、一ミリ目のフルイから落ちてしまうようなのです。

「う〜ん、農業用ではこれ以上細かいフルイは売っていないぞ…。」

そこで、もっと細かい目のフルイがないかと製菓用のフルイを使ったり、網戸などに張るサランネットを使ったりしてみると、生まれたばかりと思えるとても小さなコメツブツララが採れました。これらの小さな貝が成長すると、一ミリ目のフルイにもかかるようになり、採れる数も急増しました。こうしてどうにかこうにか一年間通じて調査することができました。

その調査結果をまとめたものが下のグラフになります。七〜八月頃に殻長三・五〜四ミリの大きな個体が多く見られますが、秋から冬の季節では多くの個体が殻長一・五〜二ミリです。こ

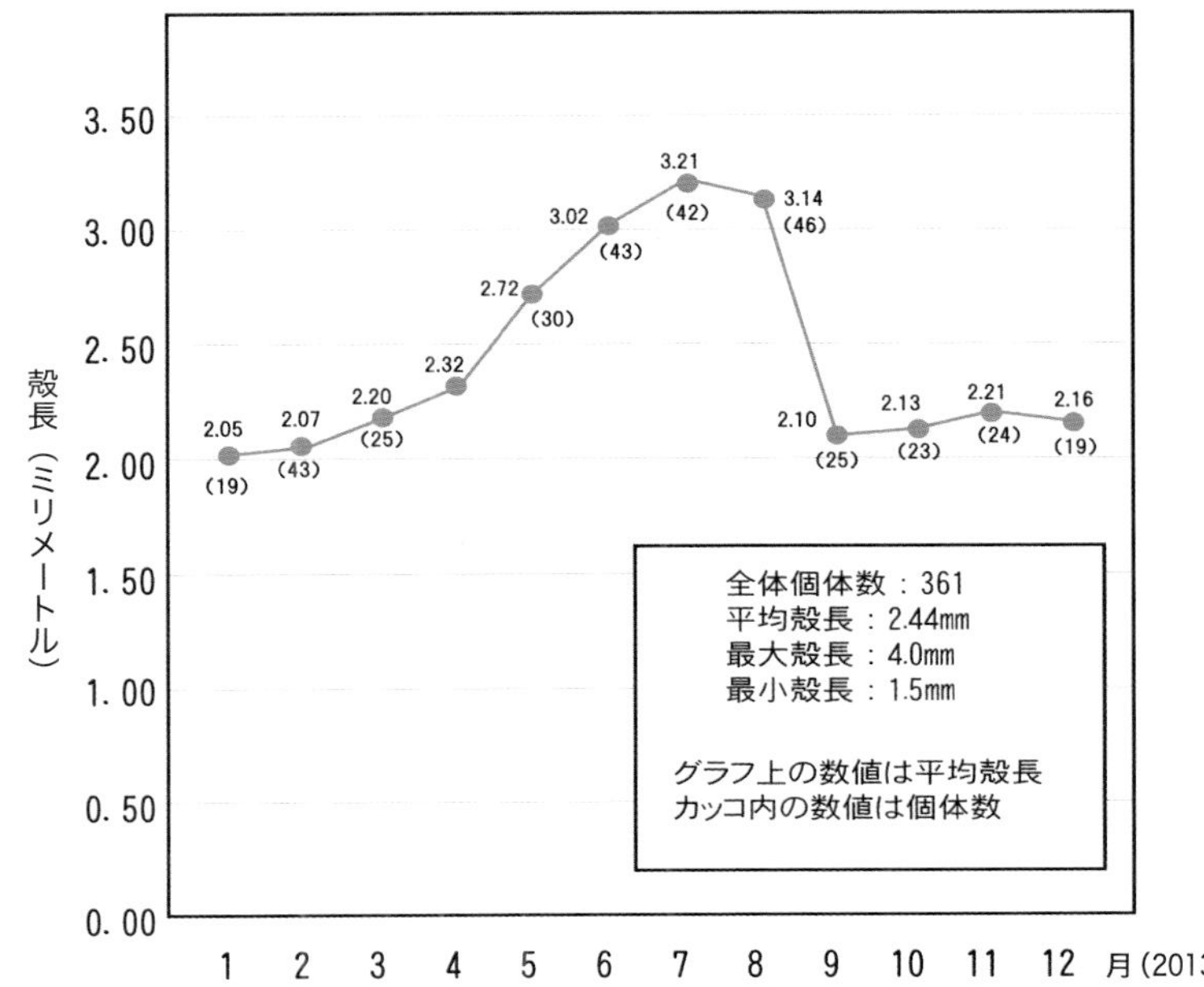

こから、小さな干潟のコメツブツララは春から夏に卵を産み、大きな個体は夏の終わりころに寿命を終え、秋から冬に小さな個体が成長、寿命は一年から一年半と思われます。しかし、わずかな個体はもう少し長生きをして殻長が六ミリくらいに成長するまで干潟で暮らすという生活史が見えてきました。調査は大変でしたが、問題が起きるたびに考え、道具を工夫したりするのは楽しいものです。なにより、よく分からなかったコメツブツララの生活に一年間存分に触れ合えたのが楽しくて、大変でしたが苦労には感じませんでした。

## ◎コメツブツララの産卵と成長

一年間調査を続けたことで、産卵期の見当がついたので、今度はコメツブツララがいつ繁殖し、どのように育っていくのか調べてみることにしました。どのように調べたかというと、産卵期のピークと思われる六月頃に小さなガラスカップをたくさん用意し、それぞれのカップにコメツブツララを一個体ずつ入れ、細かいフルイにかけた干潟の砂泥と干潟の海水を加え、エアーレーション（水中に空気を溶かし込むこと）をしました。たくさんのカップを並べて毎日二回、産卵が行われたかを観察し、また産卵した卵塊（らんかい）は実体顕微鏡下で発生の状態も観察しました。このような作業をおよそ一週間続けたので、この間は干潟には出かけることができませんでした。

こうした研究で分かったことをまとめると、コメツブツララは春から夏にかけて干潟の砂泥底（さでいぞこ）にゼリー状の卵塊を産み付けます。通常、ゼリー状の卵塊の表面は粘液質で小さな砂粒がたくさん付いてお

# コメツブツララの卵と成長過程

## コメツブツララの幼生

水温が 25 度くらいあると 3 日から 4 日で孵化してベリジャー幼生になると思われます。ベリジャー幼生は大きなベーラム（面盤）を使って水中を泳ぎまわります

## コメツブツララの幼体

８月に殻長およそ 1mm の幼体が見られました。まだ殻に色はつかず、ほぼ透明

## コメツブツララの成体

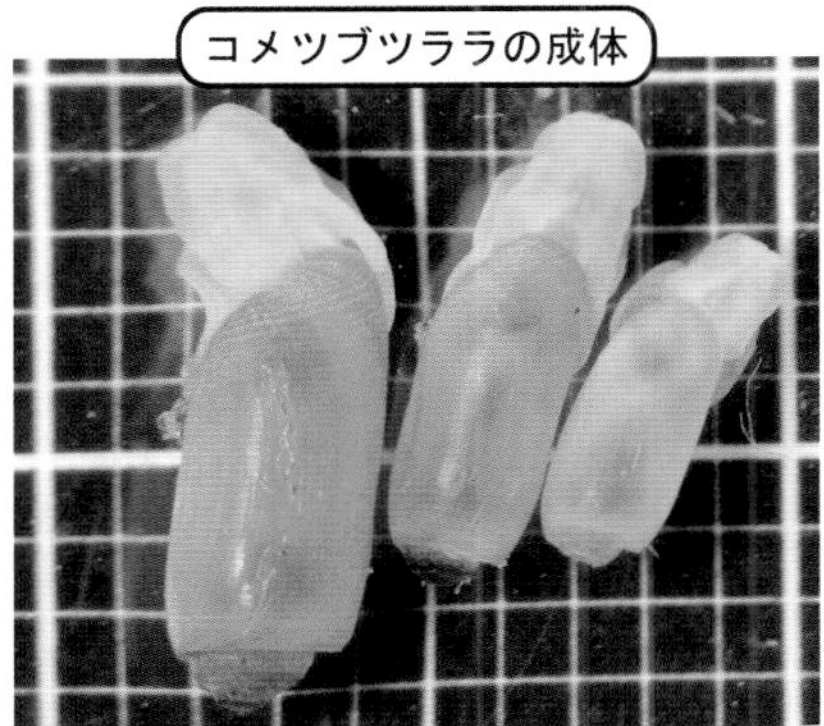

翌６月、すっかり成体になり殻も茶色に。6mm のものは特別大きい個体で、5mm 弱のものがほとんど

## コメツブツララの卵隗

春から夏ころ干潟の砂泥底にゼリー状の卵塊を産む。表面は砂粒が付いていて砂泥底と区別がつかない。卵隗は粘液質の糸状のもので固定されている

## 砂を取った卵隗

卵塊の直径は 1mm 程度。大きなものでは 3 段くらいにとぐろを巻いている。卵の数は 1 つの卵塊で数百個、少し大きな卵塊では千個ほど

## 卵の拡大写真

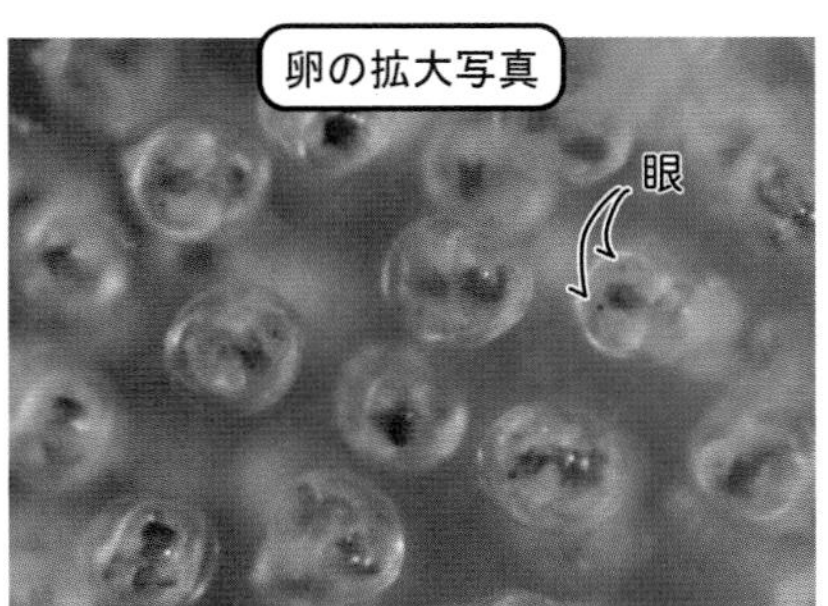


発生の進んだ卵で、眼が 2 つ見える。眼はまず右ができ、次に左ができる

り砂泥底と区別がつきません。拡大して見ると、ゼリー状の卵塊は粘液質の糸状のものによって砂泥底に固定されています。卵塊の直径は一〜一・五ミリで、大きなものでは三段くらいにとぐろを巻いています。卵の数は一つの卵塊で数百個、少し大きな卵塊では千個くらいあると思われます。コメツブツラの一個体はこのような卵塊を産卵期間に数回に分けて産卵するようです。観察したコメツブツラでは一回目の産卵の後三〜五日で二回目の産卵が見られました。卵は水温が二五度くらいあると三日から四日で孵化(ふか)してベリジャー幼生(次ページのコラム参照)になると思われます。ベリジャー幼生は大きな面盤(ベーラム)を使って水中を泳ぎまわります。干潟に暮らす小さな生きものは広い干潟で一番暮らしやすい場所を見つける工夫をそれぞれが行っています。コメツブツラもおそらく水中を泳ぎ回るベリジャー幼生期間は短く、すぐに幼体となって親と同じ場所で暮らし始めると思われます。北アメリカのコメツブツラの仲間の *Acteocina canaliculata*(アクテオキナ カナリクラータ) (Say, 1826) ではベリジャー幼生に大きな右眼が現れ、数日後に左眼が現れるとありますが、私の調べたコメツブツラも大きな右眼が見られました。

これまでの観察から、小網代干潟のコメツブツラは春から夏に卵を産み、大きな個体は夏の終わり頃に寿命を終え、秋から冬に小さな個体が成長、寿命は一年から一年半と思われます。しかし、わずかな個体はもう少し長生きをして、殻長が六ミリくらいに成長するまで干潟で暮らすようです。

コラム

## 貝の幼生の話

ベリジャー幼生という聞き慣れない用語が出てきたので、説明しておこうと思います。ベリジャー幼生（veliger larva）とは、軟体動物に広く見られる幼生の形態で、二枚貝類、巻貝類、ツノガイ類はベリジャー幼生を生じます。巻貝の場合　卵→トロコフォア幼生→ベリジャー幼生→幼貝と進むことが多いです。トロコフォア幼生の時は図のように楕円形のものが多いのですが、ベリジャー幼生になると大きな面盤（めんばん）ができてよく遊泳します。このため面盤幼生、被面子（ひめんし）幼生、などとも呼ばれます。

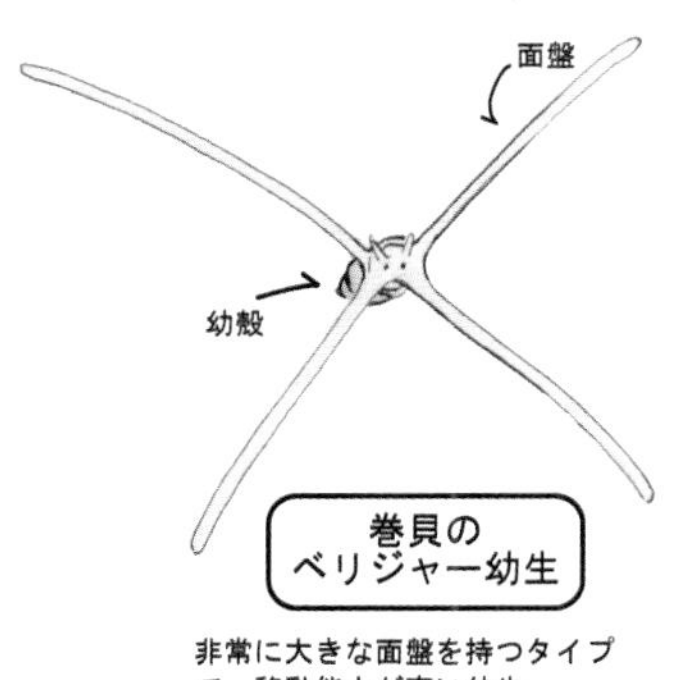


巻貝の
ベリジャー幼生

非常に大きな面盤を持つタイプで、移動能力が高い幼生

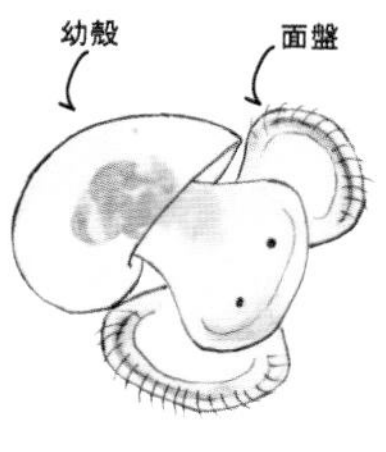


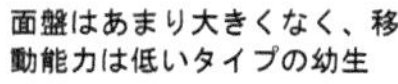

コメツブガイの
ベリジャー幼生

面盤はあまり大きくなく、移動能力は低いタイプの幼生

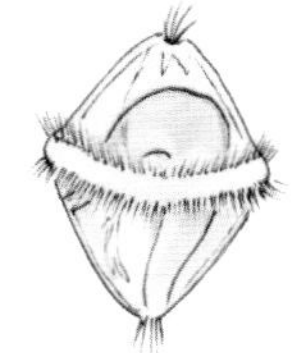

トロコフォア幼生

卵の次の段階で、図のように単純な形のものが多い

面盤の形は種類によって様々で、コメツブガイでは2葉ですが、もう一つの図のように4葉、中には6葉のものまでいます。大きな面盤をもつ幼生の移動能力は意外なほど大きく、なかには潮流に乗って大洋を渡ってしまうものもいます。

コメツブガイのベリジャー幼生は2葉で面盤もそれほど大きくなく、また浮遊幼生の期間も短いので、移動能力は高くないことが想像されます。実際飼ってみると、親と近い場所で生まれ、短い幼生期を経て、すぐそこで生活を始めてしまうようです。偶発的に潮に流されるなどしないと、遠くに生息域を広げることはない種類だといえるでしょう。

### ◎コメツブガイの生活史

コメツブツララを調べていると、夏などはコメツブガイも湾奥の干潟で採れることがあります。ふだんはそうした干上がりやすい所では見つからないのですが、数が増えてくると生息域を湾奥まで広げるようです。そうした時期はコメツブガイの産卵期に当たるようで、たくさんの卵が得られたので、コメツブツララとどんな違いがあるのか調べることにしました。幸いこの貝は小網代ではたくさん見つかるので、調査はコメツブツララほど大変ではありません。

コメツブガイの暮らしの中心は最大干潮線より下の干上がらない場所にあります。そうした場所の砂を振るってみると、七月に殻長〇・五ミリと一ミリのの幼体が見られました。

イギリスのコメツブガイのある種では卵が孵化した後、六週間で殻長〇・四ミリくらいに成長するようなので、イギリスでの水温と日本での水温などを考えると、小網代干潟のコメツブガイは孵化した後、一ヶ月くらいで殻長〇・五ミリに成長すると思われます。一ミリの個体の成殻（teleoconch）はまだ完成していませんでしたので、干潟のコメツブガイ sp. では殻長が一・五ミリくらいにならなければ成殻は完成しないようです。イギリスの河口干潟に暮らすコメツブガイ属の *Retusa obtusa*（レツーサ オブツーサ）（Montagu, 1803）では胎殻（たいかく）（protoconch）を持ったベリジャー幼生が回転しながらゼリー状の卵塊の中で三週間以上も暮らし、匍匐（ほふく）する小さな幼体となって親の暮らしていた場所で暮らし始めるそうです。

# コメツブガイの卵と成長過程

### コメツブガイの幼体

殻長およそ 0.5mm のごく小さい幼体。まだ殻は十分に巻いておらず、色はほぼ透明

### コメツブガイの幼体

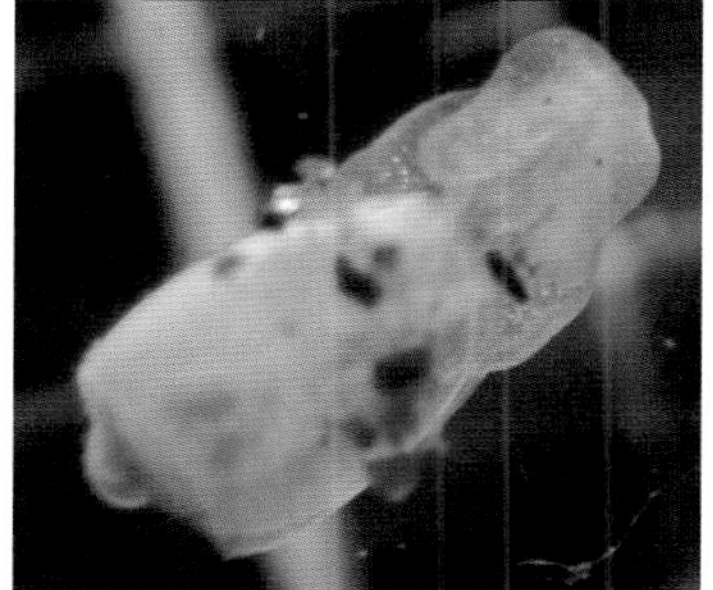

８月に殻長およそ 1mm の幼体が見られた。まだ殻に色はつかず、ほぼ透明

### コメツブガイの成体

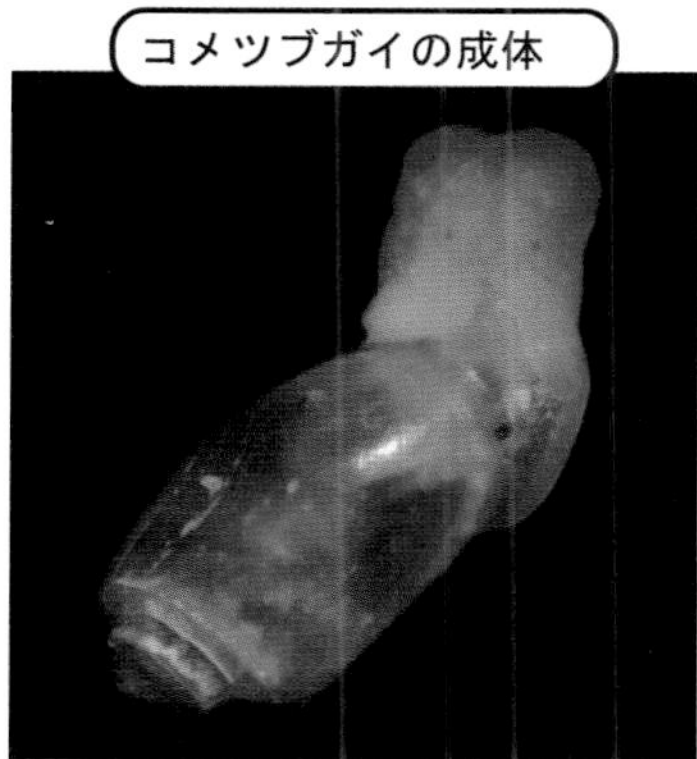

翌６月、殻長は 4mm ほどになり、すっかり成体になった。殻は淡い黄色になった

### コメツブガイの卵隗

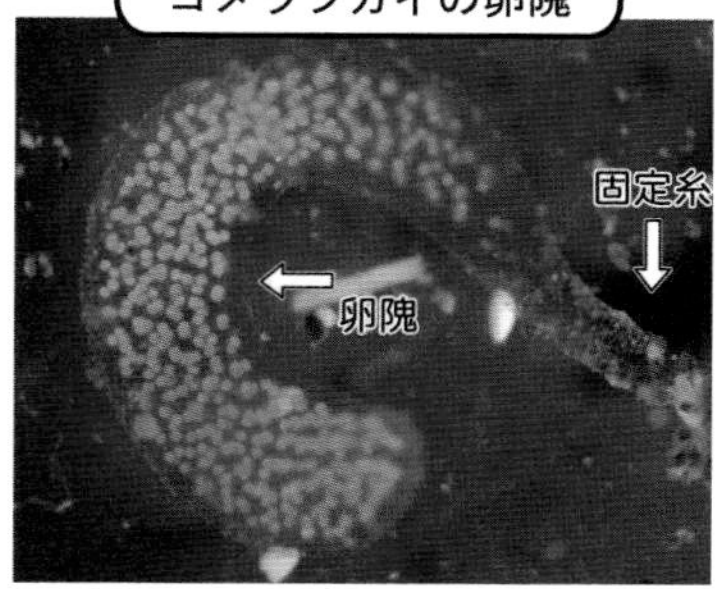


春から夏ころ、干潟の砂泥底にゼリー状の卵塊を産む。表面は砂粒がついていて砂泥底と区別がつかない。卵塊は粘液質の糸状のもので固定されている

### コメツブガイのベリジャー幼生

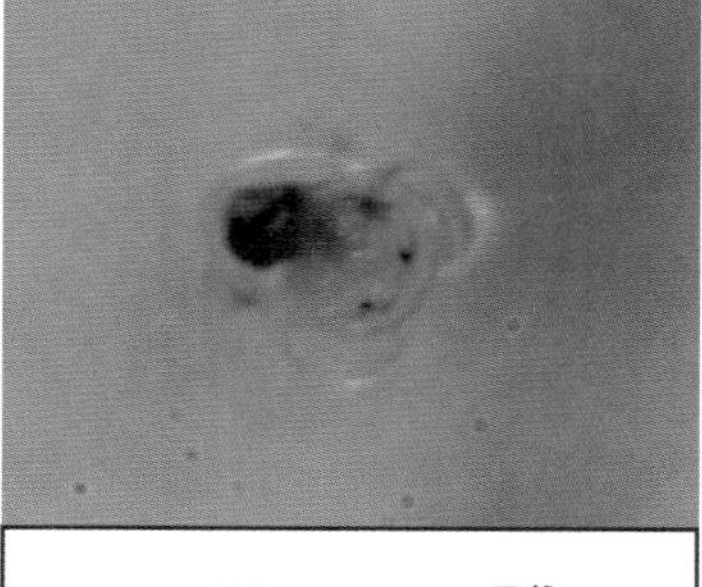

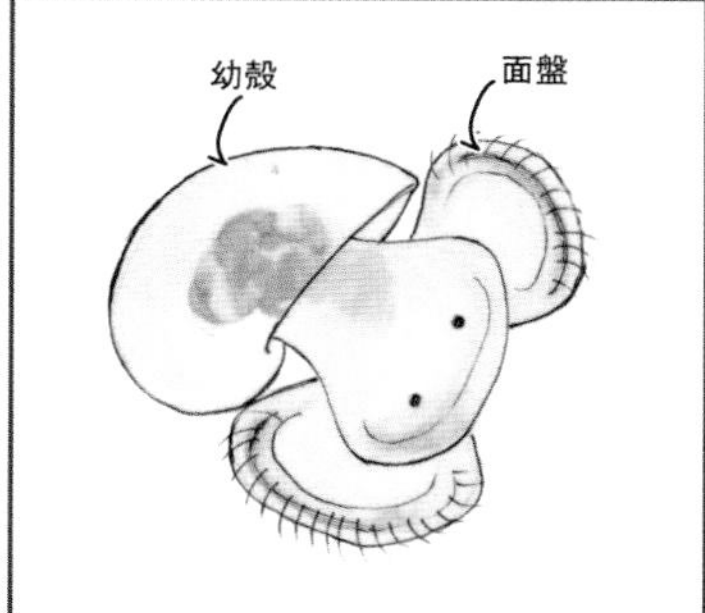


水温が 25 度くらいあると３日から４日で孵化してベリジャー幼生になり、大きな面盤を使って水中を泳ぎ回る。体長は 0.3mm ほどでごく小さいが、すでに立派な眼がある。このあと、着底して幼体となる

# 干潟歩き入門日記

## ギザープレートってなんですか？の巻

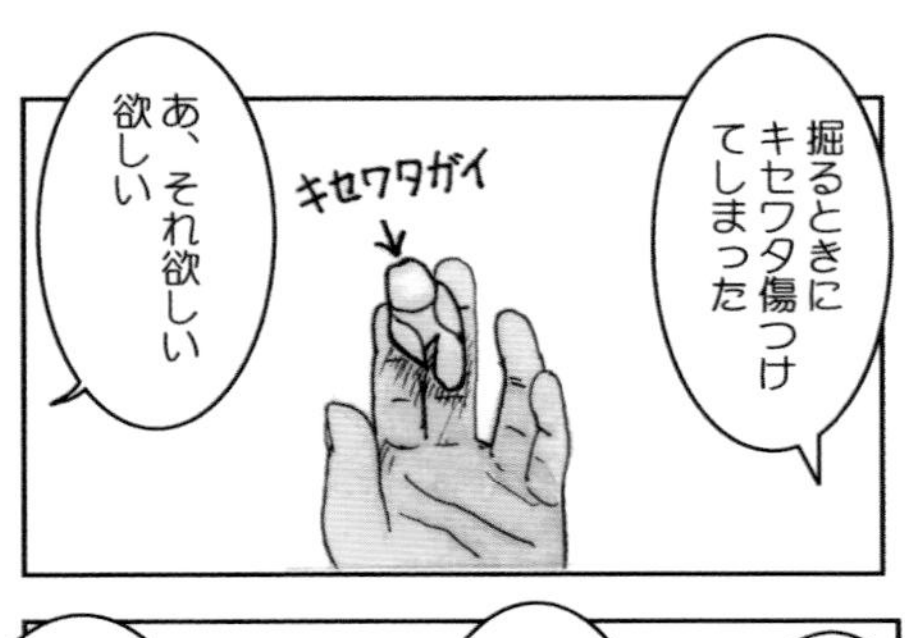

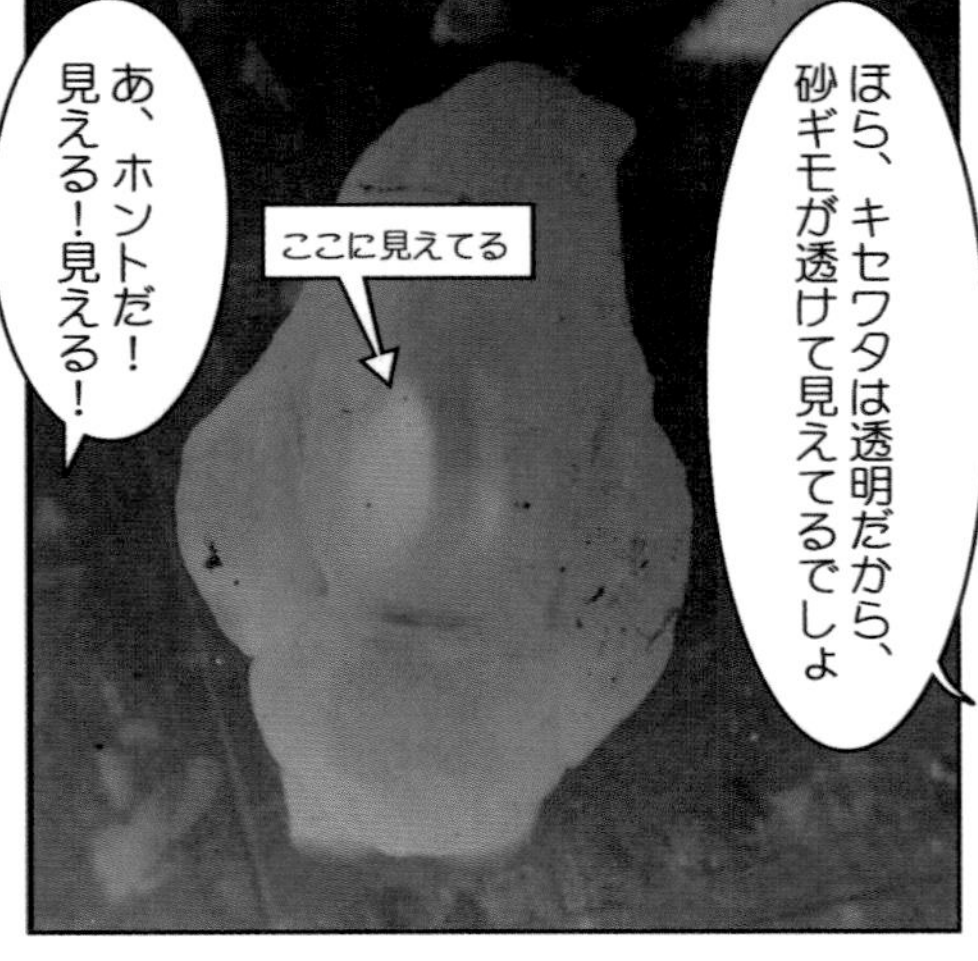

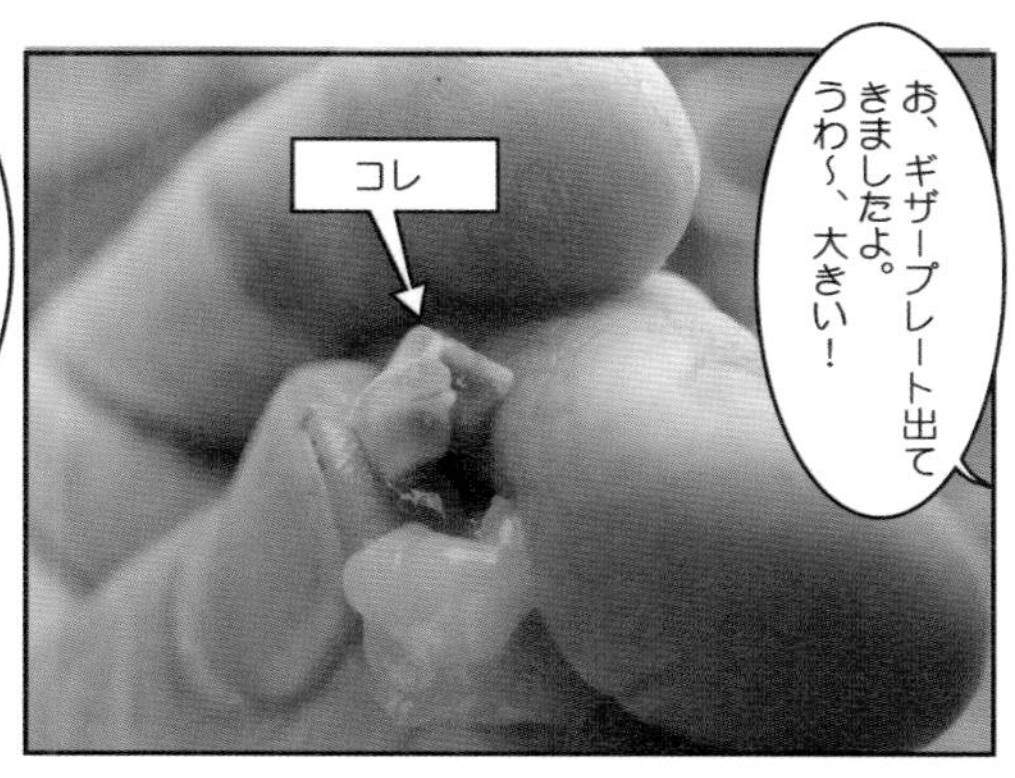
お、ギザープレート出てきましたよ。うわ～、大きい！
コレ

え？これで大きいんですか1センチくらいしかないですよ
いや、1センチは大きいよ

普段見てるコメツブガイのギザープレート1ミリくらいだもの。それと比べるとすごく大きくて見やすいよ
コメツブガイとギザープレート
まあ、これに比べれば大きいのか
これだと小さすぎて構造がよくわかんないんだよ。でもっと大きい砂ギモ見たかったんだよね。
わざわざこのために殺すの嫌だったから丁度よかった。

よし、持ち帰って顕微鏡で調べよう！
ゴソゴソ
たのしそうだなあ、

後日…

こないだのギザープレートね、9ミリもあったよ本体が25ミリだったから、すごい大きさ
体の半分弱の大きさの歯って感じですかね、すげーな

## キセワタガイの砂ギモの構造

キセワタガイの砂ギモは3枚のギザープレートが強力な筋肉で結び付けられてできている。プレートは膨らんだ側が内側になるようになっていて、非常に強力。

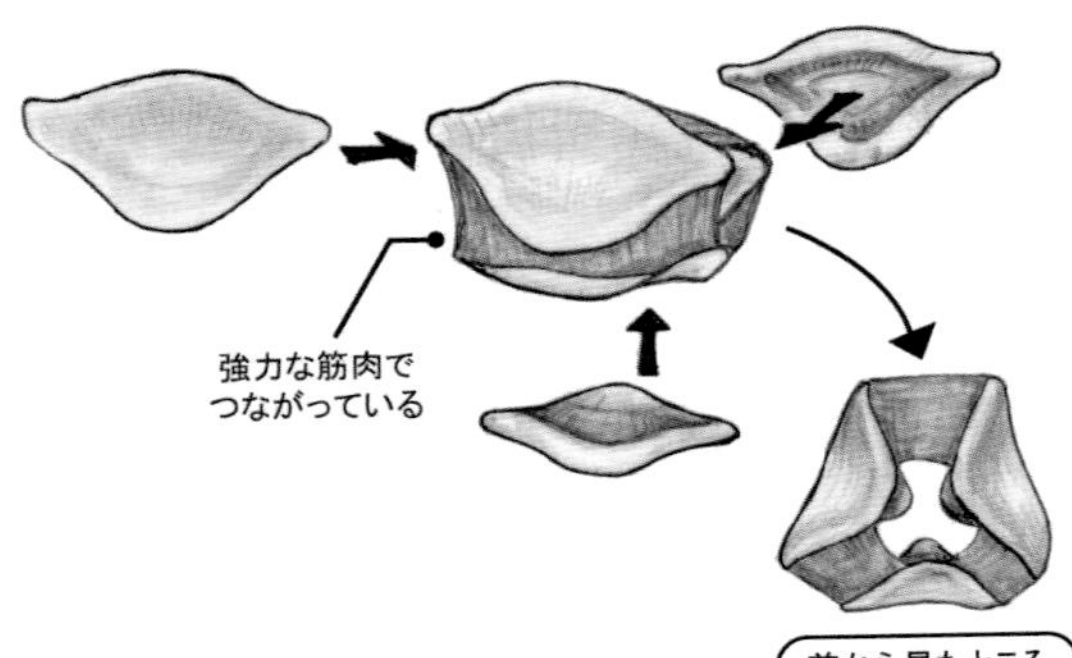

大きいものが2枚、小さなものが1枚の計3枚あり、どれも非常に硬い。写真は砂ギモの内側になる部分を上にして撮ったもの

うわぁ~、こいつは強力そうだ。なんかもう歯ですね。それも臼歯

ああ、すごい強力だと思う。砂ギモの後の胃には粉々になった二枚貝のかけらが詰まっていたよ

1センチ近くあるアサリが粉々だったからね。このキセワタは2.5センチだったから、体の半分ぐらいある獲物を粉々にしてることになる。とんでもない話だよね

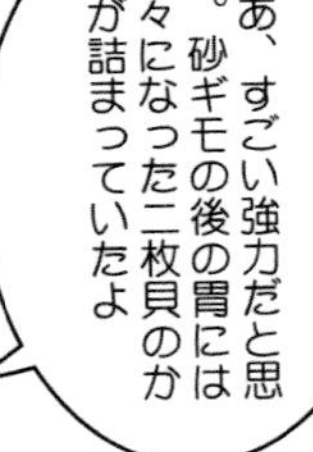

いや~、なんでまた傷ついたキセワタ欲しがるのかと思ったら
なるほど、内臓に用があったんですね。形も構造も複雑で面白い

そう、歯で噛む僕ら哺乳類は肉食・草食など食性によって歯が違うでしょ
肉食の歯はナイフのよう
草食の歯は臼のよう

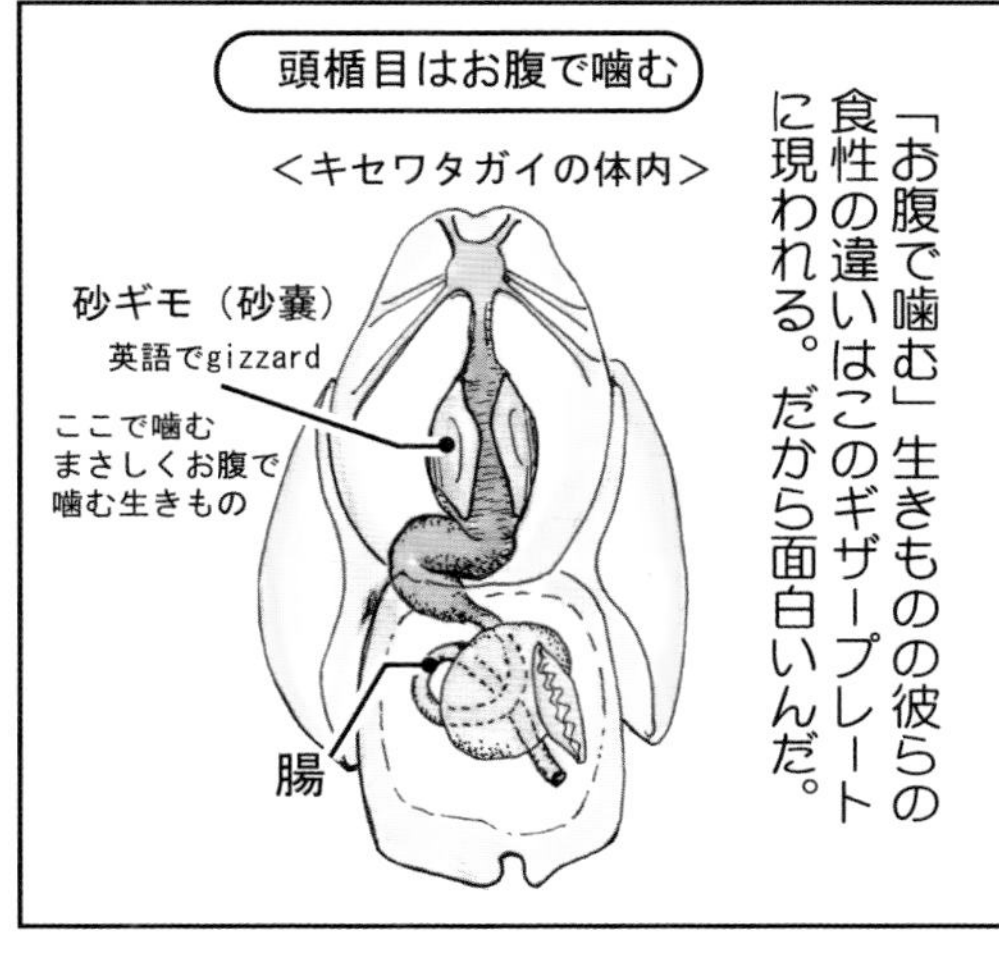

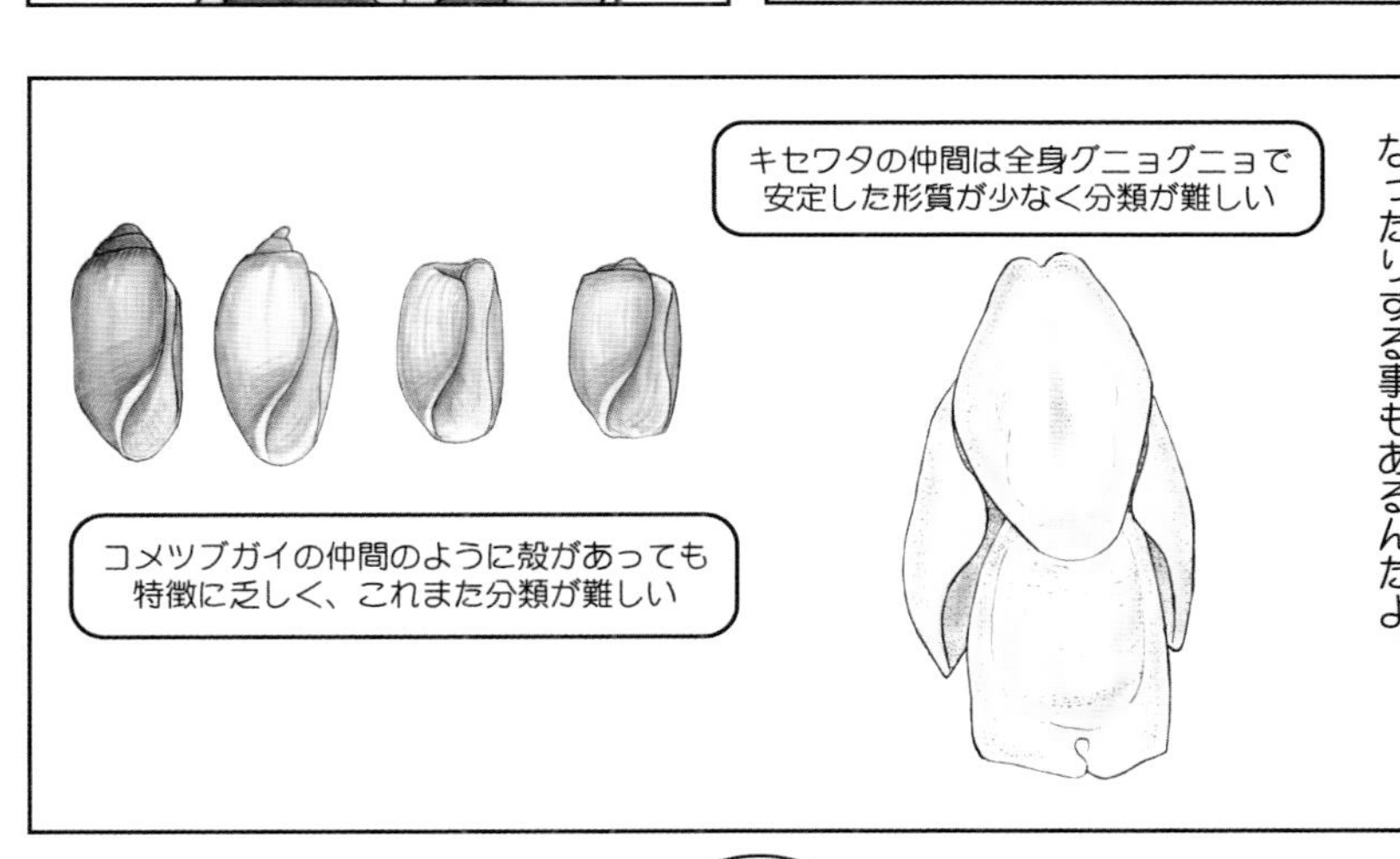

では、小倉さんの変態ギザープレート写真集はのちほど！

## 4　コメツブガイは何を食べているのか？

### ◎食事の観察

大体の生活史は分かってきましたが、何を食べているのかも気になるところです。観察会などでも「この生きものは何を食べているの？」という質問はよく出ます。肉食なのか草食なのか、さてどう調べたものでしょう。現場で検証するのは難しいので、連れて帰って飼ってみることにしました。

棲んでいた場所の泥を水槽に敷き、棲んでいた場所の海水を満たし準備完了です。連れてきたコメツブツララを放すとすぐ泥に潜ってしまいました。しばらく見ていると泥の中を進んで水槽のガラスまでやってきたものがいます。よく見ると泥の中で盛んに泥を食べています。おそらく野外でもこんな風に泥ごと有機物を食べているのでしょう。しかしこれでは泥の中の何を食物にしているやら分かりません。そこで、コメツブツララが食べそうなものを個別に与えてみることにしました。ほかの種の研究から、肉

食事をするコメツブツララとコメツブガイ

砂泥の中のデトリタスを食べるコメツブガイ

ゴカイの卵を食べるコメツブツララ

食ではないかと当たりをつけ、ゴカイ類の卵を水槽に入れてみると砂泥の中から出てきて食べているのが見られ、次の日にはシラス干しを少し与えると二個体が砂泥中から出てきて食べるのが見られました。また、別の日にはウメノハナガイの卵を食べているのも見られました。干潟でゴカイや貝の卵、小さな巻貝、有孔虫などを食べているようです。

## ◎コメツブガイは砂嚢板（ギザープレート）で食べ物をすりつぶす

食べる際はパクパク食べるといった感じでどんどん丸飲みにして、お腹の中の砂嚢（さのう）で食べたものをすりつぶします。砂嚢は歯が無い生きものが備えていることが多い咀嚼（そしゃく）器官で、歯の代わりにここで食べ物を細かく砕くのです。身近な生きものでは鳥がそうで、いわゆる砂ギモがそれに当たります。鳥の砂嚢は丈夫な筋肉の袋になっていて、文字通りそこに砂や小石をためておいて強力な筋肉で食べ物と一緒にかき混ぜすりつぶしてから胃に送るのです。

コメツブガイの仲間が属する頭楯類（とうじゅん）（30ページ参照）はこの砂嚢を備えているのですが、鳥と違い、頭楯類の砂嚢には砂嚢板（ギザープレート）という硬い板が三枚あります。この三枚の板が強力な筋肉でつながっていて、その間を食べ物が通るようになっています。この板の形は種類によって違っています。コメツブツララも体の割に大きな砂嚢板を三枚持っています。殻長四ミリの個体は長さ〇・七ミリのプレートを二枚と長さ〇・三ミリのプレートを一枚持っていました。この砂嚢板は北アメリカの*Tornatina*（トルナティーナ）sp. の仲間の*Acteocina canaliculata*（アクテオキナ カナリクラータ）(Say, 1826) の砂嚢板に少し似ています。コメツブガイはコメツブツララと見た目

## コメツブツララとコメツブガイの砂嚢板

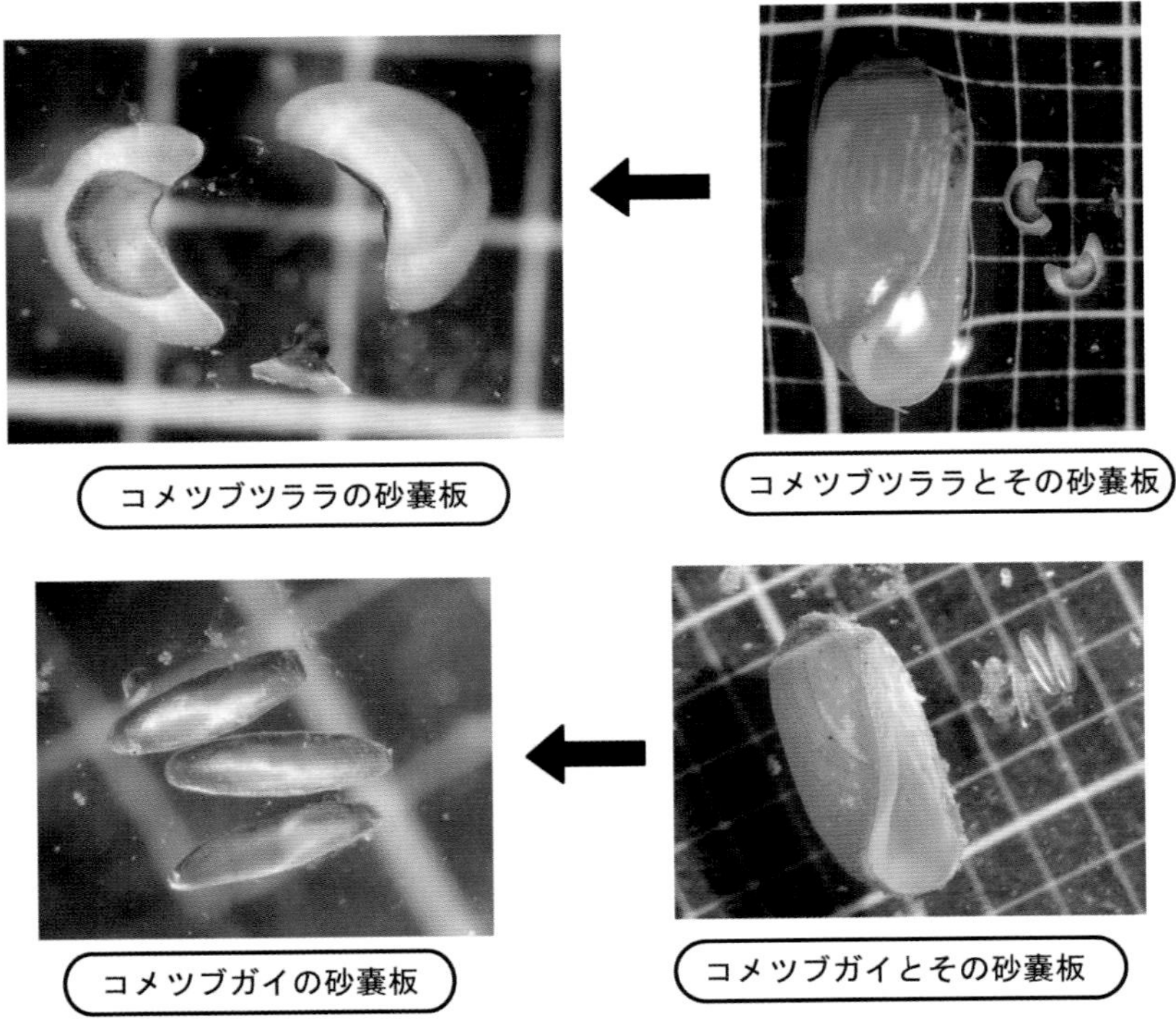

コメツブツララの砂嚢板

コメツブツララとその砂嚢板

コメツブガイの砂嚢板

コメツブガイとその砂嚢板

コメツブツララとコメツブガイの外見はよく似ているが、砂嚢板の形は大きく違っていて、別種であることがよく分かる。

はよく似ていますが砂嚢板はずいぶん違います。肉食性なのは一緒なのですが、食べ物が少し違っているのでしょう。

## ◎他の種の砂嚢板（ギザープレート）はどうなっているのだろう？

外見はそっくりなのに、砂嚢板は全く違うのを知って、私はこの仲間のほかの砂嚢板も見てみたくなりました。まずは肉食のキセワタを観察してみることにしました（これは冒頭のマンガに詳しい）。キセワタは白い半透明の生きもので他の貝を食べて生きています。時に潮干狩り場などで大繁殖してアサリを食べてしまい、漁師さんに嫌われたりします。体が半透明なので砂嚢も透けて見えます。体に対してとても大きな砂嚢で、砂嚢板も大きく硬く、まるで歯のようです。胃には粉々に砕かれた貝殻がたくさん入っていました。アサリなどを丸呑みして砂嚢で砕いてしまうのでしょう。キセワタの砂嚢はとても強力なようです。

では、藻食性のものはどんな砂嚢板をしているのでしょう。調べるとカイコガイダマシという貝が藻食性とのことなので早速見てみると、まるで大根おろしのような形をしていました。ほかに違った食性がいないか気になって調べてみると、ヘコミツララという種類は有孔虫（ゆうこうちゅう）を食べているようです。有孔虫は殻のあるプランクトンで硬そうです。ヘコミツララの砂嚢板を調べると表面にイボイボがあり、砂嚢の中からは有孔虫が出てきました。イボは殻を砕くのに使うのでしょうか。海外の研究では、イギリスの河口干潟に暮らすコメツブガイ属の *Retusa obtusa*（レツーサ オブツーサ） (Montagu,1803) も干潟の底生有孔虫と小さな巻貝（リ

## カイコガイダマシとその砂嚢板

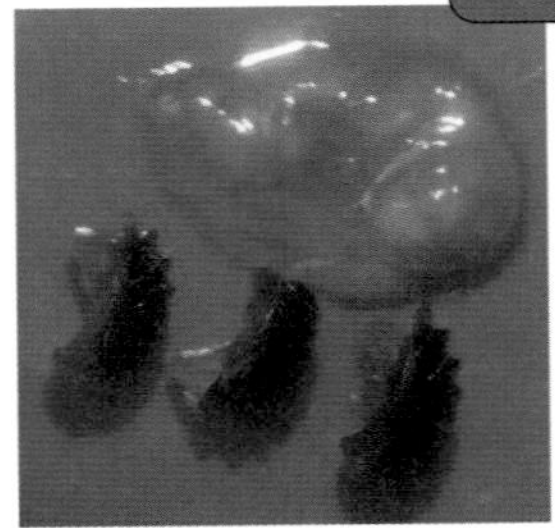

砂ギモからプレートを外したところ

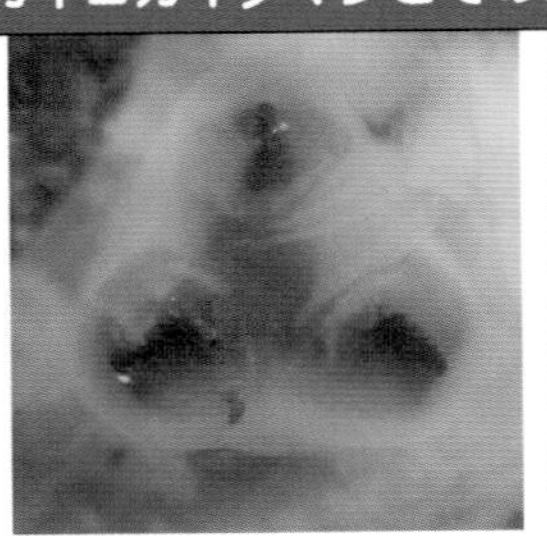

取り出した砂ギモ

大根おろしのようなギザギザがある

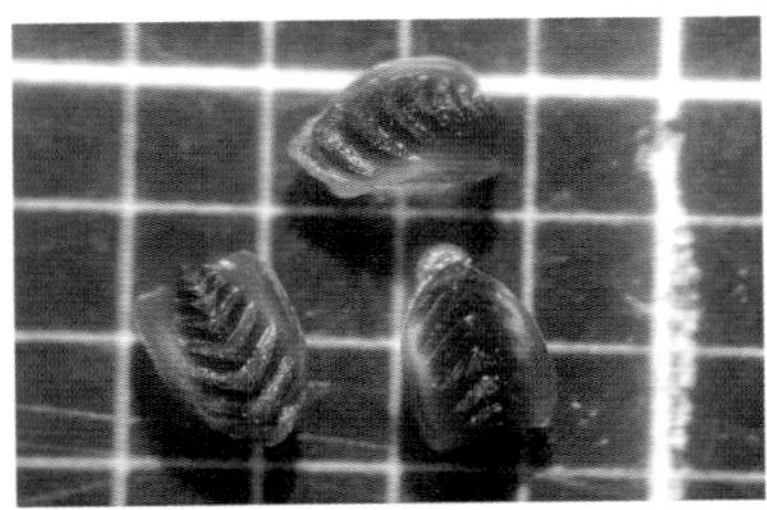

取り出したギザープレート

## ヘラミツララガイとその砂嚢板

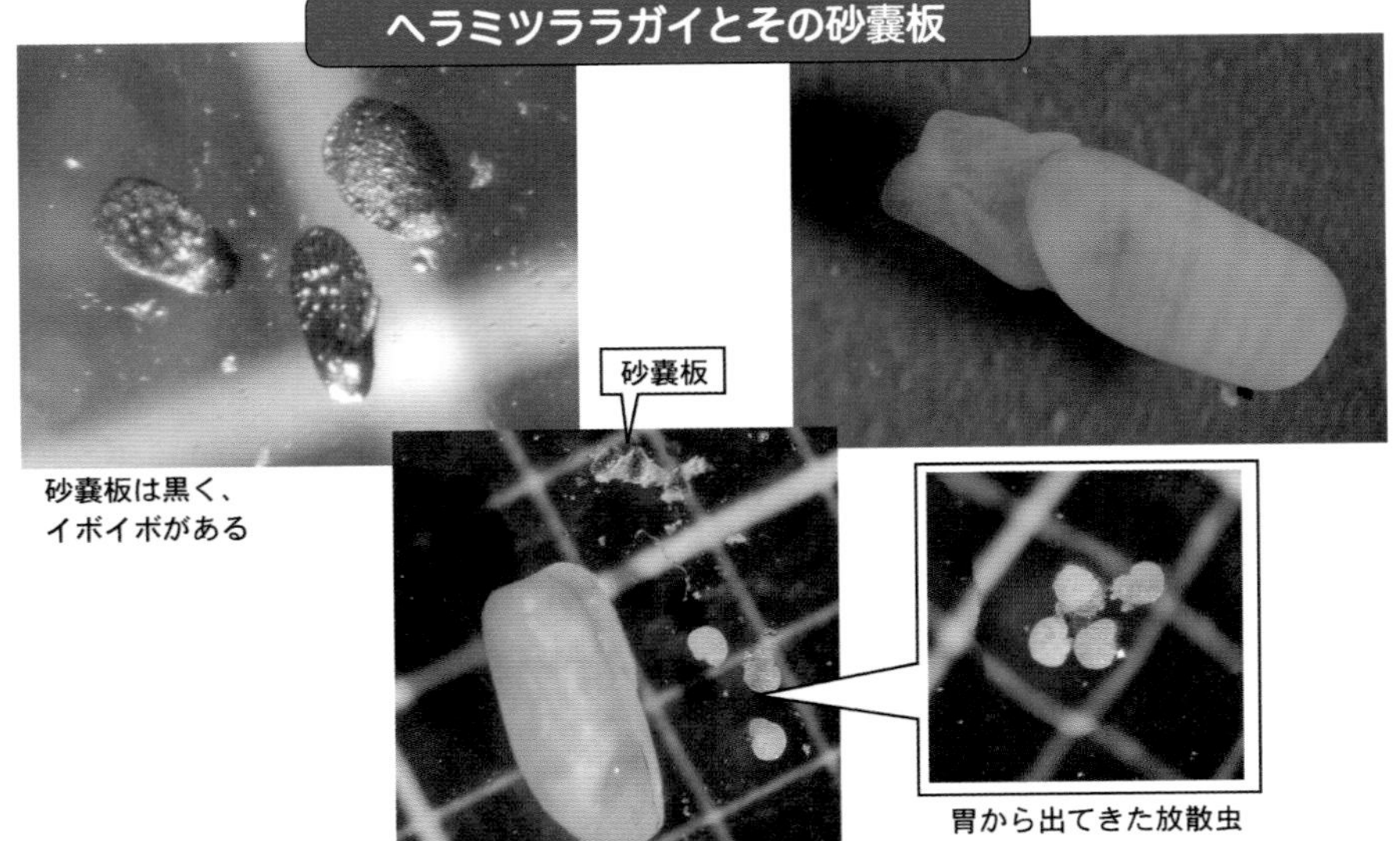


砂嚢板は黒く、イボイボがある

胃から出てきた放散虫

ソツボの仲間）を食べているようです。また、南大西洋の海底に暮らすコメツブガイ属の *Retusa sosa*（レツーサ ソーサ）でも砂嚢の中に有孔虫がたくさん入っており、砂嚢板には歯状の突起があってこれにより有孔虫の柔らかい部分と硬い骨格の部分をより分けているようです。

さて、コメツブツララへの興味から始まったこの話。棲み分けや生活史については少し分かったものの、さらに食べ物から砂嚢板の違いへと、一つの疑問が次の疑問を呼んで知りたいことは増える一方ですので、ここでひとまず区切りとしましょう。

こんな風に知れば知るほどもっと調べたくなる奥深さがあるのが生きものだと思います。そしてありふれた生きものの方が意外と調べられていなかったりするものです。特別な機材などなくても、定規とノートと観察眼だけで調べられることもまだまだ残っています。そうしたたくさんの魅力的な謎を抱えて小網代の干潟はあります。こうした小さな生きものたちの暮らしが守られ、若い人たちにも謎を投げかけ続けてくれるよう、いつまでも残ってくれることを願っています。

# おまけ四コマ 小倉さんという人

## 色々採りましょうよ…

一度だけ、小倉さんに川の生物調査を手伝ってもらった事がある
よろしくです
川の調査なんて久しぶりだなぁ

調査は川を採集しつつ移動して、区切りのポイントごとに記録していく方法

魚、エビ、水生昆虫など色々採れる

ジャブ ジャブ

小倉さーん、採れてますか~
ええ、一杯採れてますよ~

ほら、一杯！
貝だけ!!

## やはり数えますよね…

あの~、小倉さん魚とかエビは?
ああ~、魚とか?

魚とかエビとか、すばしっこいのは僕には無理だよ~
ムリムリ
…

それにしてもカワニナ増えたね~、感動だよ
管理作業の成果だね！

よ~し、数えて殻長も測ろう！
やはり、数えて測るのね…
小倉さんとは干潟で調査する方が良いようである…

# 第二章

# 二枚貝は干潟の地下生活者（トラグロダイト）

# 干潟歩き入門日記

## 二枚貝の水管観察入門の巻

江良は川の調査もしているので、潮が悪い日でも小網代に入ることがある。
あ、小倉さん干潟にいる…

大潮じゃないのに珍しいな…
ヒタヒタの干潟にしゃがみ込んで何見てるのやら…

川の調査を終えて河口に戻ってくると…
わっ、4時間はたったのにまだ見てる！スゲー
小倉さ〜ん

こんなヒタヒタの干潟で何かみつかるんですか？
ああ、江良さん
アイタタ
貝の水管を見たくてね

大潮じゃなくても干潟にいらっしゃるんですね
うん、大潮は干潟を歩いてみるには良いけど、水はないから貝は引っ込んじゃうでしょう？
貝の暮らしを見たければ水がなきゃいけない、けれど深すぎると見れないから、干潟がヒタヒタになる潮位の方が良い

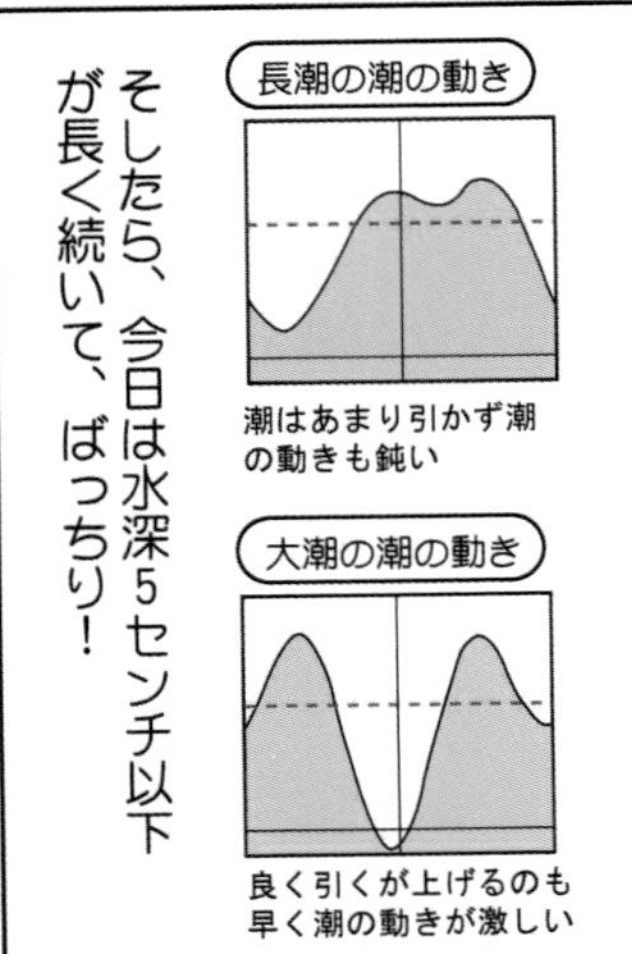

そうなると大潮では潮が動きすぎる。そこで、あまり潮が動かない長潮の日に来てみたわけ
長潮の潮の動き
潮はあまり引かず潮の動きも鈍い
大潮の潮の動き
良く引くが上げるのも早く潮の動きが激しい
そしたら、今日は水深5センチ以下が長く続いて、ばっちり！

う～む、大潮ばかりが干潟観察びよりじゃないんですね
透明度と波が無いのも大事
しかも今日は凪いでるし、海水も透明だし、特別すばらしい。こんな日はめったにないよ
どれどれ
あ、泥巻き上げちゃうと見えなくなるからそーっとね

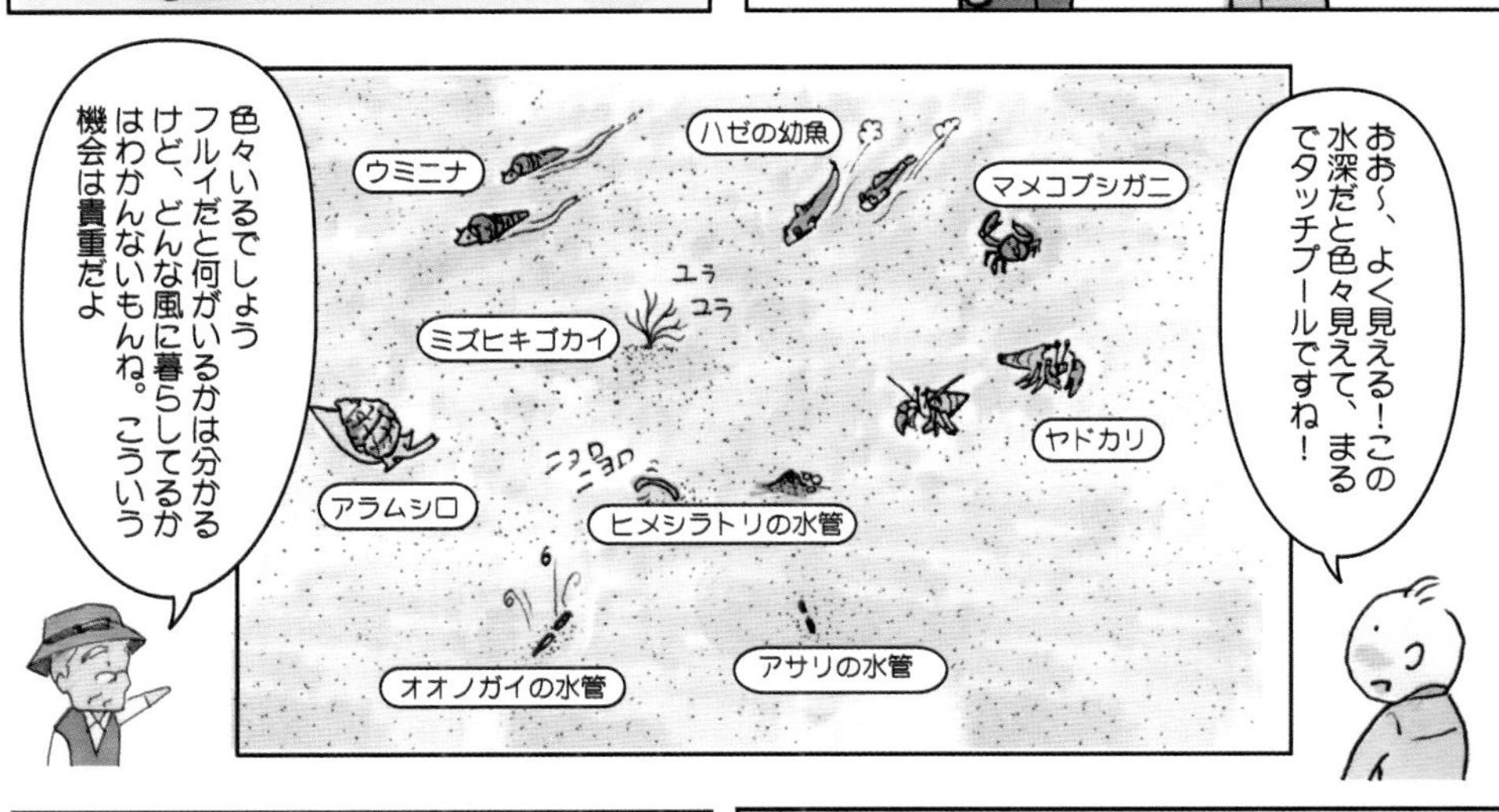
おお～、よく見える！この水深だと色々見えて、まるでタッチプールですね！
ハゼの幼魚
マメコブシガニ
ウミニナ
ユラ
ユラ
ミズヒキゴカイ
ヤドカリ
アラムシロ
ニヨロニヨロ
ヒメシラトリの水管
オオノガイの水管
アサリの水管
色々いるでしょうフルイだと何がいるかは分かるけど、どんな風に暮らしてるかはわかんないもんね。こういう機会は貴重だよ

で、どうですか？水管見えました？
オオノガイ
アサリ
うん、アサリとオオノガイはわかったけど…

この辺りにいるはずのソトオリガイとマテガイはわかんない
マテガイ
ソトオリガイ
たぶん水管のセンサーが敏感なんだとおもう

うん、サクラガイの仲間は地中から入水管を伸ばしてエサを吸い込むんだ

ビュン ビュン

ズズッ

まるでムチみたいによく動くよ

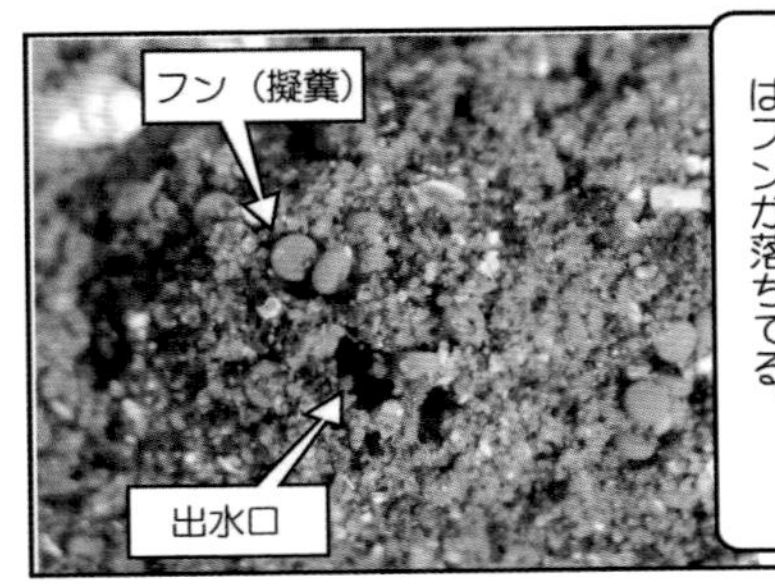


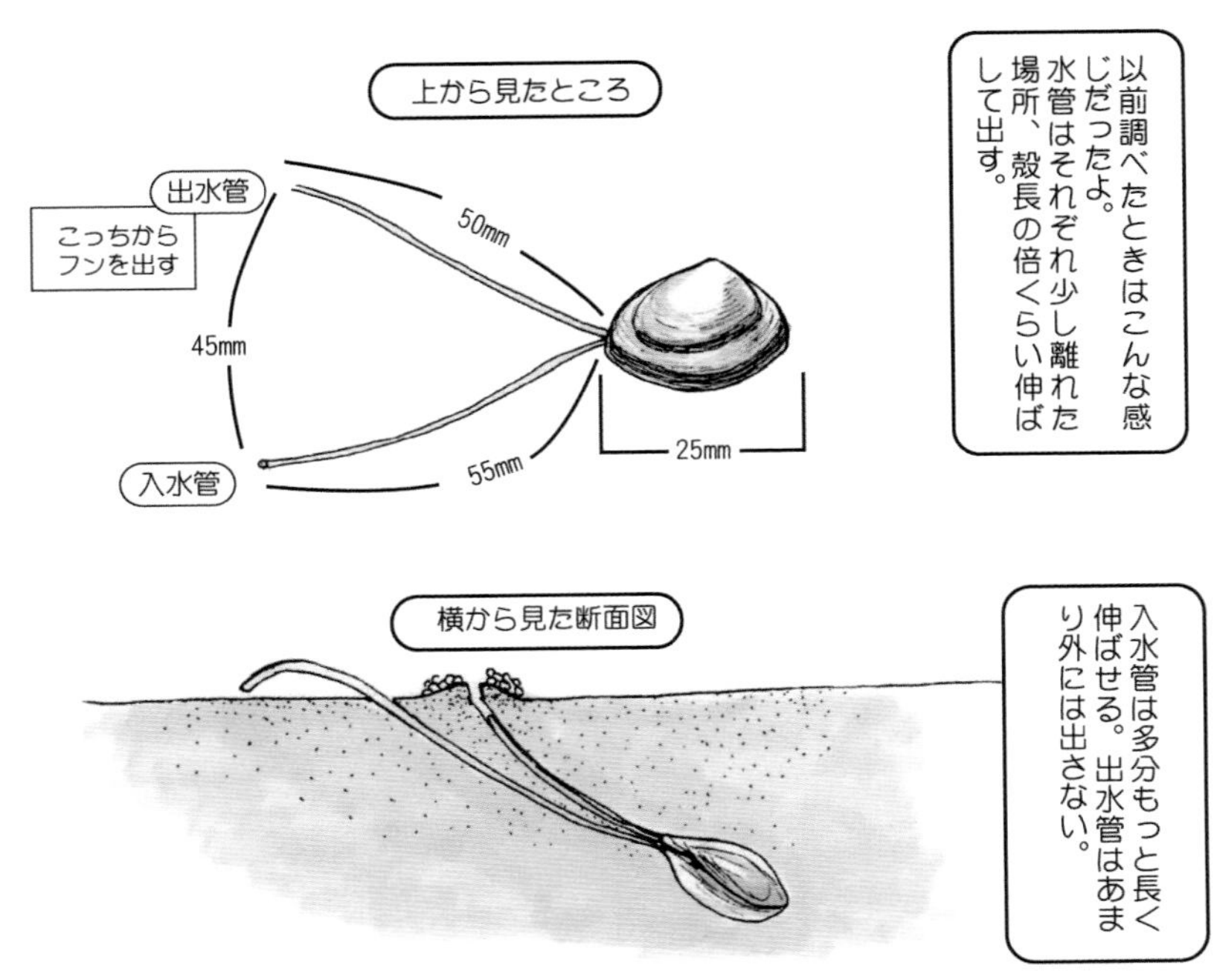

僕はこんな風に、貝が生きてる姿が知りたいから
こういう日はつい夢中で見てしまうね。
でも、こんなのどうやって調べるんですか？掘ってもわかんないでしょう？

ああ、これは家で飼って調べた。
え？二枚貝って飼えるんですか！

干潟の泥と海水もって帰れば飼えるよ。静かーにしてると水管出て来て楽しいよ～
一年くらい飼ってるのもいるよ
二枚貝…飼えるんだ…と言うか、飼う人いるんだ…

えーと、二枚貝を飼うとはつまり…
コポコポコポ
水管がわずかに見えるだけ
本体は土中で全然見えない
ほぼ接点がない！つーか、ほとんど見えないじゃん！

この状態、世間的にはただ水槽が置いてあるだけと変わらんぞ…
コポコポコポ
ペットとしてのレベルが高すぎるぜ、二枚貝！
いや～楽しめる自信ないわ～
今日はユウシオガイ連れてくかな～海水と砂も持ってかないとな～
ゴソゴソ
スゲー楽しそう…やはり、ただもんじゃないぜ、小倉さん…

## 1 二枚貝の呼吸と食事

二枚貝の多くは海底の地下で暮らしています。地下生活を送る生物を生物学ではトラグロダイト（troglodyte）と呼び、地下生活者などと訳されます。ちなみにトラグロダイトは穴居人（けっきょじん）など洞窟で暮らす生きものを指すこともあり、何をどう間違ったのか森で暮らしているチンパンジーの学名「*Pan troglodytes*（パン トログロディテス）」にもなっています。毛深い姿を見て洞窟で暮らしていると思ったのでしょうか？

話がそれました。二枚貝はしかし、海底にただ埋まってしまっては息もできず物も食べられず、生き埋めになって死ぬだけです。地下の二枚貝は何を食べ、どうやって息をしているのでしょう。

多くの二枚貝は鰓（えら）で海水からエサをこし取って食べています。いわば海を食べているわけですが、ジンベイザメ、イワシ、クジラなどのプランクトン食の海洋生物も同じように鰓で海水からエサをこし取って暮らしています。

二枚貝との違いはジンベイザメたちは大量の海水を取り入れるために、大きな口をあけて泳ぎ回らねばならない点です。二枚貝はこれを地下でやってのけます。これを可能にしているのが入水管と出水管という二本の管です。これは大変すぐれたシステムで入水管から出水管への流れを自分で作り出すことで、地下にいて

も呼吸ができ、また、その取り込んだ海水からエサを鰓でこし取ることで食物も得られるという一石二鳥の方法なのです。

この生活は安全であまり動き回る必要もなく、通常では食べ物も豊富ですが、こうした方法で暮らしている生物はごく限られていて、ほとんど二枚貝の独壇場といってよい状態です。河口域の干潟の植物プランクトンの生物量が水管を使って懸濁物（けんだくぶつ）を食べる二枚貝類によってコントロールされ、干潟の環境に非常に大きな影響力を持っています。

さて、この二枚貝を特徴づける二本の管、一見するとただの管のようですが、よくよく調べていくと長い進化の過程で様々な工夫が凝らされているのが分かってきます。例えば砂抜きの時などに見られるアサリの水管は、入水管の直径が出水管の直径よりも大きく、出水管からは勢いよく水が出され水柱ができます。これは出水管から出た水を入水管から再び吸い込まないようにして効率よく懸濁物（主にプランクトン）を食べる工夫です。また、アサリやハマグリなど潮間帯であまり長くない水管を持って暮らしている種は入水管の先端には触手が発達して

**アサリの採餌**

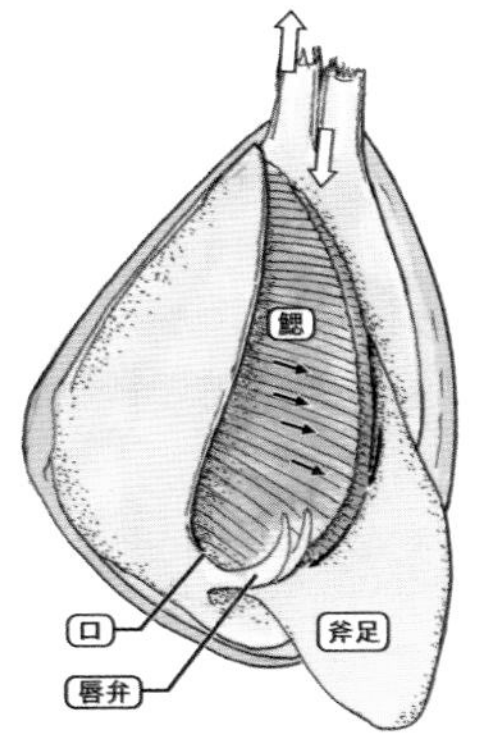


取り込んだ海水からエサを鰓でこし取り、鰓に生えた繊毛を動かして口まで運ぶ

**イワシの採餌**

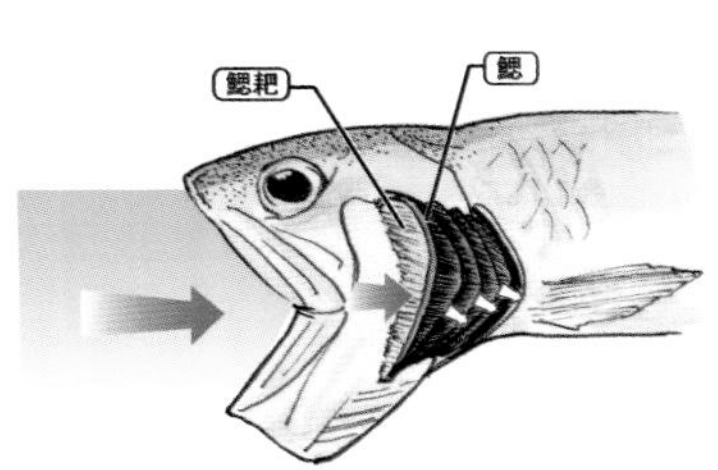


取り込んだ海水からエサを鰓に生えた櫛状の鰓耙（さいは）でこし取る

おり、長くなっていたり、先端が枝分かれをしていたりします。入水管の入口がフルイのようになっているのは、消化できないような大きな粒子を取り除く役割をしているものと思われます。これらは干潟に暮らすマルスダレガイ科やチドリマスオガイ科の仲間に見られる特徴です。

冒頭のマンガに出てきたヒメシラトリなど砂泥底（さでいぞこ）に潜って水管を長く伸ばして堆積物を食べている二枚貝は、鳥などに水管を食べられないように水管の表面のわずかな水の動きなどにも敏感に反応する感覚器官を発達させています。これらの感覚器官は魚の側線（そくせん）と同じような働きをしているとも考えられています。そして、長い水管を素早く引っ込めるために水管に強力な水管索引筋（siphonal retractor muscle）を持っており、ニッコウガイ超科（Tellinoidea）にはまだその機能が完全には分かっていない十字筋（cruciform muscle）もあります。

よく知られたサクラガイもこの仲間で、72ページの写真のように細く長い水管を持っています。

この仲間は比較的浅い場所で暮らしているものが多いのですが、殻長が五センチくらいのサビシラトリはおよそ五〇センチもの深い場所で暮らしています。この貝は深い場所から細長い水管を底質表面まで伸ばして堆積

## アサリの水管

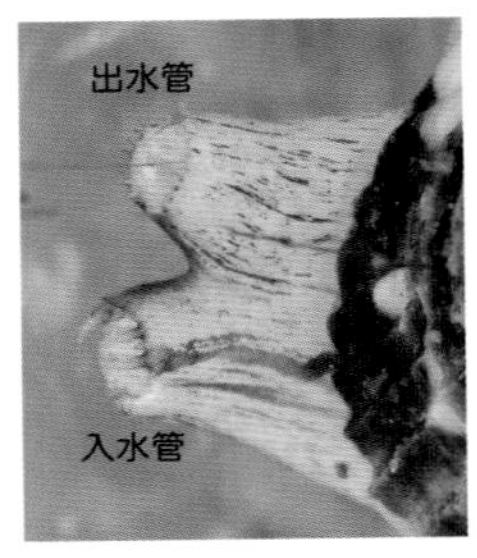


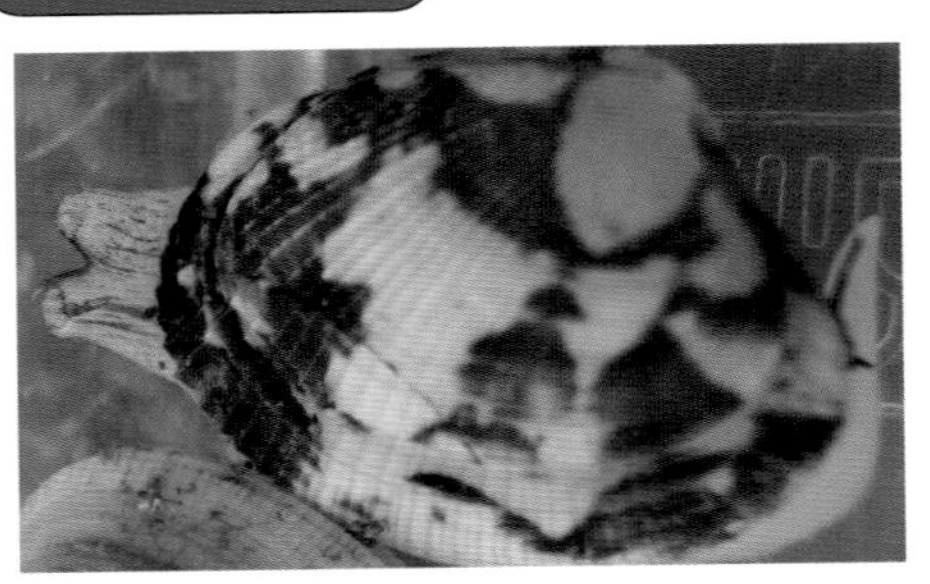

アサリの水管は太短く、入水管には触手が生えていてフルイのようになっています

サクラガイの仲間には驚くほど長い水管を持つものがいます。サビシラトリはそうした貝の一つで、掘り出すことが難しいほどの深さから、細い水管を長く長く伸ばして暮らしています。

## サビシラトリトその水管

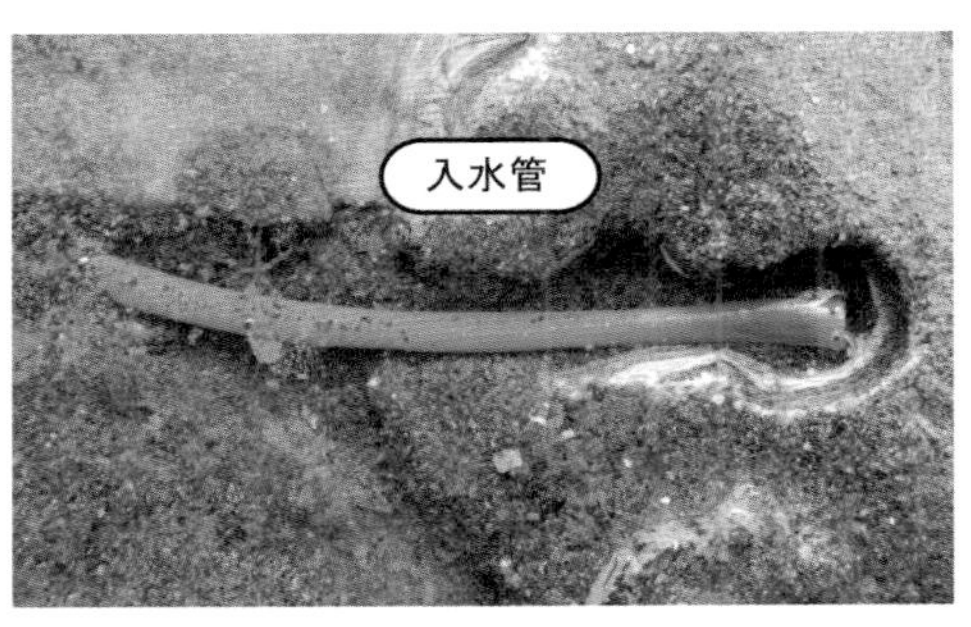


入水管の太さは2㎜ほどで良く動き、ミミズのように見えます

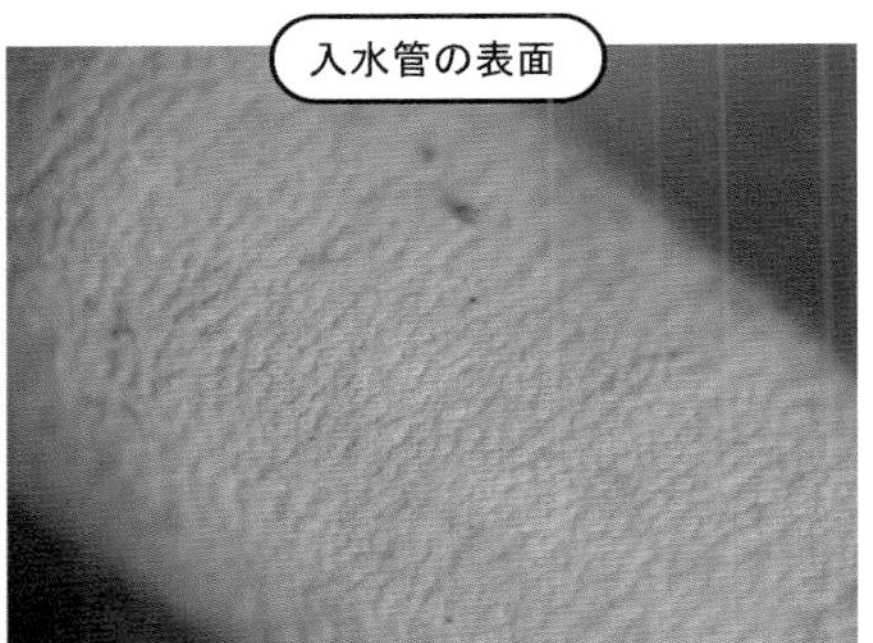


表面はざらついています

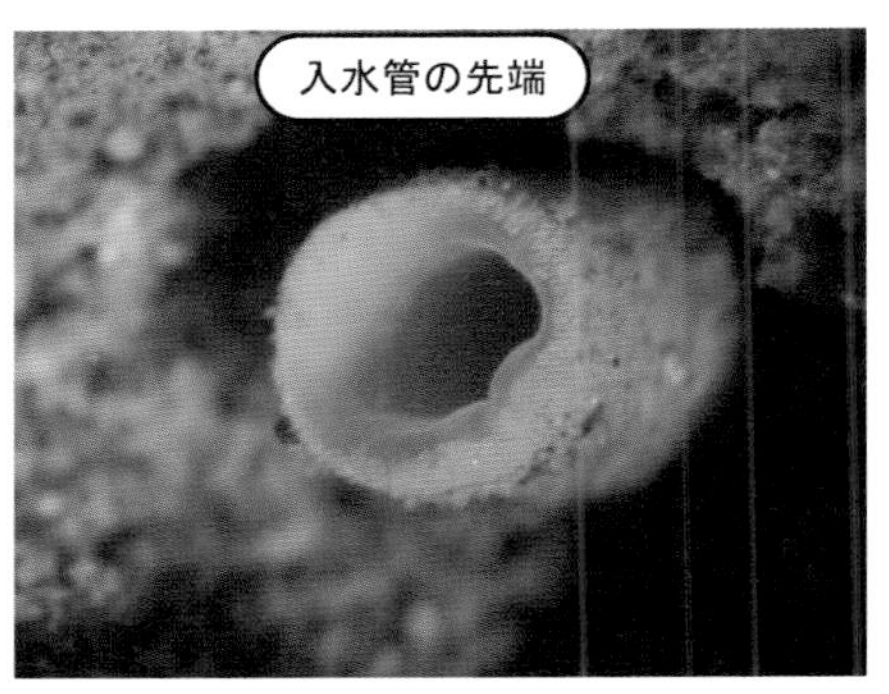


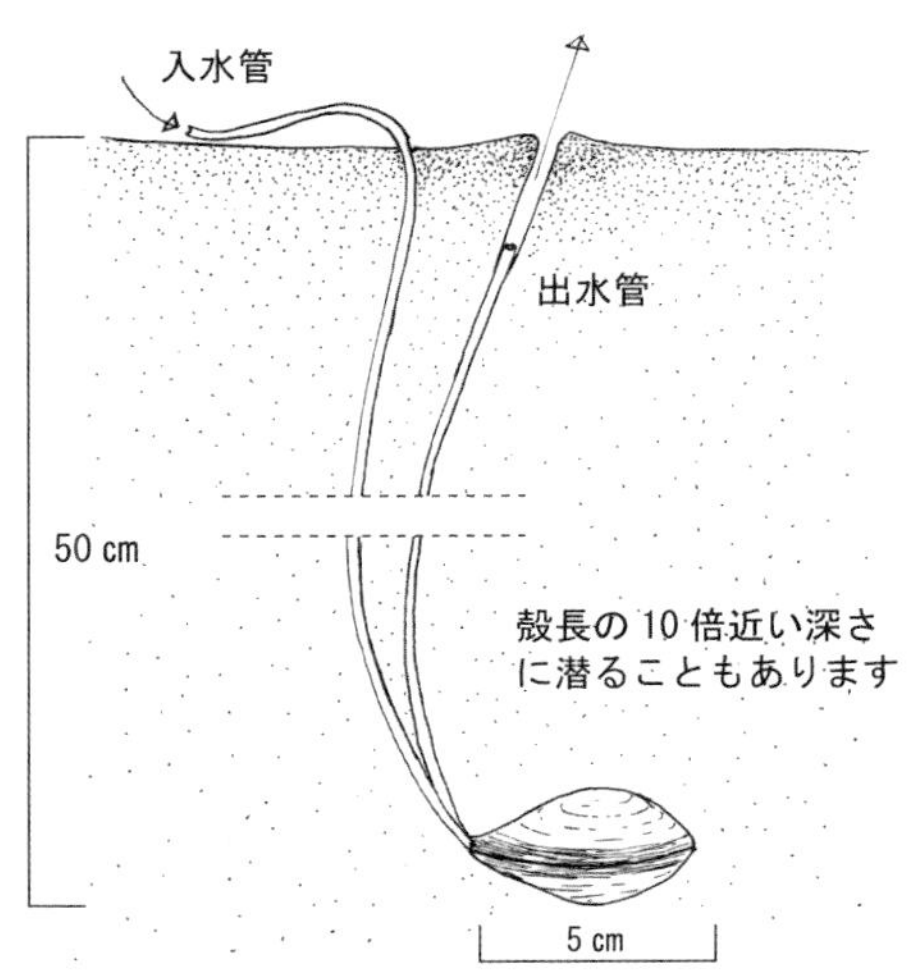

物を吸い取って摂食しています。試しに掘り出してみようとしたことがあるのですが、干潟を三〇センチほど掘ると水が溜まってしまって、とても五〇センチも掘れるものではありませんでした。これは長い嘴（くちばし）をもつ水鳥でも届かない深さで、大変安全な暮らし方だとは思いますが、ひとたび掘り出されてしまうと、自力では潜ることができず、なすすべなく死んでしまいます。おそらく、移動能力のある若いうちから段々と棲む深さを増していって、五〇センチもの深さに達するのでしょう。

水管はただの単純な管のように思われがちですが、様々な機能があり、種ごとに色も質感も違います。私はそれを眺めるのが好きで、飼育して見ることもあります。江良さんには驚かれてしまいましたが、二枚貝を飼うのはそれほど難しくありませんし、動かないイメージのある二枚貝が、飼ってみると意外なほど動いたりして、なかなか楽しいものです。海水と泥を時々取り換えてやれば、エサとなるプランクトンは自然と湧くので、特別エサを与えなくても大丈夫です。あとは貝がリラックスできるよう環境を整えてやると、水管を見せてくれます。じっくり見るとそれは単純な管ではなく、しなやかで透明感があって実に美しいものです。

以下では、私が見た水管を少し紹介したいと思います。

## サクラガイの水管

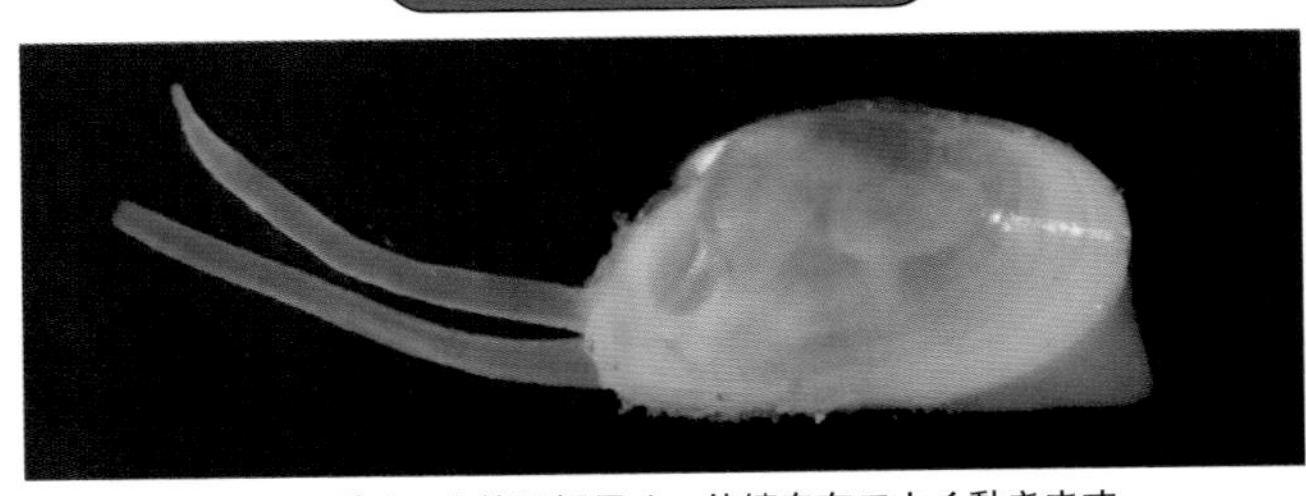

サクラガイの水管は細長く、伸縮自在でよく動きます

まず、比較的浅い場所に暮らしている貝たちの水管です。
水管は短めで、その分、活動的な貝が多いです。

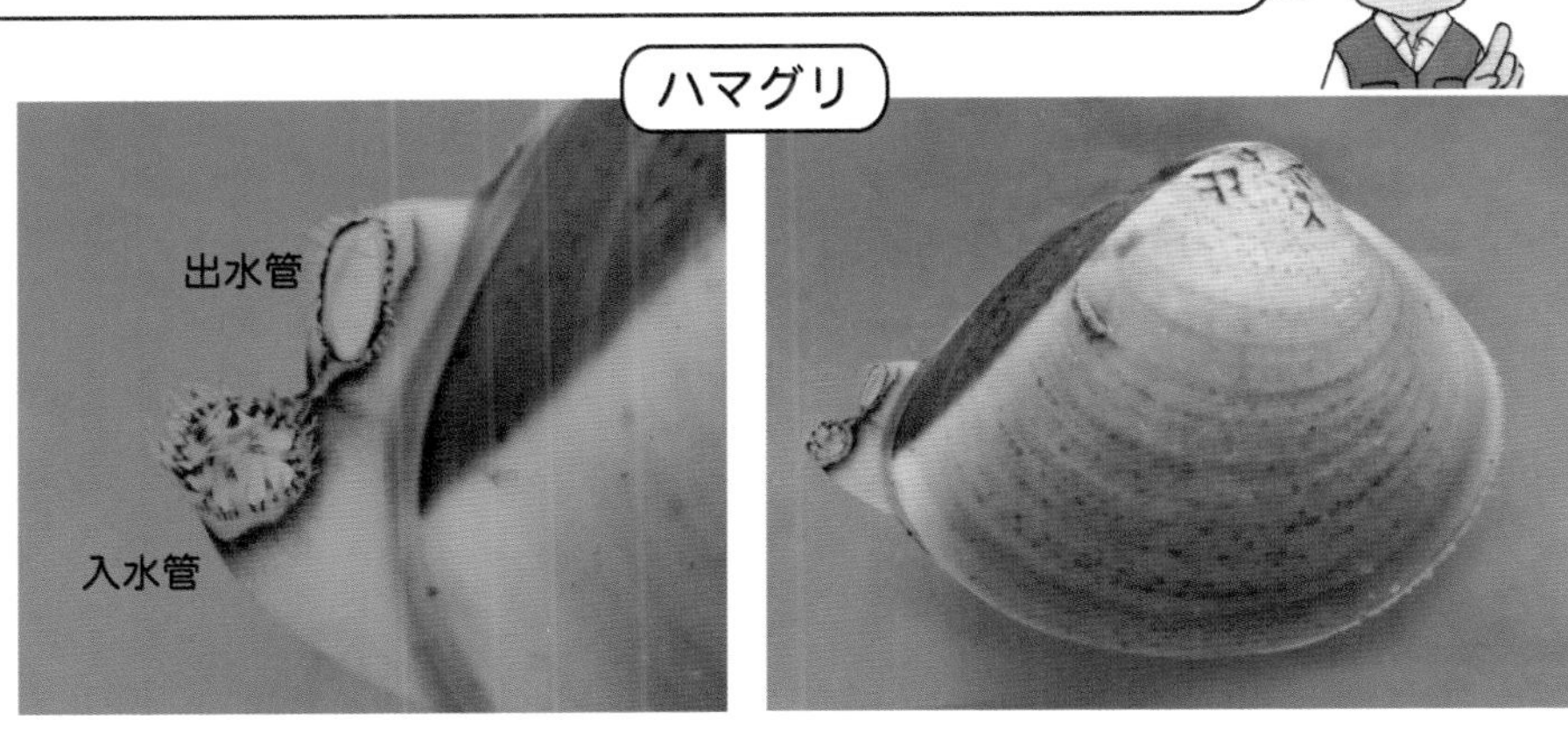


アサリと同じタイプの水管です。写真では短いですがよく伸びます

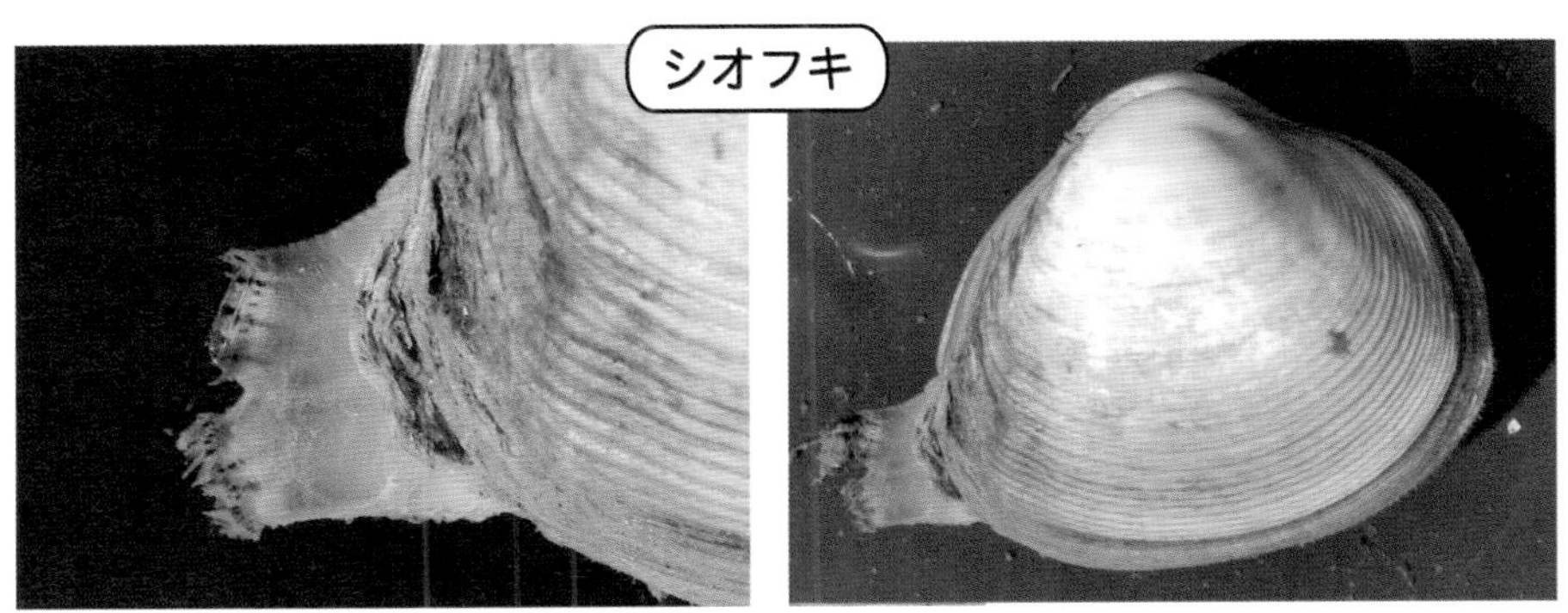


ごく浅くしか潜らないためか、水管はアサリより短いようです

マテガイ
シマシマの所で切れやすくなってます

水管には縞模様があり、外敵に襲われるとこの部分が
トカゲの尻尾切りのようにちぎれて身を守ります

## フジノハナガイ

入水管の触手は枝が多く、まるで雪の結晶のようです。美しい！

## ナミノコガイ

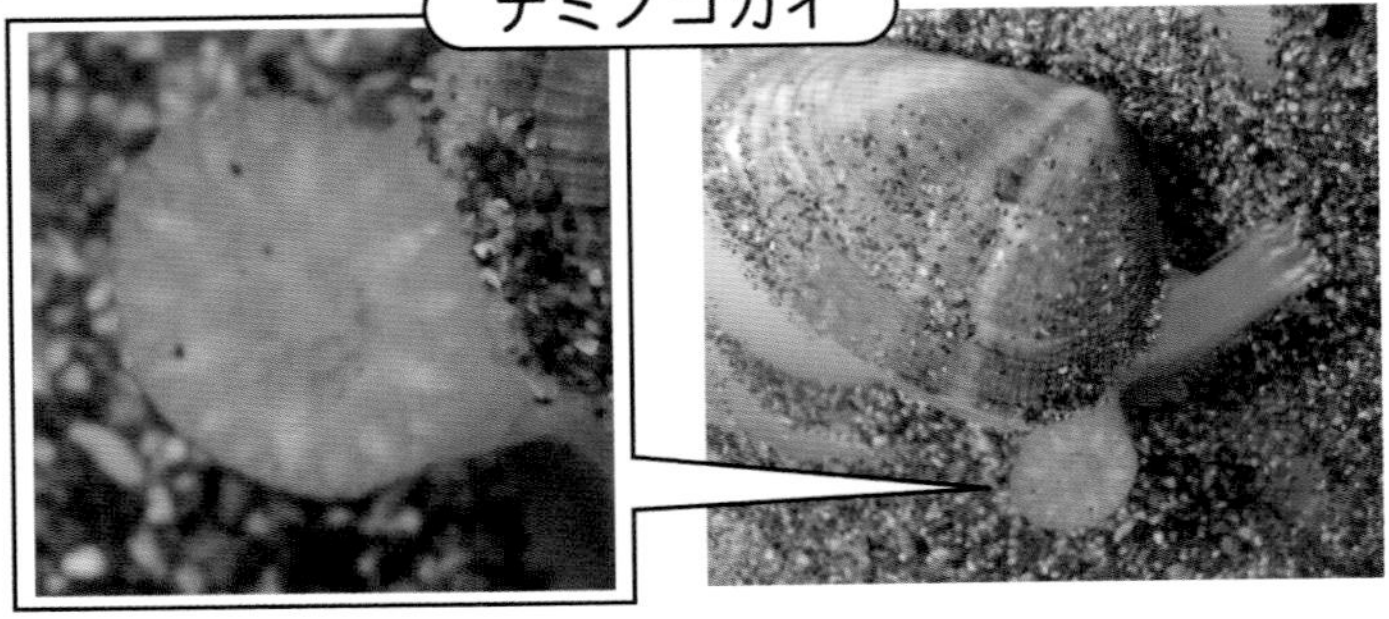

フジノハナガイとナミノコガイは波打ち際など、つねに砂が動く場所に暮らします。入水管の触手に枝が多いのは砂を吸い込まないための工夫なのでしょう

## オキシジミ

オキシジミの水管はサクラガイと同じ細く長いタイプの水管です。飼育してみるとスルスルとよく伸びる水管でした

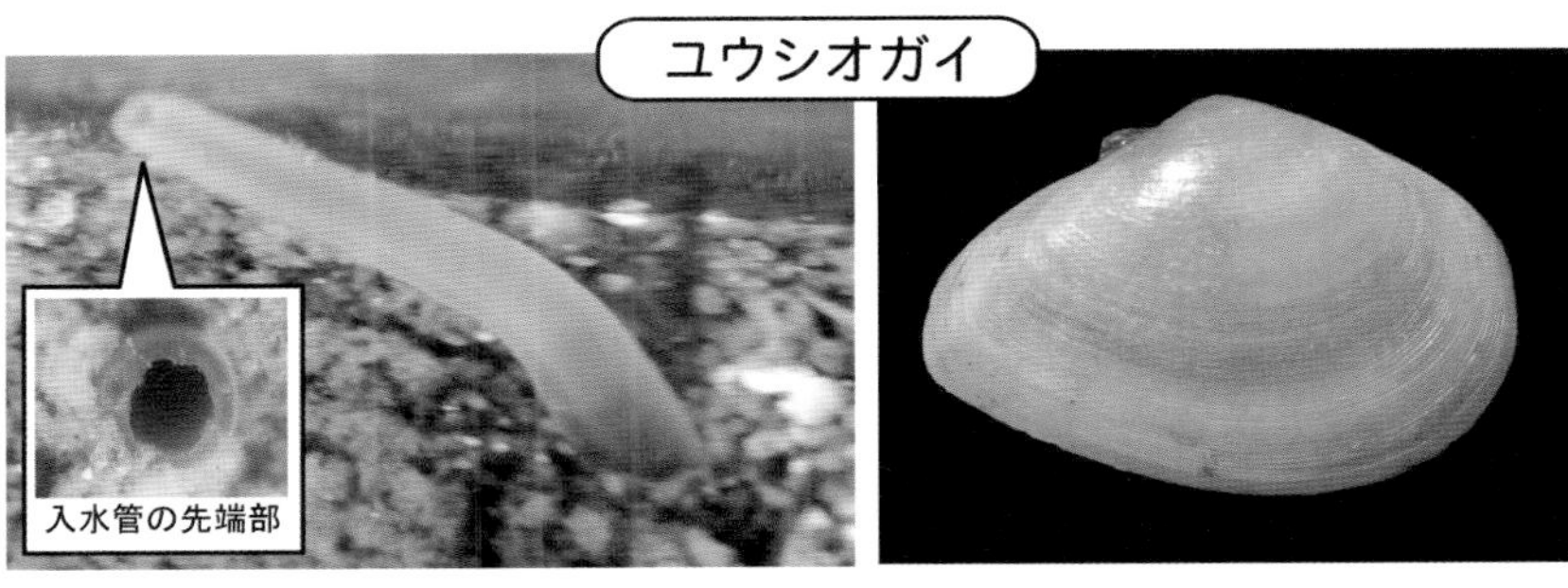


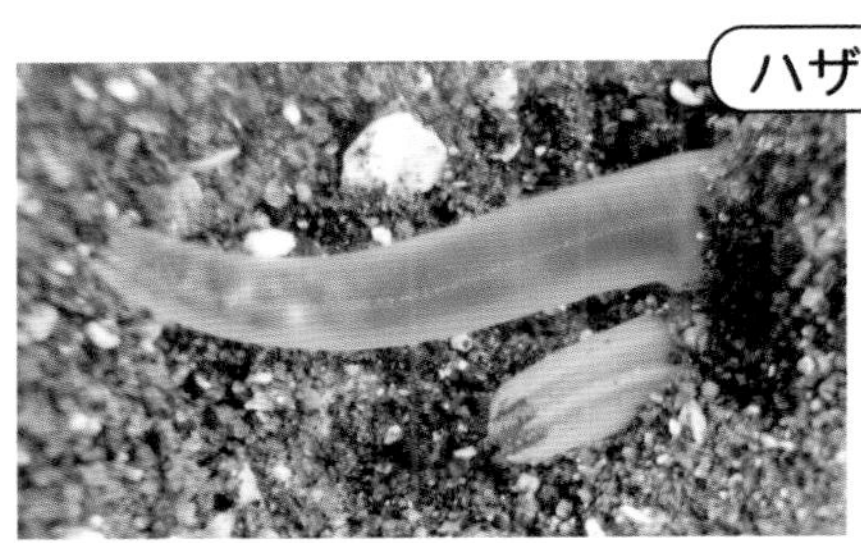


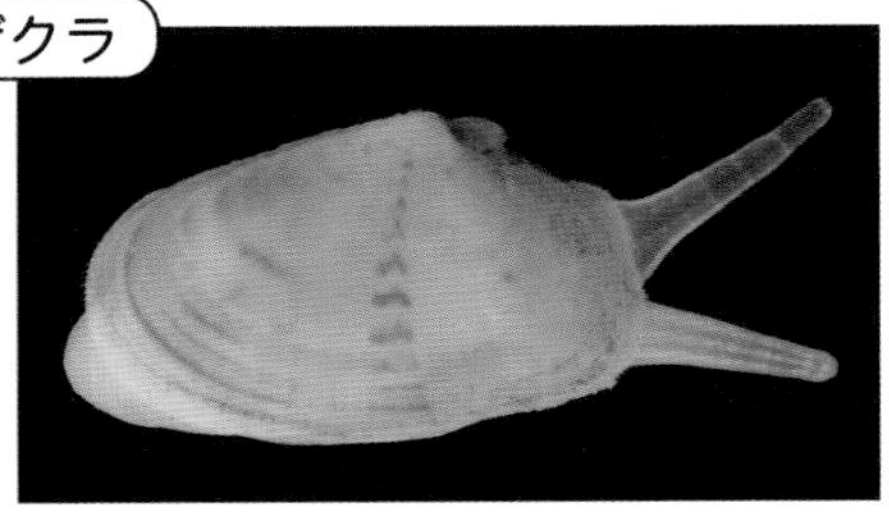

このページの貝たちの水管はどれも細く長いタイプです。魚屋さんには並ばない貝ばかりで馴染みは薄いですが、干潟にはこうした水管を持つ貝がたくさん暮らしているのです。

このページは太く長い水管を持つ貝たちです。
深く安全な場所まで潜れますが、水管は大きすぎて、
殻には収まりきりません。

砂泥底に深く潜って暮らしています。殻長は 4㎝ ほどでしたが、水管は 20㎝ もありました

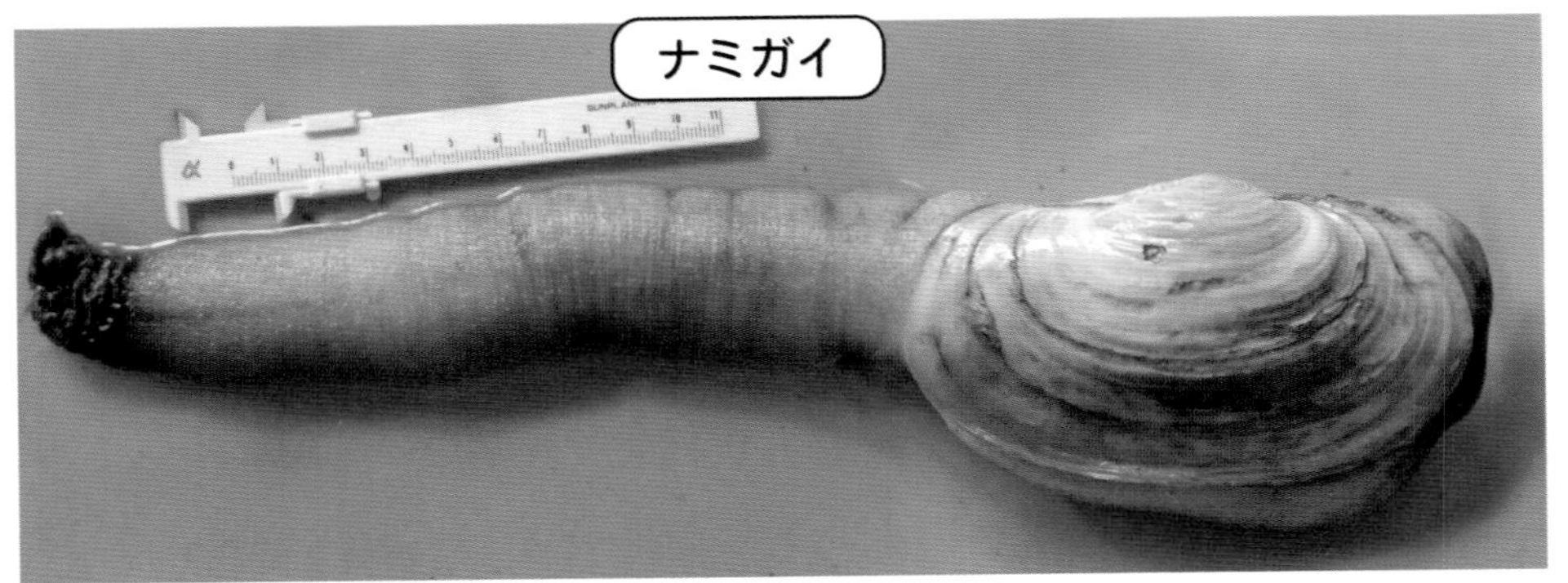


魚屋さんでは白ミル貝として売られている貝です。私には掘り出せない深さに暮らしているので、魚市場で買いました。水管は殻には全く収まらないほどの大きさです

魚屋さんでは本ミル貝として売られている貝です。横須賀の魚市場で買ったもので、貴重な東京湾産です。水管の先はごつごつした黒い皮で覆われています。殻長 20㎝ にもなることがある大きな貝です

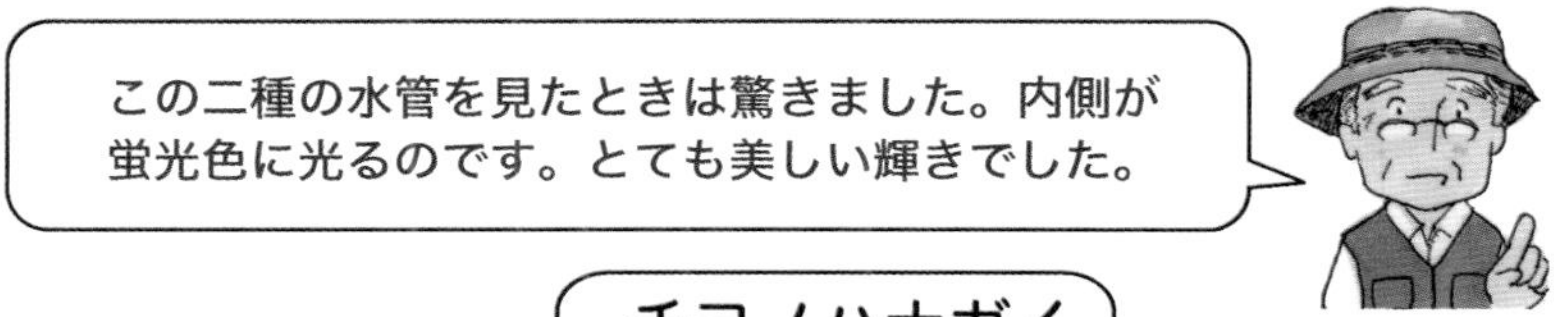

この二種の水管を見たときは驚きました。内側が蛍光色に光るのです。とても美しい輝きでした。

## チヨノハナガイ

干潟の泥っぽい所に暮らしているチヨノハナガイでは、入水管の内側が少し暗いとピンク色の蛍光色に光ります

## クチバガイ

なぜか内側に輝く花模様が！美しい！

アシ原近くの砂浜に暮らすクチバガイの水管は内壁の表面がカラフルに蛍光色に光ってとても美しいです。水管の内側が光るのは侵入者に対して防御になるのでしょうか？

このページでは、ちょっと変わった水管を
持つ貝たちを紹介します。

## シオヤガイ

水管にたくさんの触手が生えています

## キヌマトイガイ

水管が途中から融合しています

## シナヤカスエモノガイ

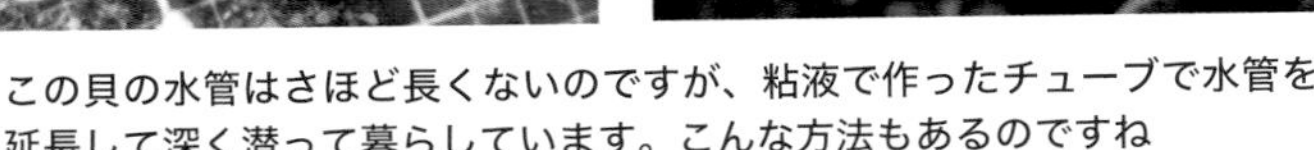

この貝の水管はさほど長くないのですが、粘液で作ったチューブで水管を延長して深く潜って暮らしています。こんな方法もあるのですね

## モモガイ

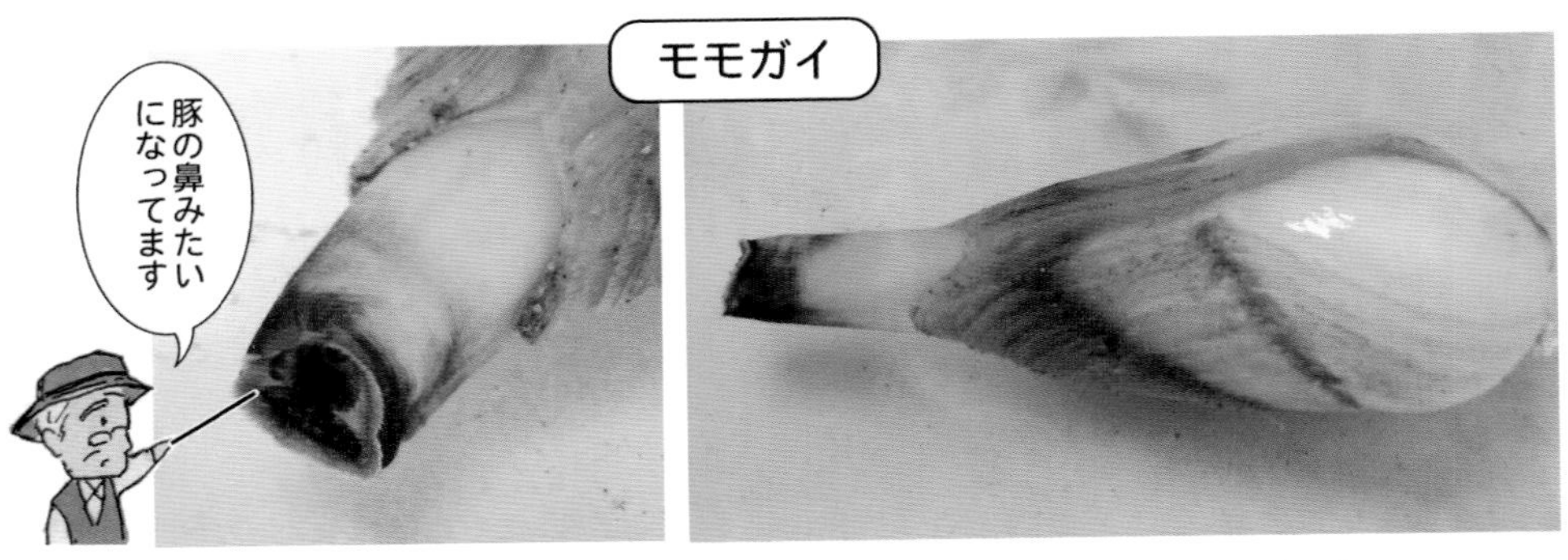

豚の鼻みたいになってます

岩に穴を掘り、その穴で暮らす貝です。水管は１本に見えますが、２本が融合したもので、その先端には入水口と出水口があって、豚の鼻のようになっています

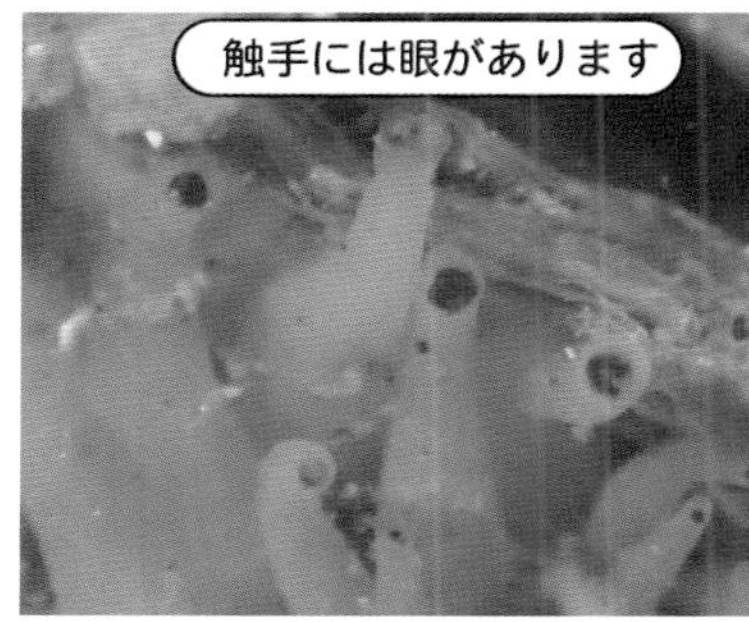


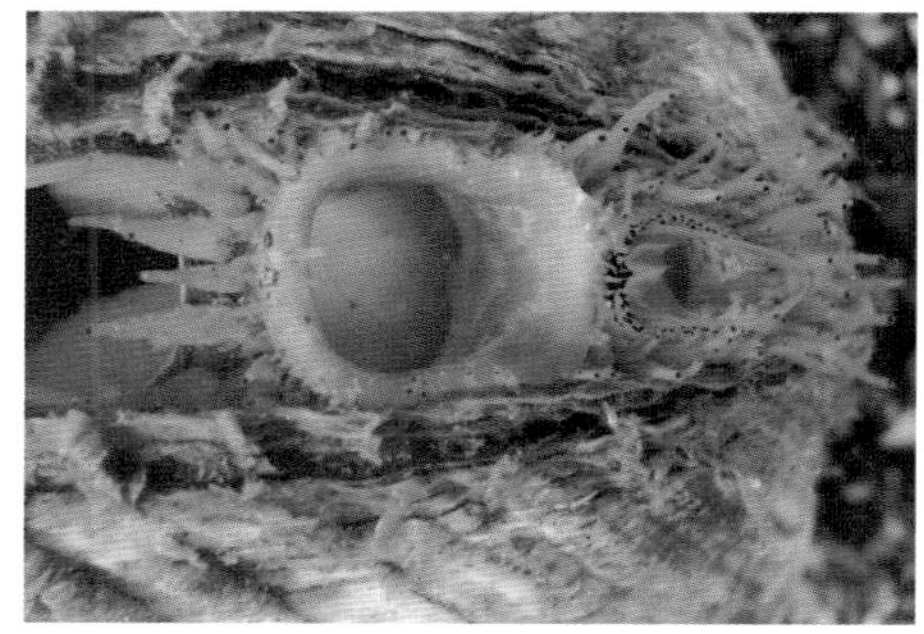

トリガイの斧足は寿司ネタになるほど大きく立派ですが、水管は非常に短く、ごく浅くしか潜れません。それを補うためなのか、水管には眼の付いたたくさんの触手が生えています

## ザルガイ sp.

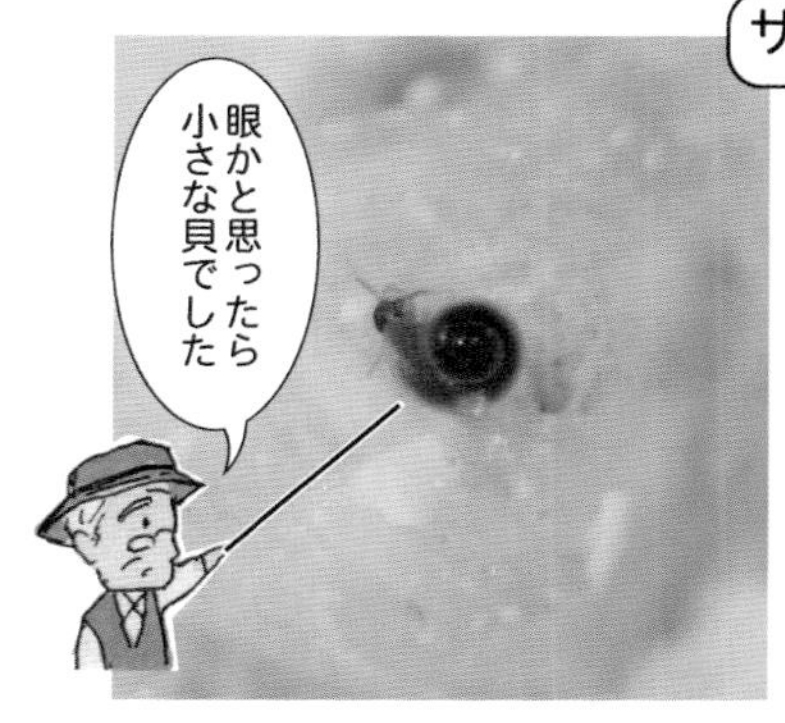

ザルガイの仲間の水管にも眼の付いた触手が生えています。そこで眼を撮ろうと顕微鏡で見たら、なんと黒くて小さな貝が棲んでいました！　いったい何ものなのでしょう？

こんな風に一言に水管といっても色々あります。
貝たちが様々な工夫をして暮らしていることを
知ってもらえると嬉しいです。

# 干潟歩き入門日記

## 二枚貝の進化史の巻

質問なんですが、こないだ水管をもつ二枚貝は、進化の進んだ生きものだと言ってましたけど、
二枚貝といえば水管では？
二枚貝ってみんな水管あるんじゃないんですか？

いやいや、水管の無い二枚貝色々いるよ。
イヤ イヤ
カキとか、ホタテ貝とか、ムール貝もアカガイも水管無いよ

む？むむ、言われてみれば、カキもホタテも管ついてないが…
考えた事もなかったな…
まあ、無理もない異歯亜綱はすごく多いから、二枚貝イコール水管のイメージあるよね。

お、トト。いま色々わからんかった。異歯亜綱？異歯？二枚貝に歯ありませんよね？
イシアコウってなんじゃ？
ああ、ごめん、異歯は専門用語か。歯は貝の蝶番の歯の事なんだ。

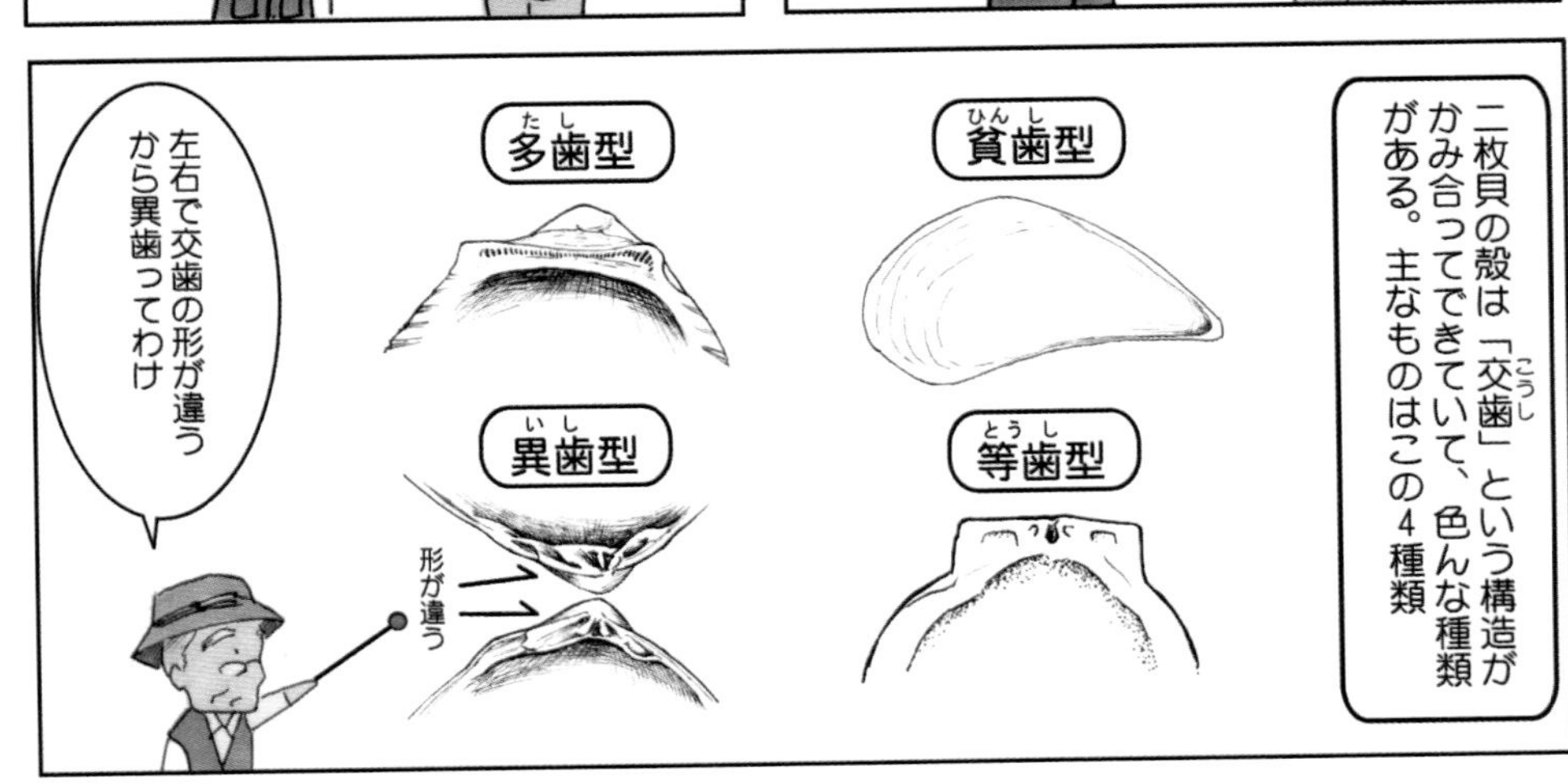

二枚貝の殻は「交歯」という構造がかみ合ってできていて、色んな種類がある。主なものはこの4種類
貧歯型
多歯型
等歯型
異歯型
形が違う
左右で交歯の形が違うから異歯ってわけ

いや〜、こんな種類ありますか〜、貝の蝶番の違いなんか、注意してみたことないからなぁ

**蝶番は二枚貝分類の基礎**

二枚貝は交歯の型と鰓の形式が分類の基本だから、覚えておくと図鑑調べやすくなるよ。この際、軽く説明しときますか

## 貧歯型

このタイプは殻頂部に少し歯があるだけで目立った歯は無い。イガイ科（ムール貝）の形式で、古いタイプ。

## 多歯型

かみ合わせを内側から見る

沢山の歯がファスナーのようにかみ合う形式。サルボウ、アカガイなどがこのタイプ。がっしりかみ合うが、動きはあまり良くない。これも古くからある。

## 等歯型

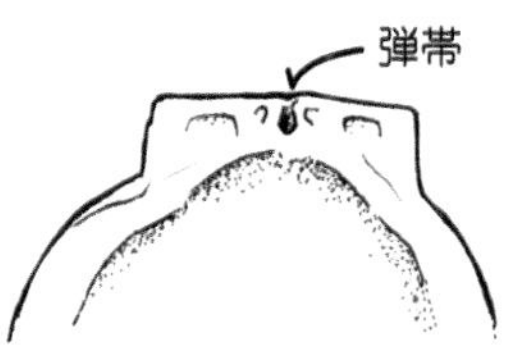


二つ同じ大きさの歯が弾帯をはさんで、対称の位置にある。ホタテガイなどがこのタイプ。

## 異歯型

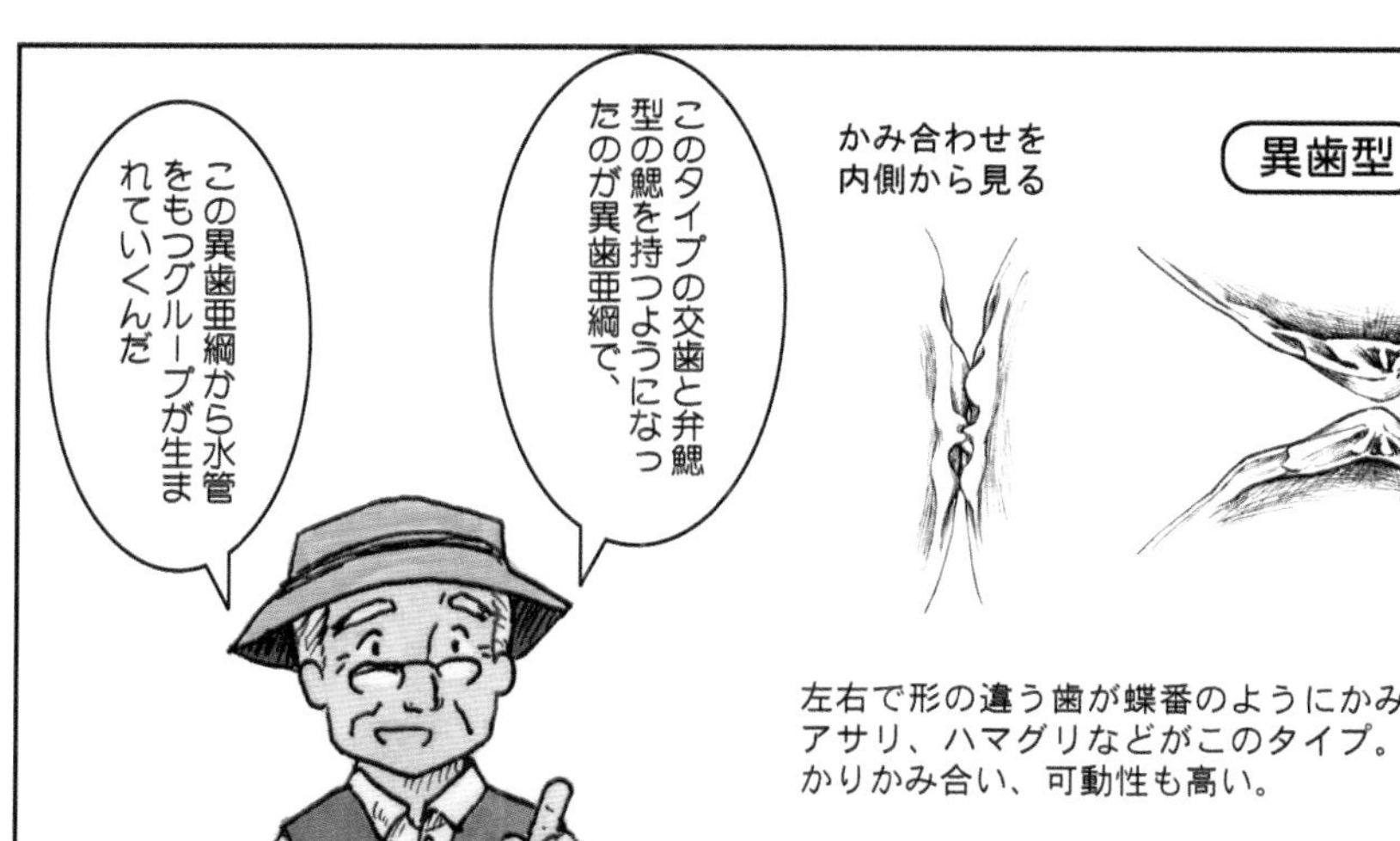


左右で形の違う歯が蝶番のようにかみ合う形式。アサリ、ハマグリなどがこのタイプ。蝶番はしっかりかみ合い、可動性も高い。

なるほど、水管をもつ二枚貝は新しいタイプだったんですね。いつくらいからいるんですか？
確認された最古の二枚貝はカンブリア紀前期
異歯亜綱が現れるのはオルドビス紀中期以降だね
もっとも異歯亜綱が新しいと言っても、恐竜の生まれるはるか前、陸上に植物ないころの話だけどね
恐竜は中生代以降ね
原生代
五億四千万年前
カンブリア紀
・三葉虫出現
四億八千万年前
オルドビス紀
・魚類出現
四億四千万年前
シルル紀
・陸上植物出現
四億一千万年前
デボン紀
・両生類出現
三億六千万年前
石炭紀
・シダの大森林
三億六千万前
ペルム紀
中生代
古生代

少し古いグループのカキとかムール貝とかって、石とかロープとかにくっついて暮らしていて、砂の中に潜らないでしょ
ロープについたり
岩についたり
なるほど～
水管を持つグループが現れるまで、地中に二枚貝はいなかったんだ
じゃあ、カンブリア紀に潮干狩りしても二枚貝は採れないですね

ハハハ、つまらなそうで良いね。カンブリア紀の潮干狩り、その頃は陸に植物は無く、コケがようやく生えだした頃だから干潟も今みたいに生きもので賑わう場所じゃない。
ザザーーン……
海鳥の声も聞こえず、木も草もない。いつまでも波の音だけが響く、静かな静かな場所だったんだろうね。そうした環境の地下に密かに進出して行ったのが、異歯亜綱からあらわれた水管をもつグループなんだ。

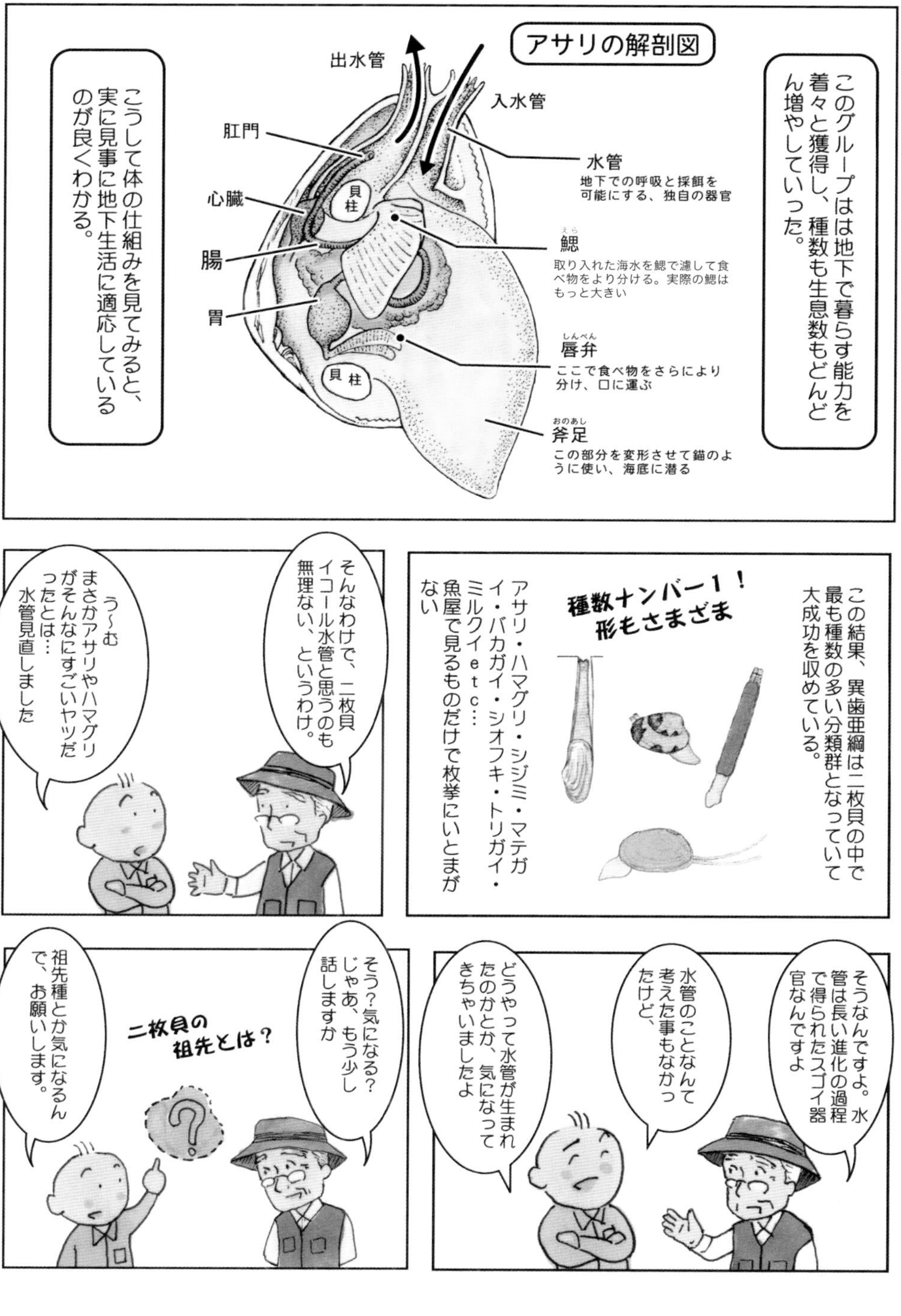

このグループは地下で暮らす能力を着々と獲得し、種数も生息数もどんどん増やしていった。

アサリの解剖図

出水管

入水管

肛門

水管
地下での呼吸と採餌を可能にする、独自の器官

心臓

貝柱

鰓（えら）
取り入れた海水を鰓で濾して食べ物をより分ける。実際の鰓はもっと大きい

腸

胃

唇弁（しんべん）
ここで食べ物をさらにより分け、口に運ぶ

貝柱

斧足（おのあし）
この部分を変形させて錨のように使い、海底に潜る

こうして体の仕組みを見てみると、実に見事に地下生活に適応しているのが良くわかる。

この結果、異歯亜綱は二枚貝の中で最も種数の多い分類群となっていて大成功を収めている。

種数ナンバー１！

形もさまざま
アサリ・ハマグリ・シジミ・マテガイ・バカガイ・シオフキ・トリガイ・ミルクイetc…

魚屋で見るものだけで枚挙にいとまがない

そんなわけで、二枚貝イコール水管と思うのも無理ない、というわけ。
う～む
まさかアサリやハマグリがそんなにすごいヤツだったとは…
水管見直しました

そうなんですよ。水管は長い進化の過程で得られたスゴイ器官なんですよ
水管のことなんて考えた事もなかったけど、
どうやって水管が生まれたのかとか、気になってきちゃいましたよ

そう？気になる？じゃあ、もう少し話しますか
二枚貝の祖先とは？
祖先種とか気になるんで、お願いします。

## 2　二枚貝は五億年でどう進化した？

さて、江良さんから質問のあった二枚貝の祖先についてですが、これはは議論が分かれるところで、どんな生きものが二枚貝になっていったのか、はっきりとは分かっていないのが実情です。これはそもそもの貝の祖先にもいえることで、考えてみると当然なのですが、貝の祖先は殻が無く、化石として証拠が残りづらいのに対し、貝は化石になりやすい生きものなので、貝を獲得する過程は化石として記録されず、突然貝が出現したように見えるのです。そのため、今も議論は続いています。

見つかっている最古の二枚貝は古生代前期にあたるカンブリア紀（約五億年前）のもので、代表的なものは化石で見つかっている*Pojetaia*（ポイエタニア）属と*Fordilla*（フォルディーラ）属です。この頃すでに斧足（かまあし）（pelecypod）、靭帯（じんたい）（ligament）、交歯（こうし）（hinge teeth）、繊毛のある鰓（えら）、エサを食べるための唇弁（しんべん）構造（labial palp）を備え、懸濁物（けんだくぶつ）を摂食していたと考えられ、現生の二枚貝とあまり変わらない姿をしています。ただし、体長は数ミリで、海底の表面近くで暮らしており、地下に潜って暮らすことはできなかったようです。

馴染み深いアサリなどのように海底の底質（ていしつ）の中で暮らし、水管に

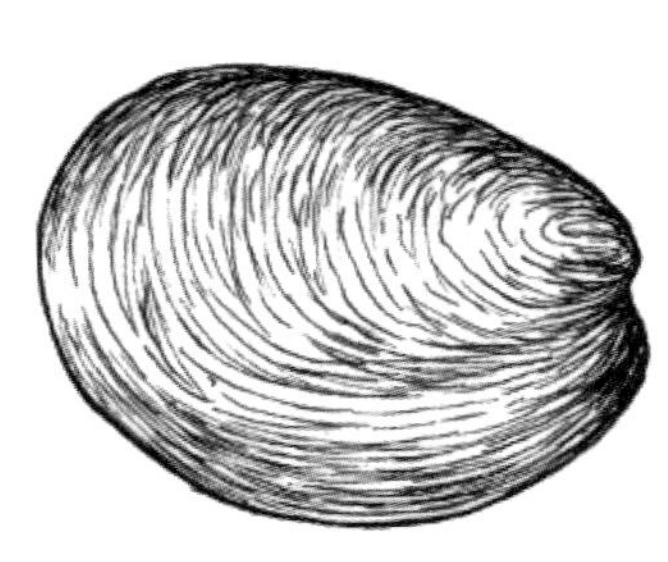

**最古の二枚貝フォルディーラ属の一種**
体長は数ミリとごく小さい

よって堆積物、懸濁物を食べている種は古生代にはほとんどいませんでした。海底の底質の中に潜って暮らすためにはそれなりのメカニズムが必要であり、そのメカニズムを獲得するためには長い進化の過程が必要だったのです。必要となるメカニズムには、

①効率的に穴掘りをするメカニズム
②海底の底質の中に潜って堆積物、懸濁物を食べるための水管
③水の流れを作り出して効率的に水を汲み出す装置

などが挙げられます。こうした進化が起きたのはオルドビス紀（約四億九〇〇〇万年前〜四億四四〇〇万年前頃）の前〜中期頃と考えられていて、それ以前は速く穴掘りをすることができ、地下で懸濁物を摂食する二枚貝も、そして深く穴掘りができる二枚貝もまだ現れていません。

まず、効率的に穴掘りをするためには、機能的な蝶番（ちょうつがい）が必要です。今日、潮間帯で穴掘りをして暮らしている懸濁物を摂食する二枚貝の大多数は異歯型（いしがた）（heterodont；主歯と側歯を持つアサリ、ハマグリなど）であるか、デスモドント型（desmodont；オオノガイ類、ニオガイ類など）の蝶番を備えています。この形式は柔らかい底質で活発に穴掘りをするためにメカニック的に非常に適していました。こうした蝶番の進化は、海に行かなくても魚屋さんで確かめることができます。魚屋さんにはいろんな種類の蝶番を持った貝が売られています。おいしく食べた後に蝶番を動かしてみてください。冒頭のマンガにも

あったように、カキやムール貝は原始的な蝶番を持っていて、靭帯でつながっているだけの単純な構造だと分かります。これに対してハマグリやアサリなどは殻自体がしっかりとかみ合う見事な構造をしています。アカガイなどもまるでファスナーのような歯の多いがっちりした構造をしていますが、ガッチリしすぎて可動範囲が少なく、アサリやハマグリのほうがより機能的な蝶番であることを実感できます。こうした蝶番は、すでに古生代に現われていましたが、たとえ穴を掘ったとしてもただ潜っては窒息して死んでしまいますから、干潟に潜って暮らすには水管が必要でした。水管は外套膜（いわゆる貝ヒモ）が融合することで形成されました。外套膜の融合は大きな進歩で、これにより殻を動かしても水漏れせず、体内の水圧を高めて水管を長く伸ばせるようになったり、穴掘りをするメカニズムの効率も改善されるという副産物もありました。

穴掘りができ、水管を使って潜れるようになっても、エサが取れなければ死んでしまいます。それには効率的にエサを集められる鰓が必要でした。これらの貝が備えている鰓は真弁鰓型（eulamellibranch）です（スナメガイ類の隔鰓型〔septibranch〕を除く）。真弁鰓型の鰓はそれまで見られた糸鰓型の鰓よりもずっと効率的に水を汲み出すことができ、エサを集める効率も高まっています。

こうして、先にあげた三つのメカニズムを獲得したこのグループは、地下生活に必要な多くの難題をクリアし、すべての海産の動物において、砂泥の柔らかい底質中での生存にもっとも適応した生きものといわれるまでになりました。異歯亜綱（Heterodonta）は古生代のほとんどの生きものが利用していなかった、浅海の地中へと生息範囲を広げたことで、見事な適応放散（単一の祖先から多様な形質の子孫が出現すること）をとげ、現在二枚貝の中で最も種数の多い分類群を形成しており、非常に成功しているといってよいでしょう。

異歯亜綱に限らず、懸濁物を摂食する海産の二枚貝類は、すぐれたメカニズムを獲得したことで、あまり動き回らない暮らし方にもかかわらず、安全で食べ物も豊富な暮らしを送っています。二枚貝類は古生代からの原始的なグループが滅びることなく何億年も命を繋いでおり、種の間での競争が他の生きものに比べて弱い傾向にあります。二枚貝類はその特殊な暮らし方から古生代の初期に適応放散が始まった後、約五億年もの長い間、海底の底質の上や中であまり争うこともなく、変わらない暮らし方をして進化してきました。他の生きものとは異なり、競争や排除の少ない暮らしをしている二枚貝類のライフスタイルは、なかなか興味深いものがあります。

# 干潟歩き入門日記

## ソトオリガイの九つの眼の巻

江良が思う、なんかこー
ソトオリガイがイカさないトコロ

名の由来になった衣通姫は大美人なのだが…悲しいかな、名前負けが甚だしい気がする

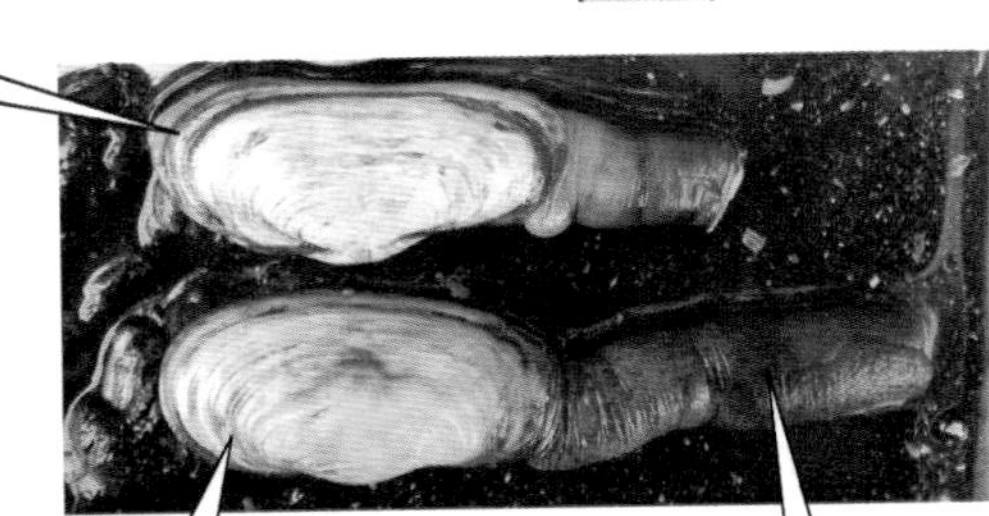

掘り出されると自力で潜れない。無力…

殻が薄くて、掘り出そうとするとすぐ割れる

水管が大きすぎて殻に収まらず、なんかこう、デローンとしている

ハハハ、こりゃまたヒドイ言われようだね
分からん事もないけど、ソトオリガイ、僕はなかなか面白い貝だと思うよ

何と言っても興味深いのは、その生息環境だね
干潟の二枚貝の中でももっとも陸寄りに暮らす貝だからね

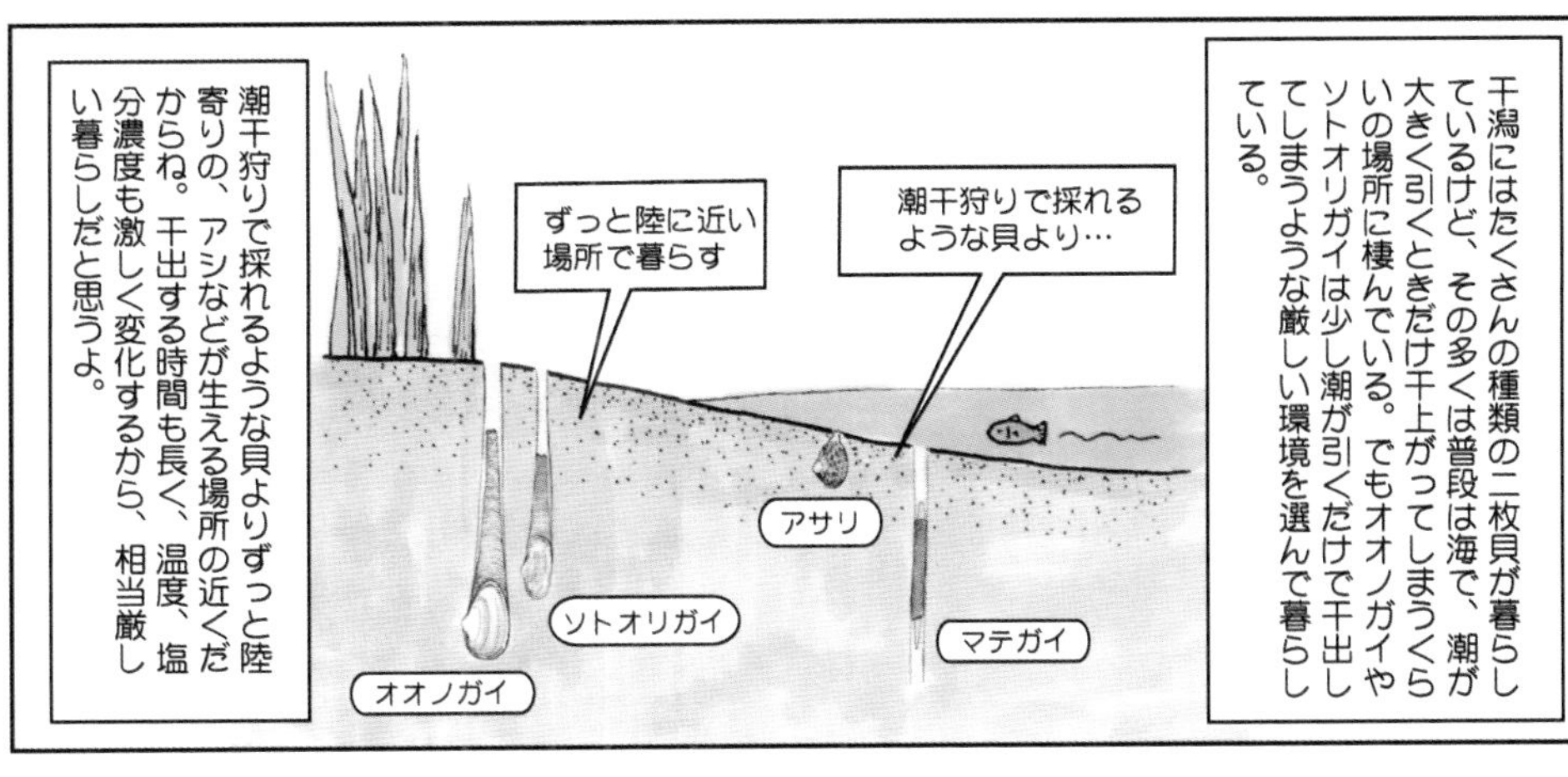
干潟にはたくさんの種類の二枚貝が暮らしているけど、その多くは普段は海で、潮が大きく引くときだけ干上がってしまうくらいの場所に棲んでいる。でもオオノガイやソトオリガイは少し潮が引くだけで干出してしまうような厳しい環境を選んで暮らしている。
潮干狩りで採れるような貝より…
ずっと陸に近い場所で暮らす
アサリ
マテガイ
ソトオリガイ
オオノガイ
潮干狩りで採れるような貝よりずっと陸寄りの、アシなどが生える場所の近くだからね。干出する時間も長く、温度、塩分濃度も激しく変化するから、相当厳しい暮らしだと思うよ。

なるほど、言われてみれば、あんな陸寄りの場所で見つかる二枚貝ってあとはシジミくらいですね
アシ原の前って海と言うよりほぼ陸だもんね、普通の二枚貝なら死んじゃうような極限の環境だと思うよ。
そして極限環境で暮らす生きものは色々やってて面白い

江良さんの言う通り、すぐ割れる薄い殻をしてるけど、実は、色んな工夫が見られるんだ
写真を見ながら順を追って説明していこう

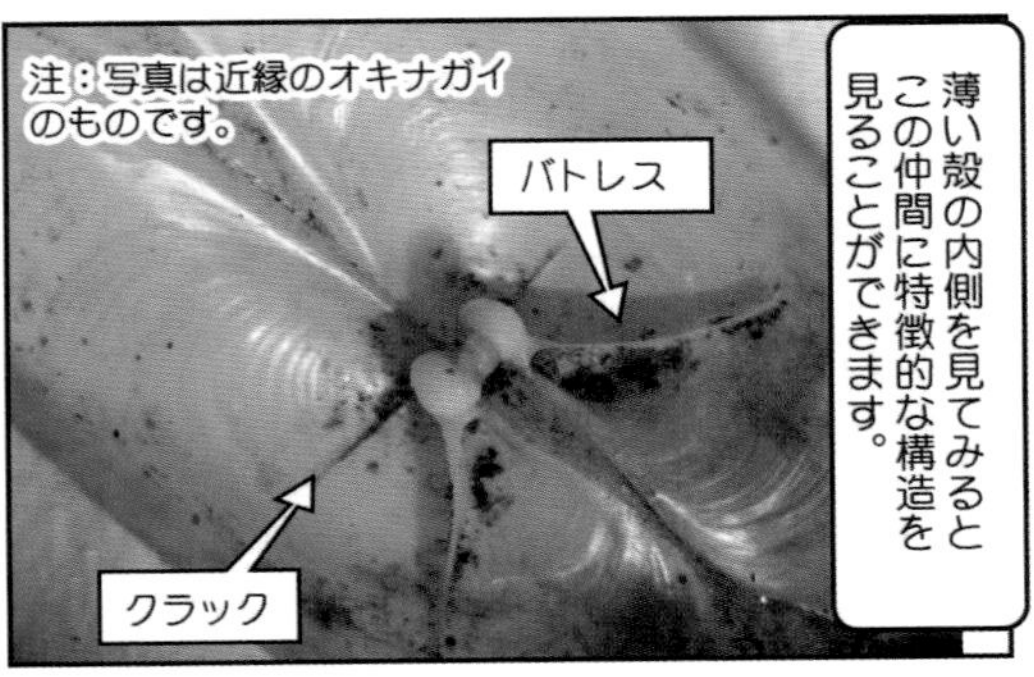


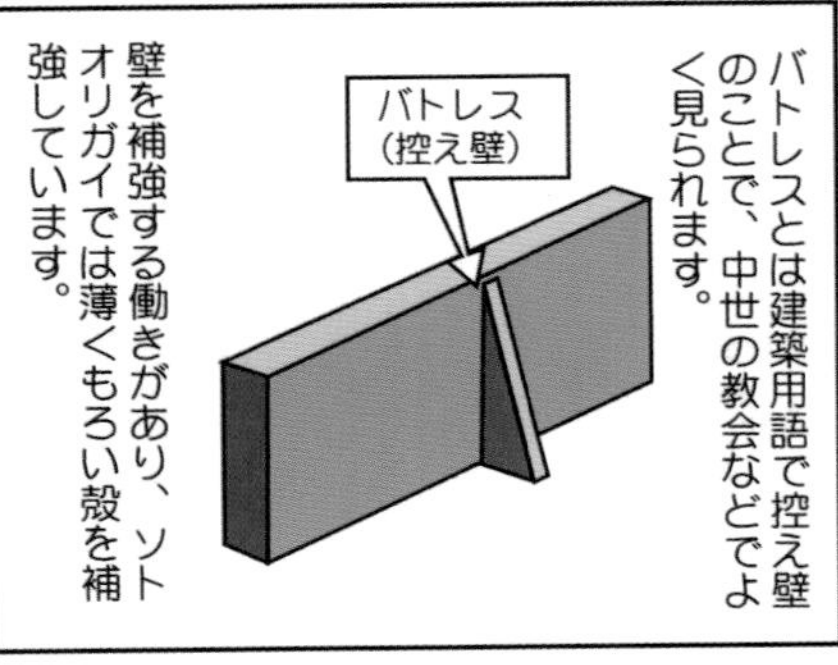


クラックは殻への負荷を分散して、割れるのを防ぎます。

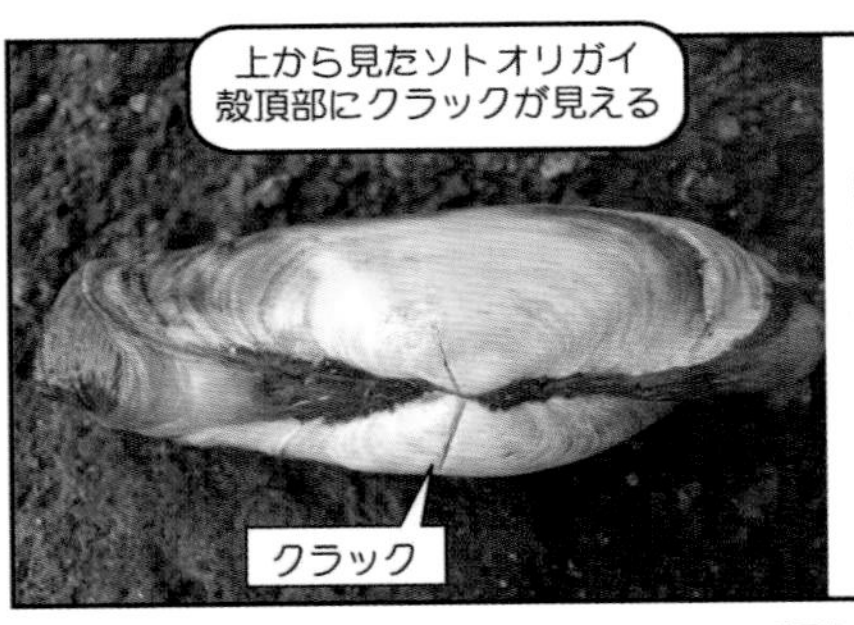


蝶番には靭帯の働きを助ける、リソデスマという特殊な構造もみられます。

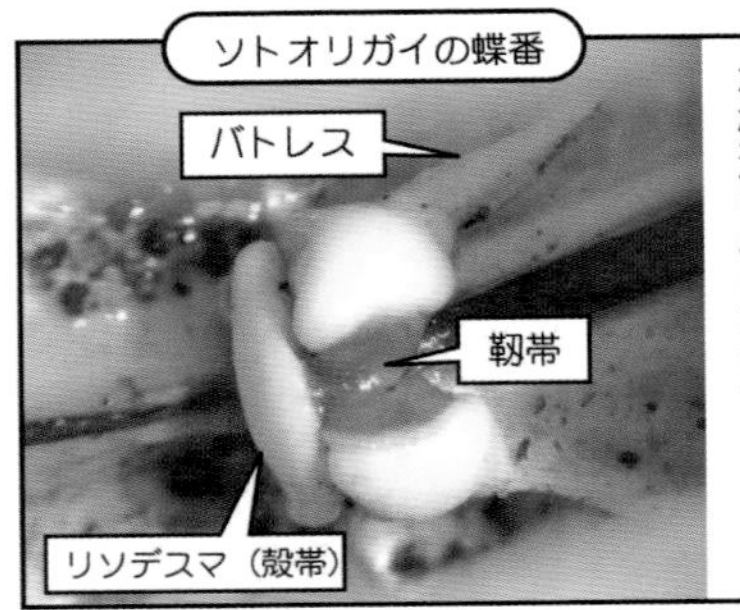

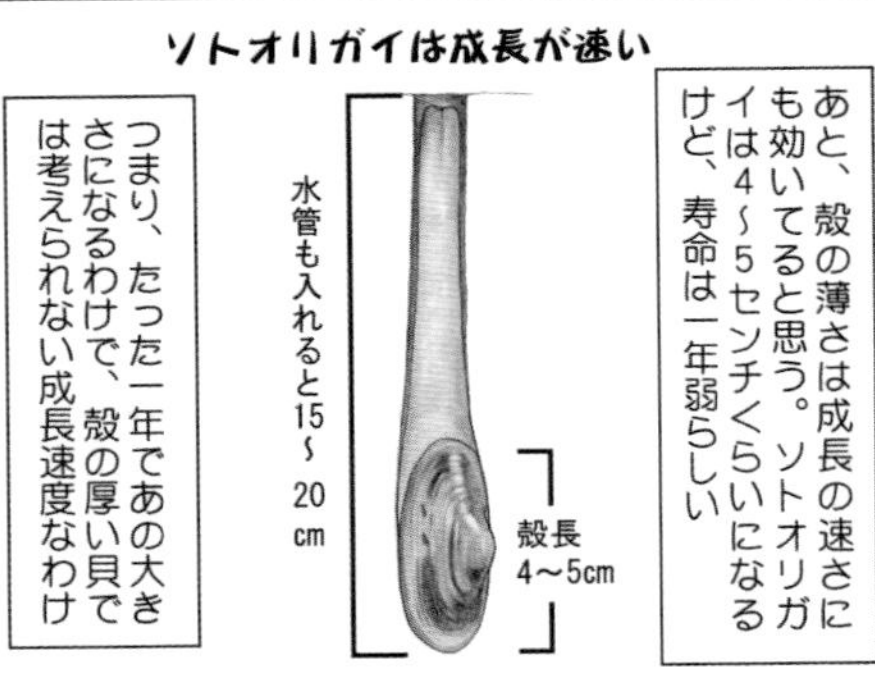


貝にとって、殻を作るのはすごくコストのかかることで、素早く大きくなるのは難しい。かと言って成長の遅い生きものではない。

貝殻の無い軟体動物はたった一年で急速に大きくなることができる

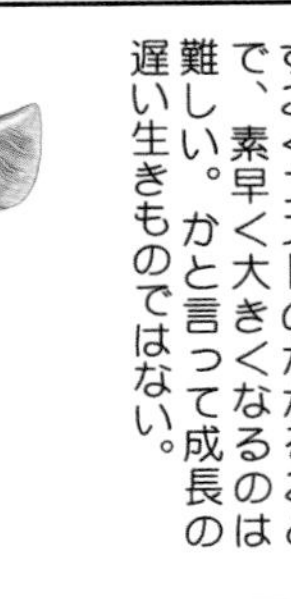

殻を捨てたものには、驚くほど早く成長するものもいる。イカ・タコの多くは寿命が一～二年なのに、一メートルを超えるものもいるからね。薄くて済むなら殻を薄くするのは手なんだろう。

**さて、いったいどんな眼をしていたのでしょうか？結果は本編でどうぞ！**

## 3 九つの眼を持つソトオリガイとオキナガイ

### ◎ソトオリガイはどんな貝？

江戸時代の貝の図鑑『丹敷能浦裏（にしきのうらつど）』に、ソトオリガイは「衣通介」という名前で見られます。この名は『日本書紀』と『古事記』に出てくる衣通姫（そとおりひめ）からとられたものです。衣通姫は大変に美しい女性と伝えられ、その美しさが衣を通して輝くことがその名の由来です。ソトオリガイの実物を知るものからすると、ちょっと褒めすぎなのではと思います。確かに小さなころは衣通姫のように殻が真っ白で薄く、とてもきれいですが、これは殻長が二〇～三〇ミリくらいまでのこと。四〇～五〇ミリくらいになると殻の表面は傷や汚れで黒ずみ、茶色い殻皮（かくひ）に覆われた大きな水管部は殻の中に収納できなくなり、デロリと出てしまって、どう見ても干潟のお姫様には見えなくなります。ちなみに、同書によれば、衣通介は玉津島（たまつしま）の水湾（イリエ）（和歌山県和歌浦湾（わかのうらわん））の名産とあり、同地に鎮座する玉津島神社は衣通姫を祀る神社です。

ソトオリガイは日本の他に中国、東南アジア、オーストラリアまで広く生息しており、北アメリカの太平洋岸にも一九六〇年代には移入しているよう

ソトオリガイ 49㎜

成貝になると殻は黒ずんだ金属光沢がある色合いになります。大きく成長した水管はもう殻には収まりません

ソトオリガイ 20㎜

大きさがこのくらいまでの幼貝の殻は白く、絹のような光沢があり、美しいです

です。日本以外では殻の形や特徴から名前が付けられているようで、英語ではLantern clam（ランタン貝）、Littoral spoon clam（海辺のスプーン貝）、Duck lantern clam（アヒルのランタン貝）などとも呼ばれています。中国でも「鴨嘴蛤、薄殻蛤」などと呼ばれていて、よく似た見立てで名付けられています。

### ◎ソトオリガイの眼とまつ毛

江良さんにも言われてしまいましたが、ソトオリガイは目立つわけでも、アサリやハマグリのように特別おいしいわけでもない地味な貝で、取り立てて語られることのない貝です。しかし、その生息場所は他の二枚貝があまり暮らさない海と陸の境界線であるヨシ原の近く、非常に陸に近い、貝類にとっては極限環境ともいえるところで暮らせる貝なのです。同じように干潟に暮らすアサリやハマグリにくらべると、ずっと深い場所に潜って暮らしていて、殻も大変薄く、浅い場所に暮らし丈夫な殻をもったアサリなどと生存戦略もずいぶん違います。そんなところから興味が湧いて、古い論文を読んでいると（こうした水産資源にもお金にもならない貝は今はあまり研究されないので、古い論文が頼みです）、水管に眼があるとの記述が目に留まりました。しかもなんと眼の数は九個もあるというのです。私は早速干潟でソトオリガイを捕まえ、水槽を仕立てて貝を埋め、貝がリラックスして、水管を伸ばしてくれるのを待ちました。

ソトオリガイはとても敏感で、気配を感じるとすぐに水管を引っ込めてしまうので、一苦労でしたが、辛抱強く観察していると、泥粒でカモフラージュされた水管の周りに触手が伸び、その先に瞳のある立

# ソトオリガイの水管と眼

眼は金色で、視触手には斑点があります

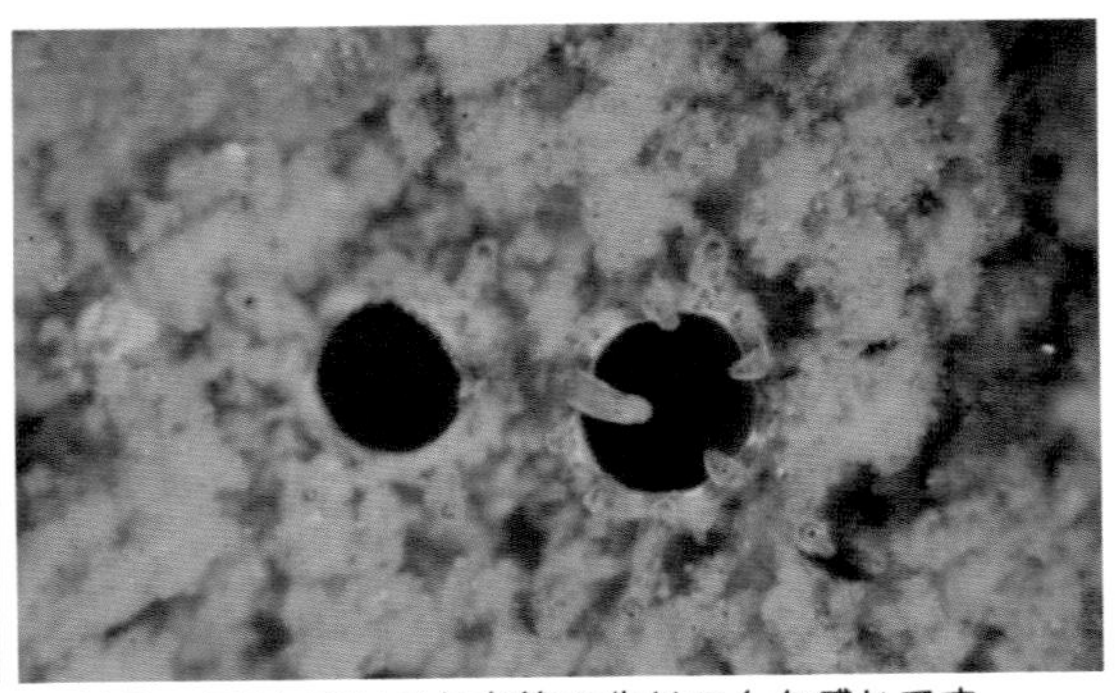

リラックスしていると水管の先はこんな感じです。よくカモフラージュされていて目立ちません

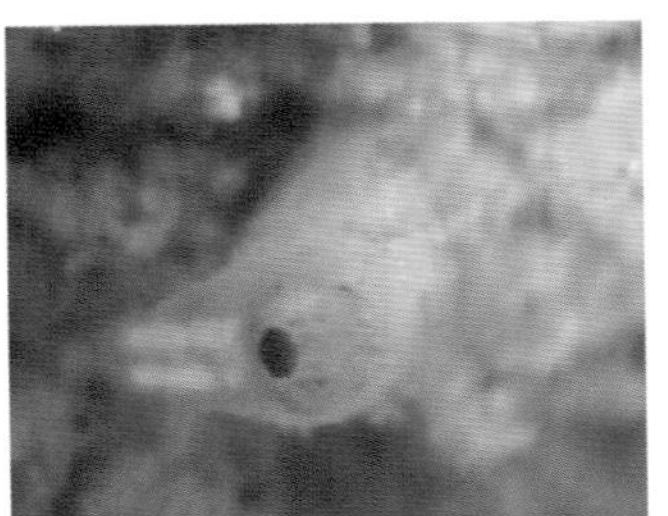

眼には白いまつ毛が生えている

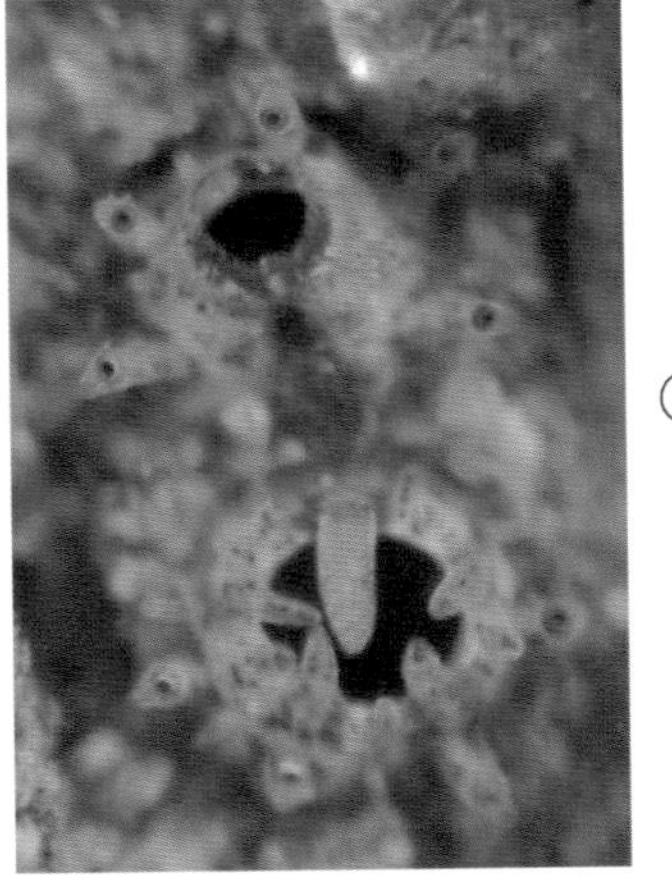

③
②
④
出水管
①
⑤
入水管
⑨
⑥
⑧
⑦

ソトオリガイの水管は、出水管に5個、入水管に4個計9個もの眼があります

掘りだした断面

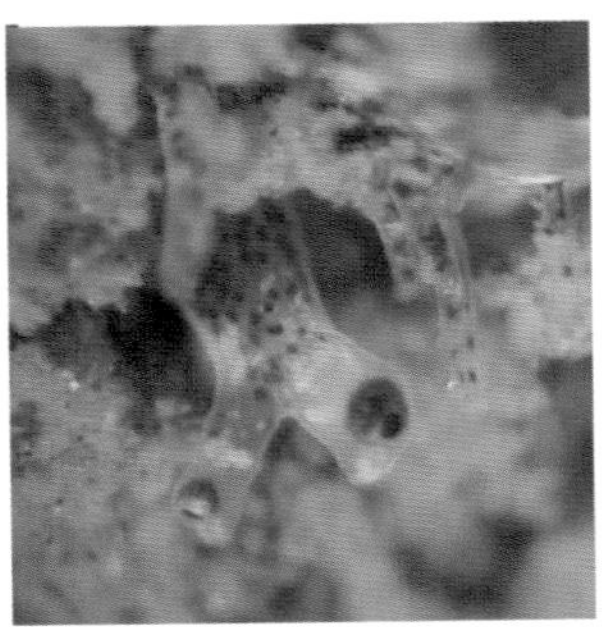

イレギュラーで二股になった視触手

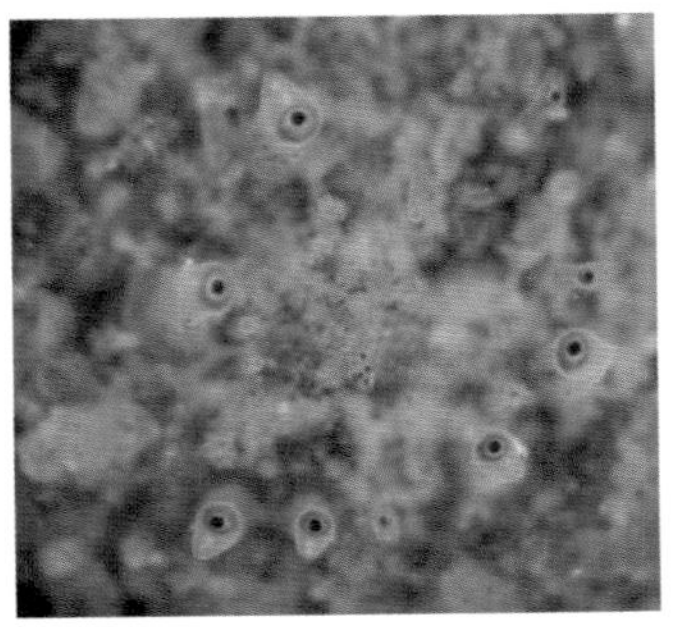

通常5個のところ、8個眼がある出水管。数の違いはまれにある

派な眼が現れたのです。しかもその周りは金色で、まつ毛まで生えているではありませんか！「わっ、すごい！」私は思わず声を上げてしまいました。声に驚いた貝はサッと眼を引っ込めてしまいました。また眼を出してくれるのを待って、改めて詳しく観察してみると、水管の先端部には触手がありま す。触手には黒い斑点があり、水管のカモフラージュになっているようです。視触手の先端にある眼の直径は〇・一ミリから〇・一五ミリくらい（殻長二〇ミリと四三ミリの個体）あります。眼には黒い瞳があり、瞳の直径はおよそ五〇ミクロンで周りは金色です。そしてその眼の外側のヘリの上に白いまつ毛（appendage、眼の付属器官）を持っています。拡大して見るとまつ毛には白い線が二本あります。このためにまつ毛が白く見えるようです。

## ◎眼を持つ二枚貝

二枚貝に眼があるというと意外に思う人が多いのですが、実は眼を持つ二枚貝はたくさんいて、その研究も古くから行われています。初めて二枚貝類の眼について記載した研究者は十八世紀のポーリ（Poli）であると思われます。彼は二枚貝類に眼があると、一七九五年（日本では江戸時代の寛政七年）に記載しています。その後、研究が進み、二枚貝の多くに眼があることが分かりました。二枚貝の眼には大まかに分けると、頭部の眼（Cephalic eye、鰓の眼とも）と外套膜の眼（pallial eye）の二種類があります。どちらの眼も持つ貝もいれば、どちらか一方しか持たない貝もいて様々です。

頭部の眼は鰓の最前部口の近く鰓糸（さいし）の軸に一対あり、フネガイ類、オオシラスナガイ類、イガイ類、

## ヒオウギガイの眼

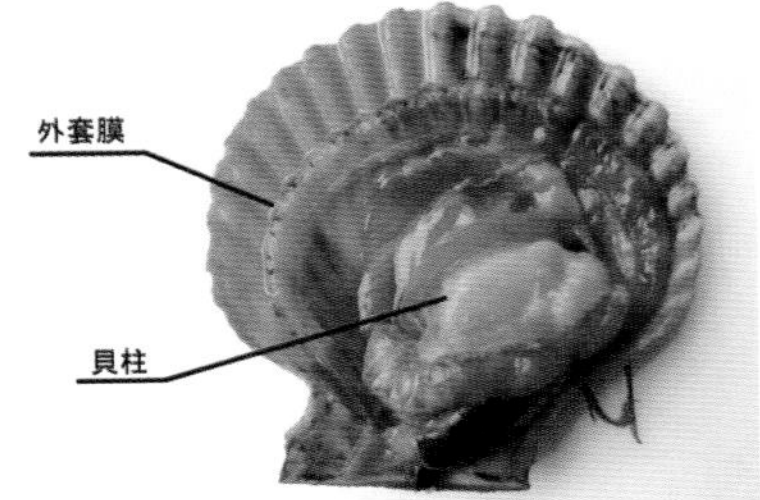

殻を開けたところ

ヒオウギガイ

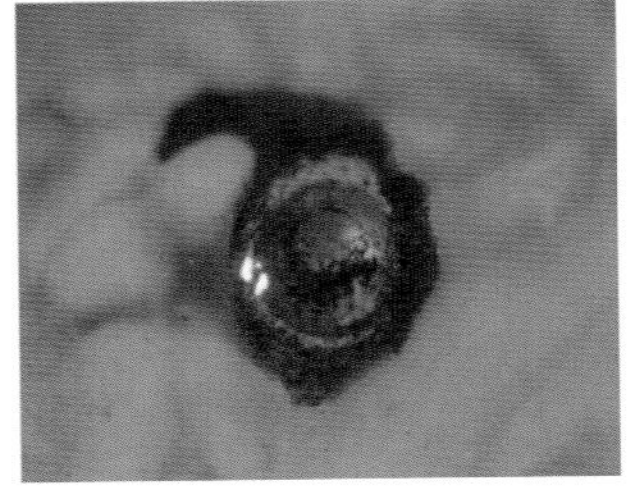
眼はレンズを備えた立派なもの

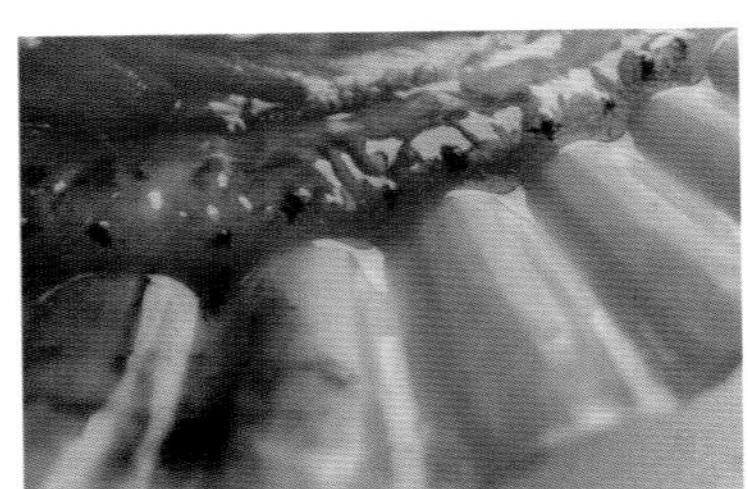
外套膜には点々と眼が並ぶ

## ツキヒガイの眼

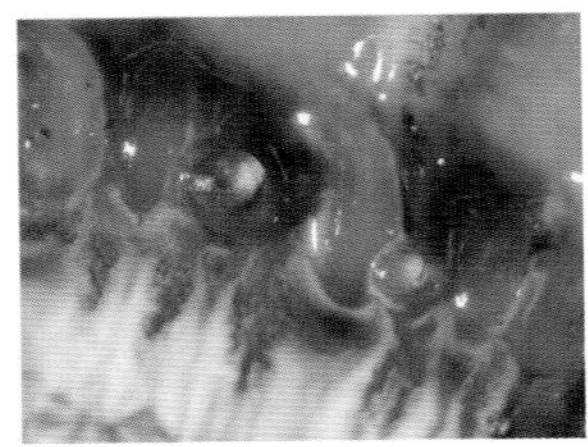
眼にはレンズがある

外套膜に並ぶ眼

ツキヒガイ

## トリガイの水管と眼

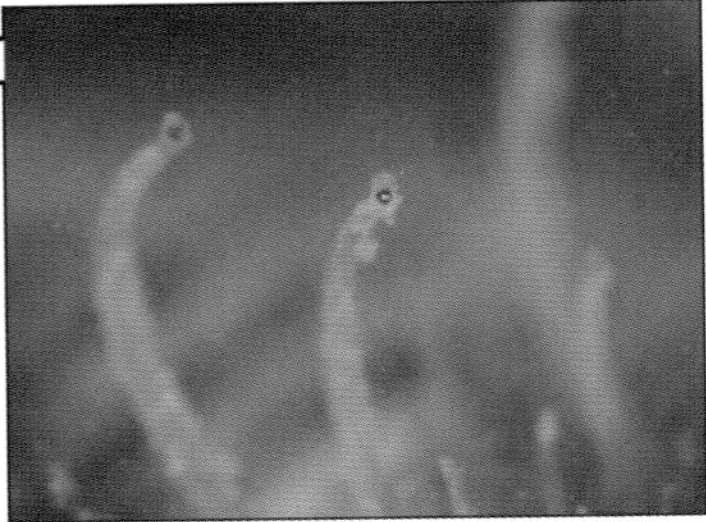

トリガイの水管にはたくさんの眼が生えています

ナミマガシワ類、ウグイスガイ類、カキ類、ミノガイ類の代表的なメンバーに見られます。これらの仲間は外套膜の眼も持っています（イガイ類を除く）。

外套膜の眼はグループごとに位置に違いがあります。ウグイスガイ類、フネガイ類、オオシラスナガイ類、ナミマガシワ類が外側の外套膜の上にあり、ミノガイ類、イタヤガイ類が中央の外套膜の上、ザルガイ類、シャコガイ類、オキナガイ類が内側の外套膜の上にあります。本章の主人公であるソトオリガイは内側の外套膜の上に眼があるタイプで、同じタイプのザルガイ類（トリガイなど）、シャコガイ類、オキナガイ類はソトオリガイと同様に水管に眼があります。

このように、様々な種類の二枚貝が眼を持っており、ソトオリガイが特別というわけではありません。ただ、頭部の眼は見つけづらいですし、水管の眼は敏感ですぐ隠れてしまうなど、二枚貝の眼は見つけにくいものが多いので、あまり知られていないのもしょうがない面があります。ですが、観察しやすい眼もあります。それはホタテガイ、イタヤガイなどのイタヤガイ科（Pectinidae）の眼です。これらの貝は魚屋さんに並ぶことも多いので、食べる前にちょっと観察してみるのも面白いでしょう。貝殻を開けると外套膜、いわゆる貝ヒモが見えます。外套膜には触手が生えているのですが、その根元に、レンズと反射膜を備えたぴかぴか光る眼があります。数は非常に多く大きなホタテだと眼が一〇〇個近くあったりします。ただ、よく食べる貝柱には眼は無く、眼があるのは外套膜、いわゆる貝ヒモなので、貝柱だけのホタテでは観察できないのでご注意を。右ページの写真のヒオウギガイとツキヒガイも魚屋さんで買ってきたものです。

## ◎オオノガイに眼はあるか？

さて、また干潟に目を向けると、ソトオリガイの近くにオオノガイという貝も暮らしています。両種は姿も暮らし方もよく似ています。干潟に深く潜って暮らすため、水管は長く、殻に収まらないほど発達しています。掘り出されることがほとんどないためか殻は薄く、掘り出されると自力で潜ることができません。

「こんなに似ているのだから、オオノガイにも眼があるんじゃないか？」

気になった私はオオノガイも飼ってみることにしました。

リラックスして水管を伸ばしたところをそっと見てみると、触手はありますが、見て分かるような大きな眼は無いようです。また、ソトオリガイほど敏感でなく、見ていても少し動いたくらいでは水管を引っ込めないことも分かりました。どうもこの貝には眼は無いようです。

オオノガイの水管は大きく、神経質でもないので水管の奥までのぞき込むことができました。以前、干潟に海水が薄く張った状態で観察した際、オオノガイの水管は見つかったのに対し、ソトオリガイの水管は見つけられなかったのですが、それは両者の水管に眼の有無という違いがあったからだったようです。

では、オオノガイは全く眼が無いかというと、水管の上に急に手をかざしたりするとスッと水管を引っ込めるので、全く見えないわけではなさそうです。そこで調べてみるとソトオリガイのような高度に発達した眼ではありませんが、オオノガイは水管の内側、上皮のすぐ下に西洋梨のような形をした細胞が多数あり、ここで光を感知できることが分かりました。この細胞の中にはオプティクオルガネラ（optic organelle）が入っています。この細胞内小器官は神経のネットワークにつながっており、光受容体として機能していることが知られています。そのため、急な明暗の変化くらいなら感知することができるようです。これは、魚や鳥に水管を食べられないためには大事な機能といえるでしょう。

**◎オキナガイに眼はあるか？**

似た環境に棲むオオノガイに目立った眼はありませんでした。ではもっと近縁な種類ではどうだろうと考えていたところ、江良さんが調査でオキナガイを捕まえたので、これまた飼育してみることにしました。

オキナガイはソトオリガイと非常に近縁の貝ですが、ソトオリガイと違って、潮が引いてもほとんど干出することのない、少し海寄りの場所で暮らしています。暮らす場所は違いますが、眼の数は同じで九個でした。ただ、ソトオリガイと違ってオキナガイのまつ毛はソトオリガイのまつ毛よりも少し短くて、白くはありません。

**オオノガイの水管**

ソトオリガイとよく似た環境に暮らすオオノガイ

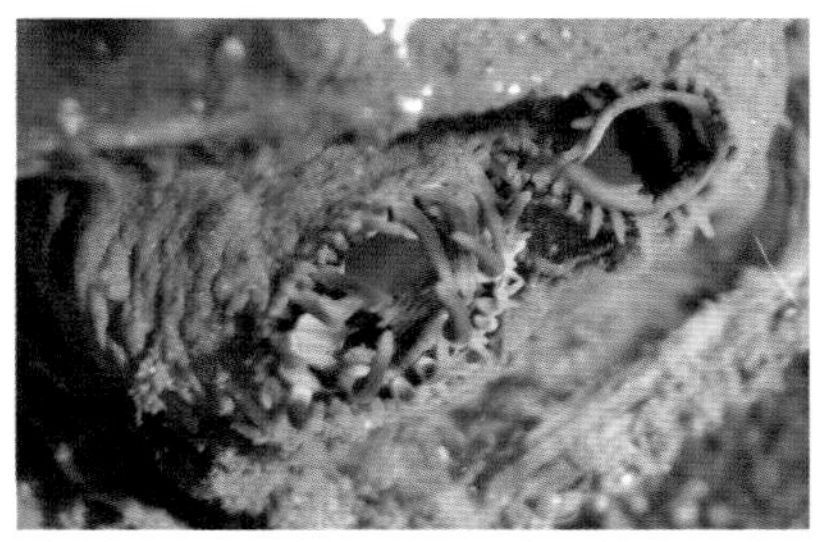
オオノガイの水管には眼は無い

## ◎ソトオリガイの仲間たち

こうなってくると、他のソトオリガイの仲間がどうなのか気になってきました。ですが、小網代干潟にはこれ以上ソトオリガイの仲間は暮らしていません。調べるともっと南、石垣島くらいまでいけばヒロクチソトオリガイという種類が棲んでいるようです。そこで、石垣島の干潟まで行ってみたのですが、石垣島は思っていたより開発が進んでいて、条件のいい干潟があまり見つからず、見つけることができませんでした。ヒロクチソトオリガイはソトオリガイと同じような、干潟でも最も陸よりの場所に暮らしています。こうした場所は埋め立てやすいので干潟でも真っ先に失われてしまう環境なのです。

もう一度調べ直し、二度目はもっと目星をつけてから石垣島に行き、ようやく見つけて写真を撮ることができました。眼の数はやはり九個、まつ毛はソトオリガイと似ていますが少し小さいようです。

その後、小網代干潟でオキナガイの生息場所の見当がつくようになり、数が採れるようになったので、例のごとく数を数え、いろいろと計測してみました。

オキナガイでは殻長三・五ミリと四・五ミリの個体で九個の眼がありました。ソトオリガイの成体では通常、出水管の上に五つ、入水管の上に四つ全部で九つの眼を持っていると思われます。オキナガイも殻長七ミリから二八ミリのほとんどの個体が入水管に四個、出水管に五個、合計九個の眼を持っていたので、ソトオリガイと同様に成体の眼の数は九個であると思われます。

その後、ソトオリガイと近縁ではあるものの、科が違うサザナミガイという貝も小網代でみつかったため、飼育して水管を見てみましたが、水管に眼はありませんでした。近縁でも眼があるとは限らない

## ヒロクチソトオリガイの水管と眼

石垣島で採取したヒロクチソトオリガイ
沖縄から東南アジアの干潟に生息します

ソトオリガイ同じように入水管に 4 個、
出水管に 5 個、計 9 個の眼があります

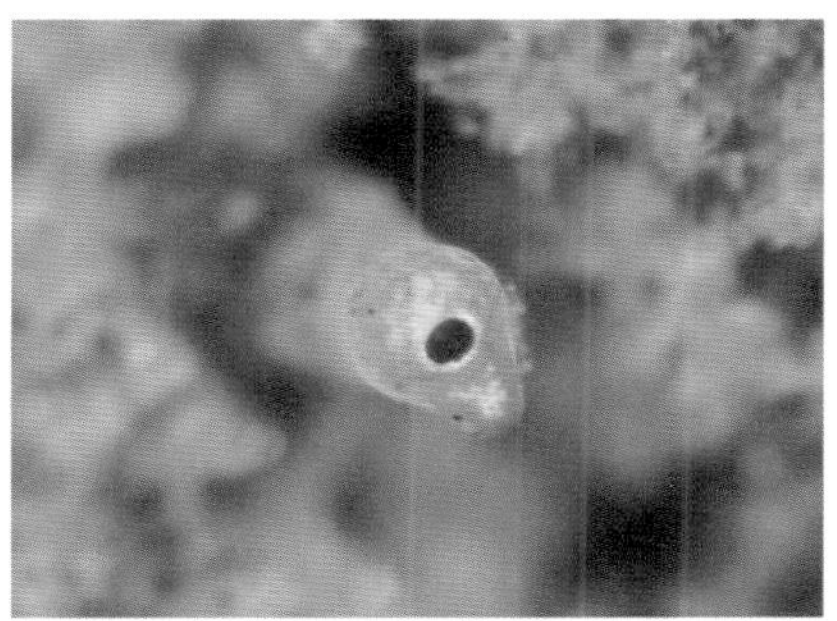

眼はソトオリガイにそっくりですがまつ毛
は短めです

## オキナガイの水管と眼

アマモが生えるような干出しない海底に
暮らしています

ソトオリガイと同じように入水管に 4 個、
出水管に 5 個、計 9 個の眼があります

オキナガイのまつ毛は短めで、視触手には
縞模様があります

ようです。

こうして見てみると、日本で確認できるソトオリガイの仲間はみんな九個の眼を持っていると思われます。もっとも、この仲間は南方系の種類なので、数も種類も東南アジアが本場といえるでしょう。東南アジアではヒロクチソトオリガイとコオキナガイがマングローブ干潟で一緒に暮らしているようです。この二種の棲み分けは暮らしている底質中の温度が一つの要因（ファクター）になっているそうです。

小網代の干潟でもヨシ原近くでソトオリガイが暮らしており、およそ二〇〇メートル離れた最大干潮でも干出しないあたりでオキナガイが暮らしています。この棲み分けにはおそらく東南アジアのヒロクチソトオリガイとコオキナガイと同じように、底質中の温度の他に塩分濃度、底質の構成、干潮時での干出など様々なファクターが関係していると思われます。

ソトオリガイの眼、オキナガイの眼、その精巧な眼は小さな干潟の景色だけではなく、海から森までよく見えるのでしょうか。一千万年くらい前から、ソトオリガイ、オキナガイそしてオオノガイは干潟の砂泥底でそれぞれ工夫しながら暮らしています。夕暮れ

## サザナミガイの水管

ソトオリガイやオキナガイと近縁で、殻の質感などもよく似ている

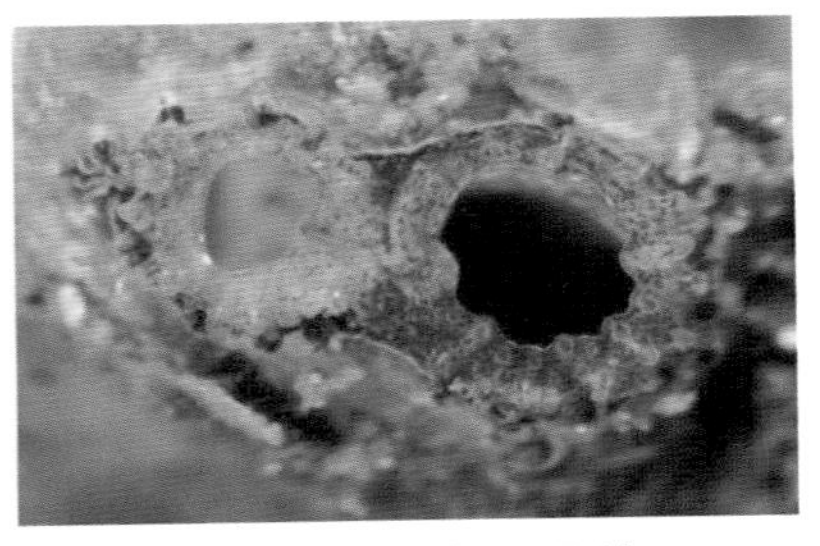

サザナミガイの水管には眼は無い

の干潟から夕陽に沈む港、静かに暮れてゆく森を見つめるその眼は、何千年も何百万年も変わらず同じような景色を見ているのでしょう。

## ◎幼貝はどこに？

ソトオリガイの九つの眼に驚いて、たくさんのソトオリガイを見ているうちに色々と気になることが出てきました。一番気になったのは成長した大きなソトオリガイの採れるアシ原近くでは、小さな子どものソトオリガイはほとんど見つからないということです。

「幼貝はどこにいるだろう？もうちょっと海よりの場所から、徐々にアシ原に棲みかを移すのだろうか？そもそも、繁殖期はいつで、寿命は何年なのだろう？」疑問は次々湧いてきます。

とにかく、採って数えて調べて行きましょう。

アシ原近くではソトオリガイの幼貝は見つかりませんでしたが、ある時、違う貝を探していて、殻長四ミリほどのソトオリガイの幼貝を見つけました。場所はアシ原から三〇メートルほど離れた澪筋（ミオスジ）近くの砂泥底。アサリやマテガイ、カガミガイなどが暮らす場所で、成長したソトオリガイは見つからない環境でした。嬉しくなってもう少し調べてみると七ミリのものと四ミリのもの、あわせて三頭見つけることができました。季節は早春です。

過去の研究を調べてみたところ、九州地方での研究ではソトオリガイは八月から九月頃着底し、晩秋から早春に新規加入した幼貝が春から夏にかけて急速に成長するそうで、寿命は一年から一年半とあります。また、台湾の研究では寿命は九ヵ月となっています。

私の調べたところでは小網代干潟では四月と五月に殻長四ミリの個体が見られるので、九州地方と同様早春に新規加入が行われるようです。しかし、八月に七ミリの個体が、十月にも一〇ミリの個体が見られたので、小さな干潟での繁殖期間はかなり長いと思われます。そして、小さな干潟では殻長が六〇ミリの個体も見られました。寿命も長生きの個体は二年くらい生きるのではと思われます。

分かったのはここまでです。本当は、毎月二〇頭ほどを計測して成長過程を追いたかったのですが、小網代の小さな干潟ではたくさんの数を安定して採ることはできませんでした。

**◎多摩川河口干潟での調査**

小網代での通年調査を諦めかけたころ、江良さんから多摩川河口干潟には膨大な数のソトオリガイがいると聞き、調査に行ってみると、少し掘るだけであっという間に二〇頭くらい集められる生息数であることが分かりました。試しに干潟から二五センチ×二五センチの泥を切り出し、ソトオリガイを数えてみると、なんと五二頭も見つかる高密度で生息しています。東京湾の奥に絶滅危惧種であるソトオリガイがこんなにもたくさん暮らしていることに驚き、嬉しく思いました。これなら通年計測することができそうです。

それから、月に一回、各回約二〇頭を計測した結果が次ページのグラフです。

こうして、通年で調べてみると多摩川河口干潟でも早春に新しい個体が現れ、春から初夏にかけて急速に成長することが分かりました。秋になると成長は頭打ちになり、成熟したことが分かります。冬を越すと死ぬものが現れ、早春には大きなもののほとんどが死んでしまいます。かわりに幼貝が現れることから、繁殖期は冬で、産卵を終えたものから順次寿命が尽きていくようです。ただ、小網代のように産卵期がだらだらと長く続く場所では、冬に産卵できる大きさに達することができないので、冬越しする個体が現れ、結果として一年半から場合によっては二年ほども生きることがあるようです。こうした現象は魚のマハゼなどにも見られ、越年個体は通常

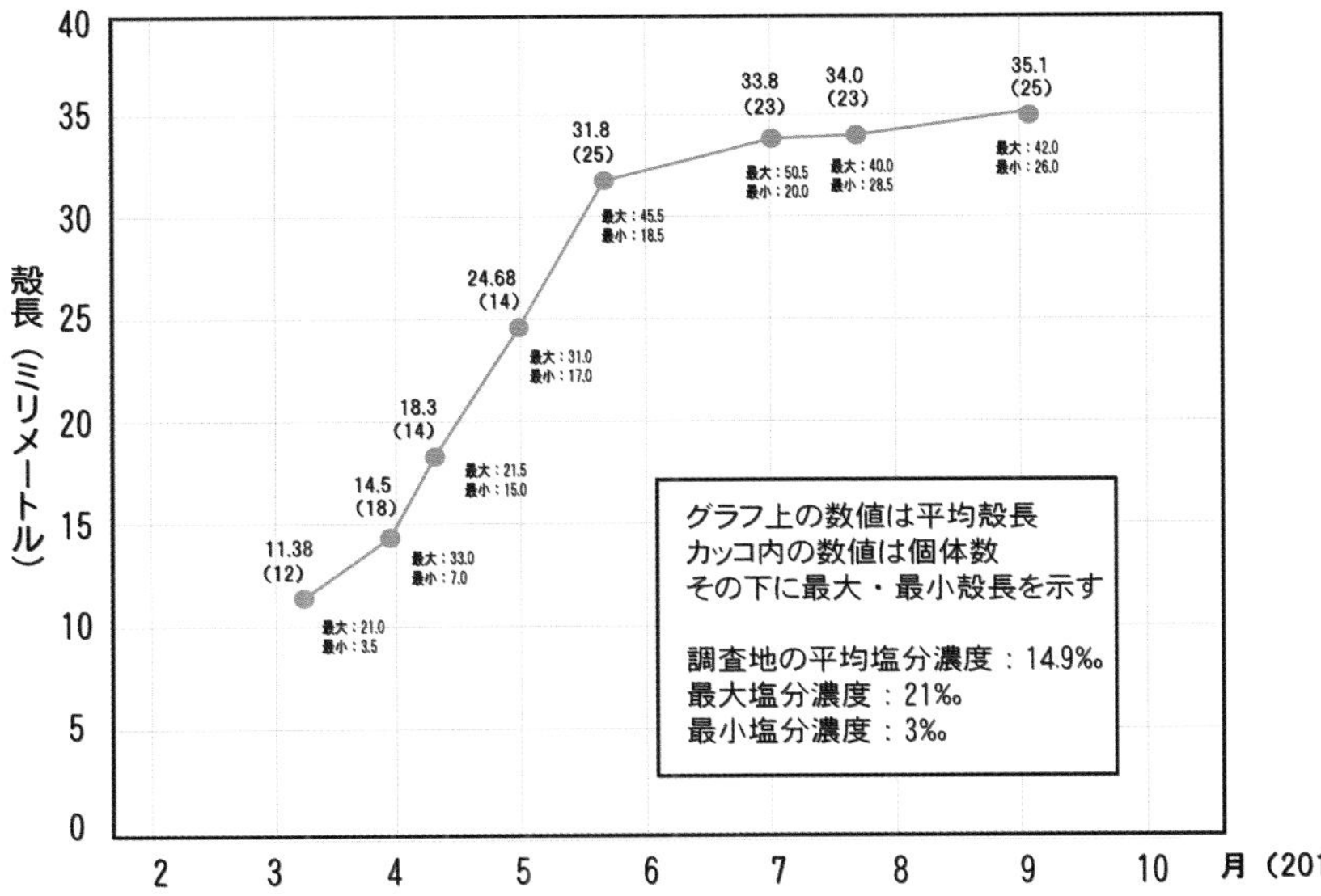


これはあくまでも多摩川河口での結果です。多摩川河口のソトオリガイ集団は、一斉に生まれ、一斉に死んでゆく印象で、小網代のものよりずっと均質な集団でした。また環境も川が大きいため塩分濃度が低く、ほぼ海水のような環境で暮らす小網代のソトオリガイとは大きな違いがありました。同じ種であっても暮らす環境には大きな違いがあり、生活史も場所によって様々なのかもしれません。

より大型になります。

## ◎ソトオリガイの一生

ソトオリガイは一生を地下で暮らすため、分からないことも多いのですが、調査結果に想像も加えてどんな一生を送るのか考えてみたいと思います。

冬、卵として放たれたソトオリガイは幼生となって海を漂います。内湾の一番奥が出発点なので多くは内湾内を漂い、岸近くに漂着して幼貝として暮らし始めます。その場所は親の棲んでいた場所からは大分離れた海よりの場所です。そこで親同様地下に潜って暮らしますが、おそらく地下を掘りながら、段々と親の棲んでいたアシ原の方へと棲みかを移していくと考えられます。というのも、このころのソトオリガイは親と違って活発に動くのです。飼ってみると砂の中を意外なほどよく動き、日々棲む場所を変えてしまいます。ほとんど動くことのない成体からは想像できない活発さです。また、色も透きとおるように白くて、成体の黒っぽく金属光沢のある殻とは大分違います。

小さいうちの移動能力を生かして、潮間帯の上部まで移動したソトオリガイはその長い水管を使って地中深く潜り、九つある眼だけを砂の上に出して安全に生活します。潮間帯上部の表面は変化の激しい厳しい環境ですが、ソトオリガイの暮らす地下一〇〜二〇センチの世界は、干潟表面の世界とは違い、意外なほど温度も一定で静かな世界です。また、ソトオリガイの暮らす河口域はエサも豊富なため、急速に成長し、わずか半年ほどで成体となります。そして冬、ソトオリガイは卵と精子を放ち（ソトオリガイは雌雄同体です）その生涯を終えるのです。寿命はおおむね一年ですが、遅く生まれた子などは冬を越し一年半から二年を生きることもあります。

## ◎調査を終えて

九つの眼に驚いたところから始まったソトオリガイ調べの旅は、石垣島や多摩川河口などを経て、足掛け三年ほどかけて、色々知ることができました。なかでも生活史を一通り追うことができたのはとても嬉しいことでした。でも、まだまだ分からないこともあります。そもそも、ソトオリガイはなぜあんなに高性能な眼を九つも進化させたのでしょうか。眼の構造から考えて、対象の形を識別する能力はありそうですが、ソトオリガイにはその眼から入った情報を処理するための肝心の脳が無いのです。視覚は大変有効な感覚ですが、画像処理というのは複雑な能力を必要とするものです。なのに、ソトオリガイには高性能のカメラはあるのにそれを使いこなす脳が無いのです。暮らしぶりからいってもオオノガイのように明暗差が分かれば、身を守るには十分でしょう。

「あの立派な九個の眼は一体何のための眼なのだろう？　そして、ソトオリガイはあの眼で干潟の何を見ているのだろう？」

そんなことを考えるとまた不思議が湧いてきて終わりがありません。生きものを調べるということは無限の不思議に触れることで、なんとも面白いことだなぁと、この貝を見るたびに思うのです。

# 干潟歩き入門日記

## 二枚貝の多様性の巻

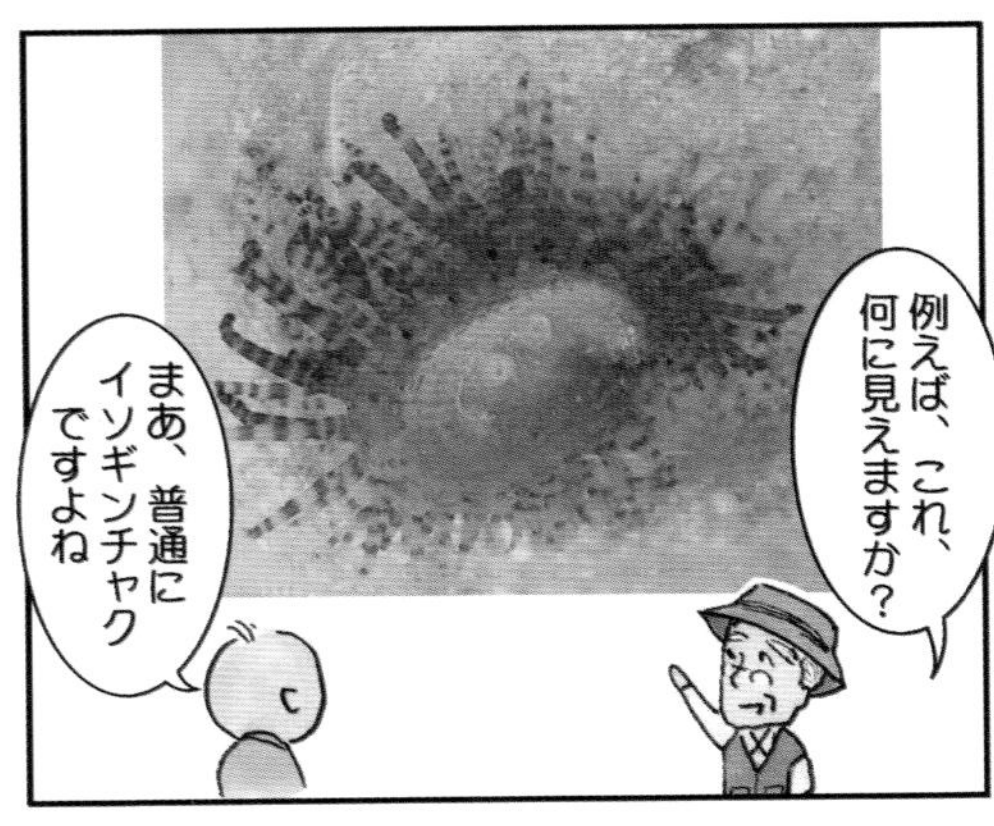

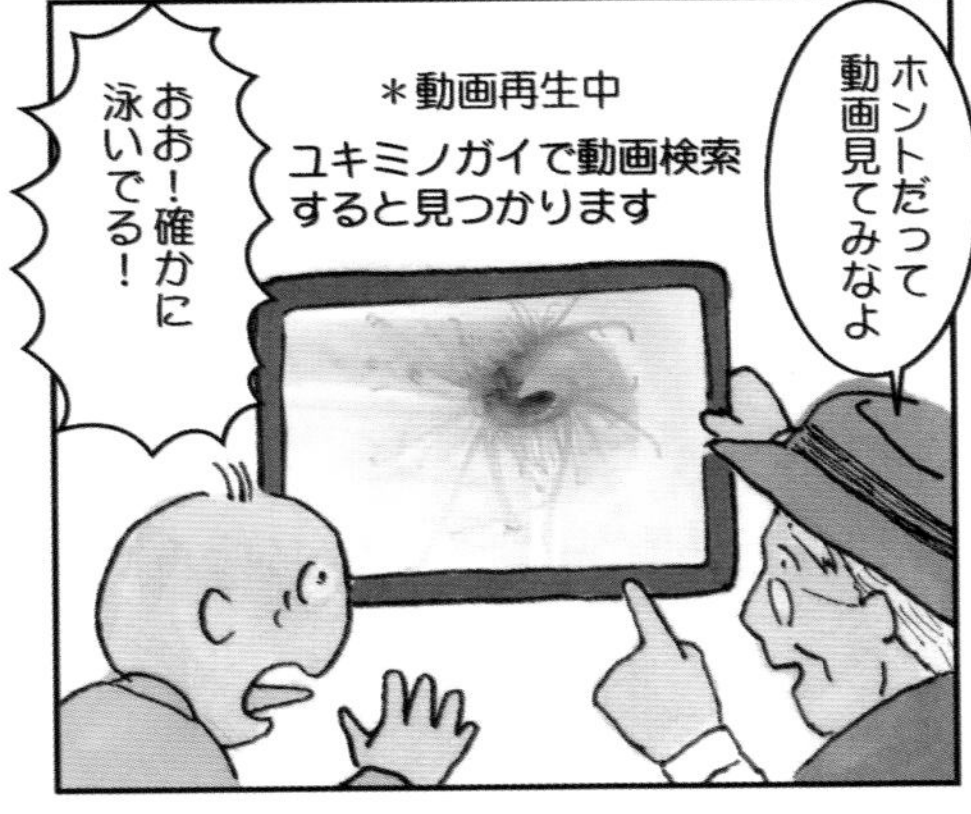

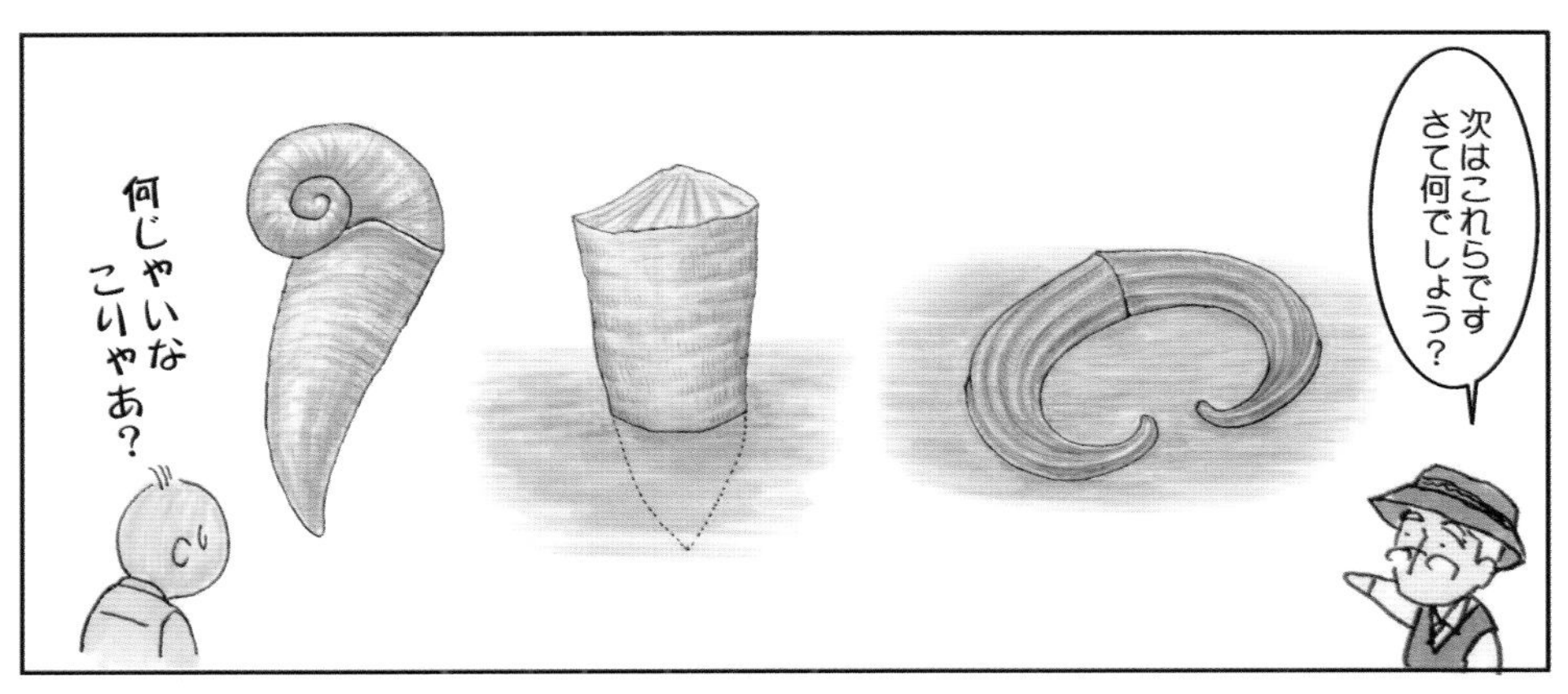
次はこれらです
さて何でしょう?
何じゃいな
こりゃあ?

エート、
水牛の角に
フタつきの
ゴミ箱
こ、こりゃあ
巻貝じゃないの?
巻いてるし…

これもみな二枚貝。
絶滅した厚歯(あつば)
二枚貝というグループ
なんだよ
ウソ〜ん!
二枚貝らしさ
皆無ですよ!
こんな風に二枚貝とい
っても色々なんです
そんな二枚貝の多様な
世界をちょっとご紹介
したいと思います

## 4　個性豊かな二枚貝たち

### ◎羽ばたくユキミノガイ

二枚貝というと、じっと動かないイメージがあると思いますが、それを覆すのがこのユキミノガイです。海岸で石をひっくり返して生きものを探していると、まれにこの貝が飛び出してきます。その姿は実に奇妙です。二枚の貝をバフバフと羽ばたき、長い触手をなびかせながら泳ぎ回るのです。はじめて見たときはとても貝だとは思えず、クラゲか何かだと思ったほどです。

ひとしきり泳ぐと、隠れられそうな石の下に潜り込みますが、これまたなかなかのすばやさです。たなびく長いたくさんの触手も二枚貝離れしていて、うねうねとよく動き、触るとひっつくような不思議な感触があります。

本州でも見られますが、沖縄や石垣島などに出かけるようになって見る機会が増えました。サンゴ礁のリーフで石をひっくり返していると結構出てきて、種類も豊富です。本来南方に多い種類なのかもしれません。南の島に出かけた際はぜひ探してみてください。しなやかですばやくて、貝らしくなくてビックリしますよ。

**泳ぐユキミノガイ**

殻をバフバフと開閉し、触手をなびかせながら泳ぐ

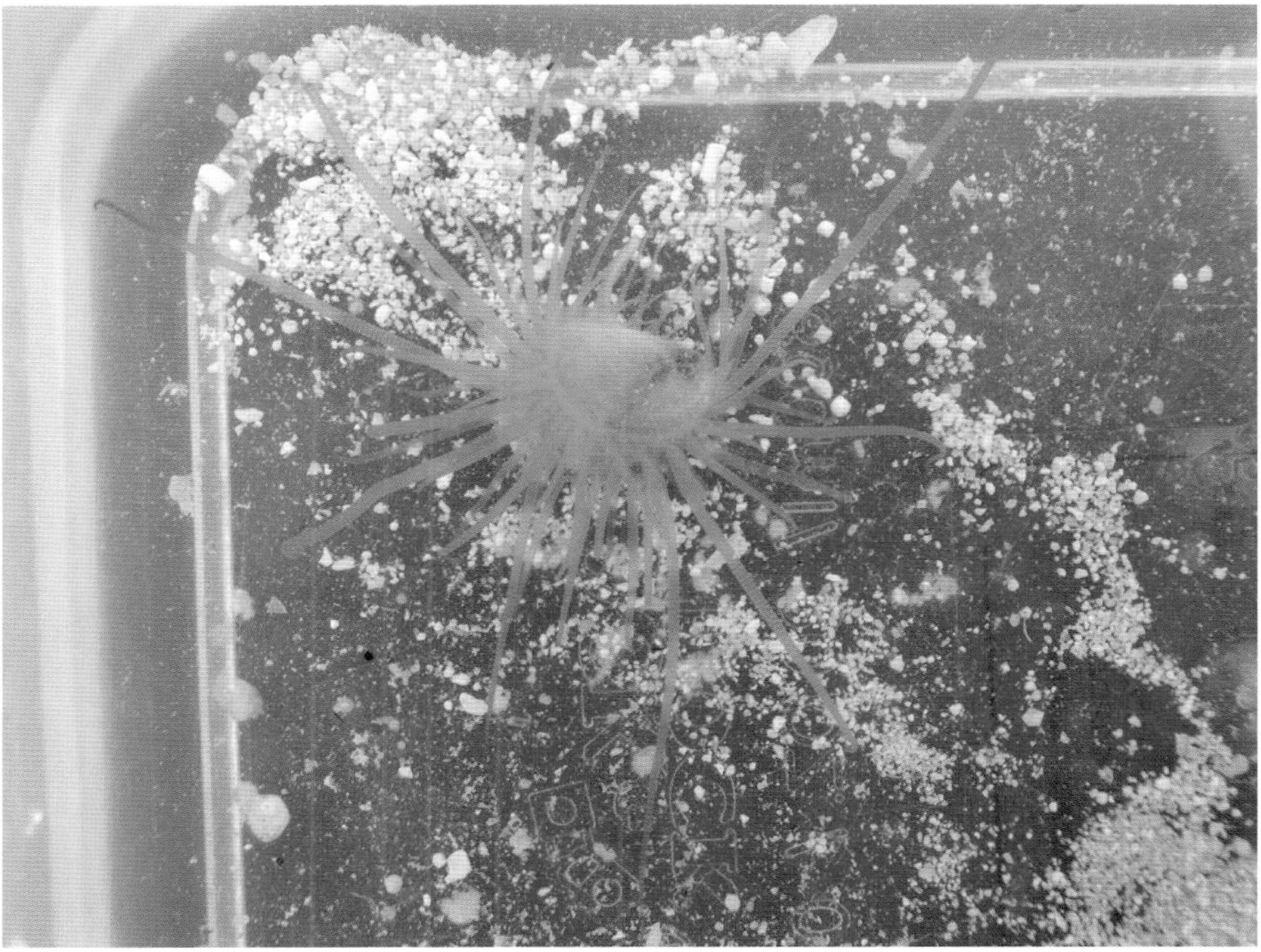

**触手を伸ばしたユキミノガイ**
触手はよく伸びるが、これでエサを採るわけではない

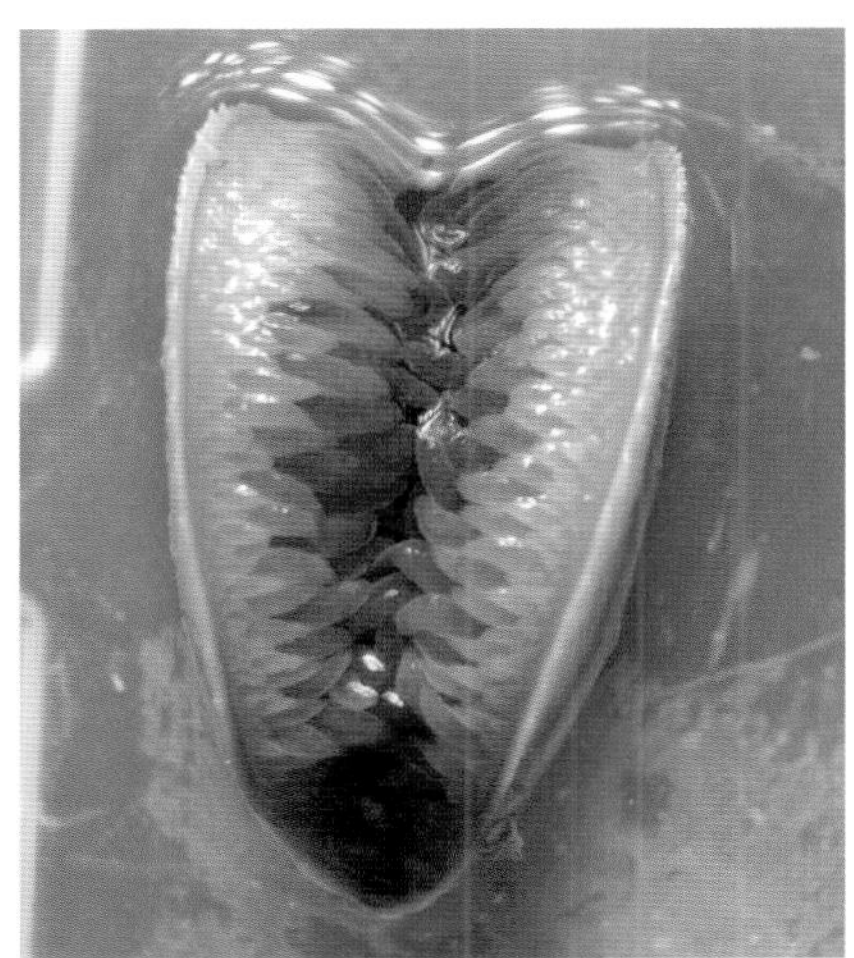

**触手を殻に収めた状態**

**触手を伸ばしたものと縮めたもの**
触手はちゃんと殻に収まる

### ◎殻を開いて歩くウロコガイ

二枚貝離れしているといえば、ウロコガイの仲間をあげないわけにはいきません。その名の通りウロコのように薄く小さな殻を持った貝で、貝殻だけを見ていると平凡ですが、その生きた姿はおよそ二枚貝らしくないものばかりです。この仲間にオウギウロコガイという珍しい貝がいるのですが、小網代の調査で生きた貝を採ることができたので、家で飼育してみたらビックリ。なんと、二枚の殻を屋根のように三〇度ほど開いて歩き始めたのです。しかもその殻は外套膜で覆われ、赤い突起を振り回しています。水管を鯉のぼりの口のように開けながら進むその姿は、とても二枚貝には見えないものでした。うまく写真に撮れなかったので、江良さんにイラストにしてもらいました。どうでしょう、とても二枚貝には見えませんよね。インターネットを見ていたら、ダイバーの方がこの仲間の写真をあげていて、「ウミウシ？　アメーバー？」とコメントしていましたが、無理もない話だと思います。

この仲間は殻を閉じることに頓着しないのか、岩の裏に引っ付いていたウロコガイは、殻を一八〇度開き、ぺったりと張り付いていました。岩に張り付く二枚貝はいくらでもいますが、殻を開いてひっつくなんて、他に見たことがありません。中身がさらされて無防備だとは思わないのでしょうか？　本当にユニークな二枚貝です。この仲間は暮らしぶりもユニークで、他の生きものの巣に間借りしたり、およそ食べ物の無さそうな埋まった石の下に暮らしたり、まるで二枚貝という生きものの可能性を探るような不思議な生活を送るものばかりなのです。じっくりと調べてみたくなる、不思議で美しい生きものです。

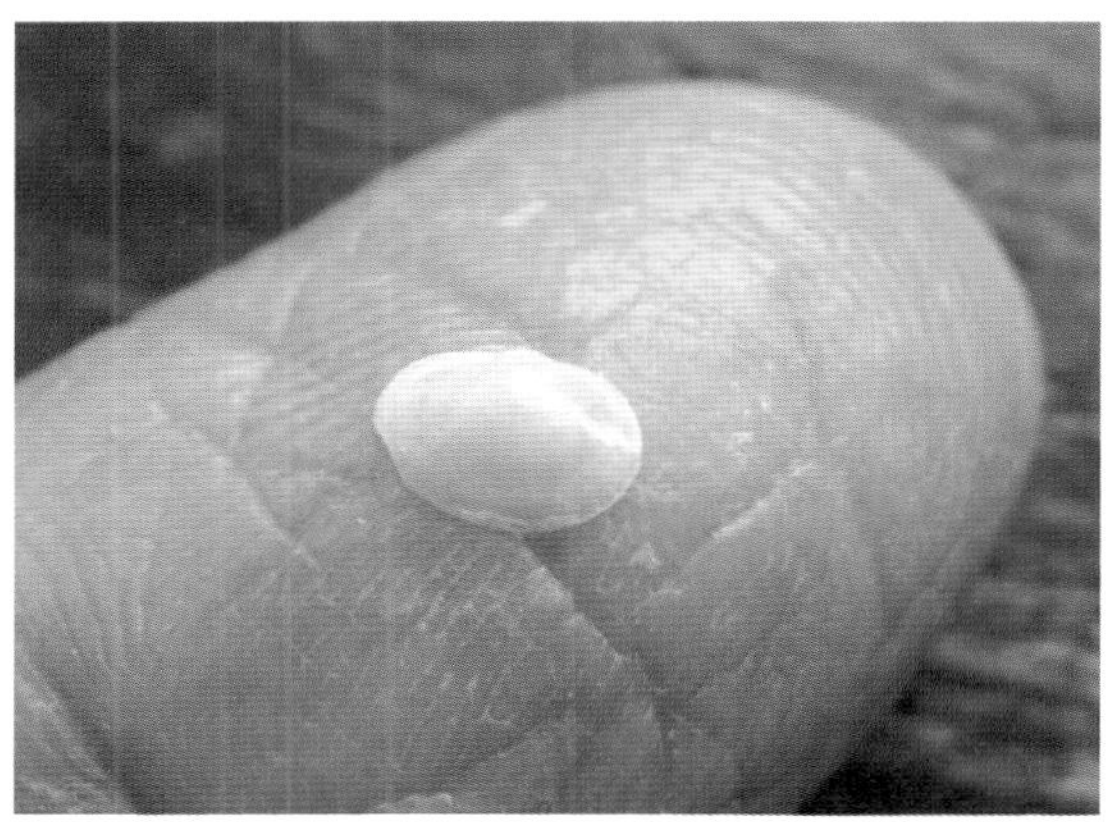

ウロコガイの殻は魚の鱗のように薄く小さい
（写真はツヤマメアゲマキ）

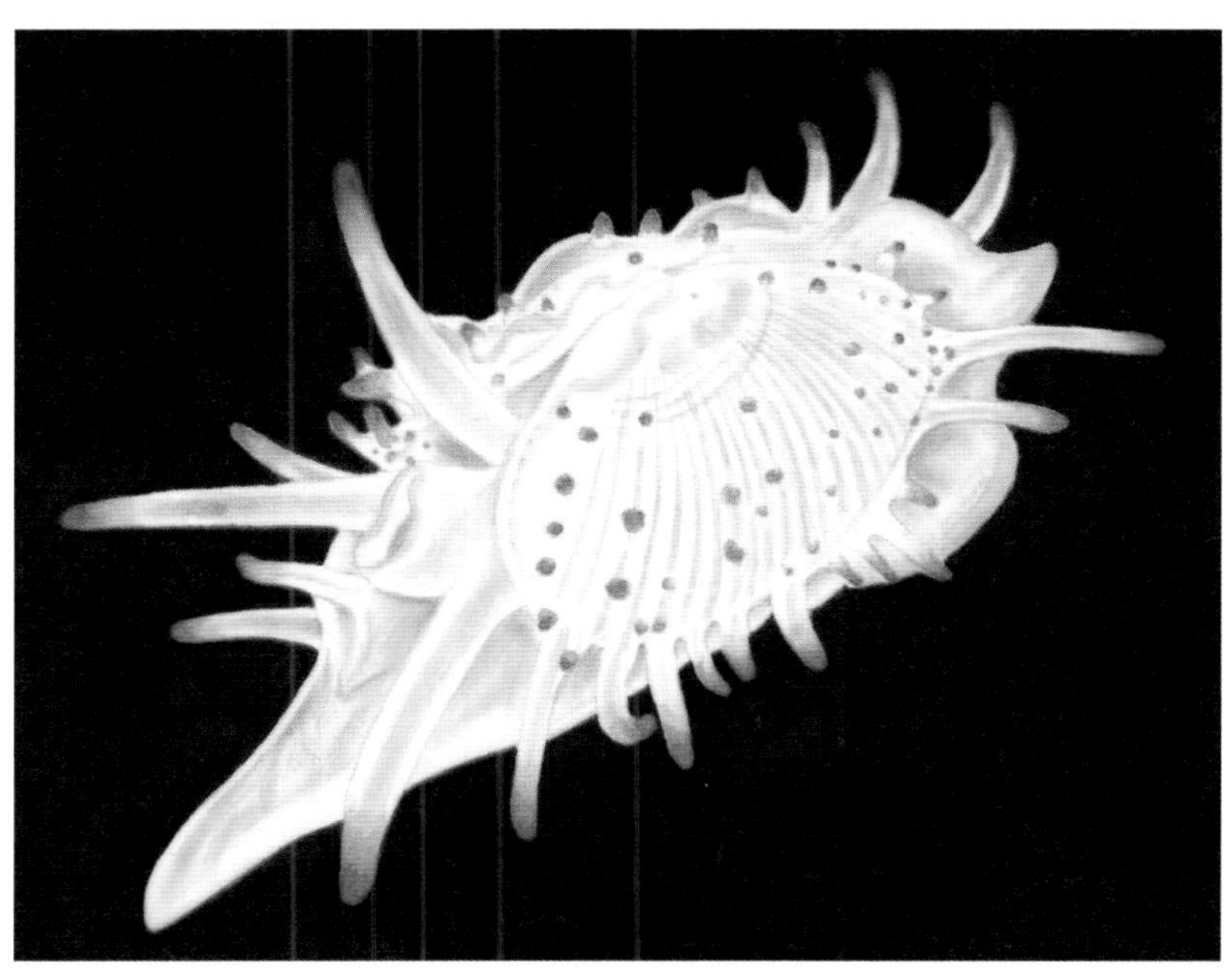

**殻を立てて歩くオウギウロコガイ**

触手を振りながら歩く姿はとても二枚貝には見えない

## 様々なウロコガイ

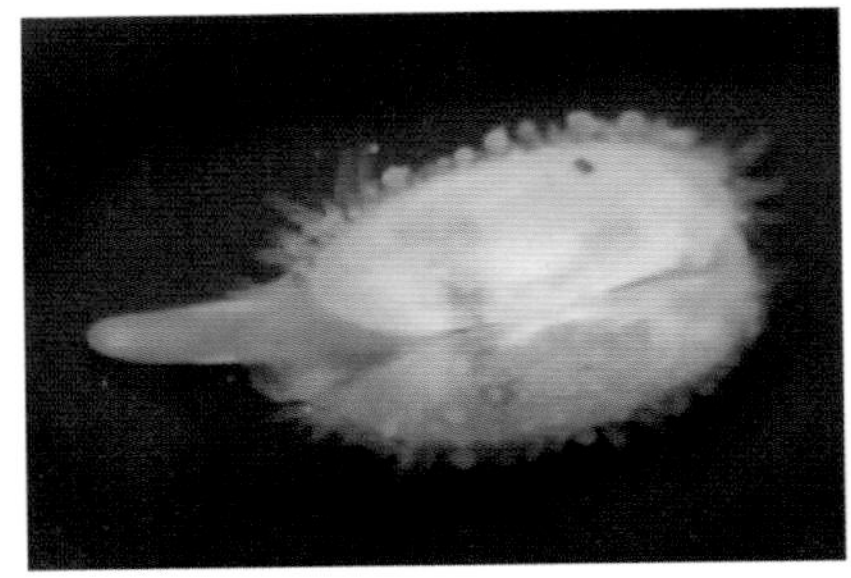

殻を立てて歩くウロコガイ

岩の下に付いていたウロコガイ
ひっくり返した直後はもっと殻を開いてひっついていた

殻を立てて歩くイナズマママメアゲマキ

イナズマママメアゲマキ

不明なウロコガイ
触手が長く伸びていた

ツヤマメアゲマキ

## ◎「太陽を食べる」シャコガイ

次は変わったものを食べる二枚貝の話です。私が子どものころ読んだマンガや冒険小説には、よくシャコガイの話が出てきました。たいていは南の島のサンゴ礁で漁をしたり探検したりしていると、うっかり巨大なシャコガイを踏んでしまって、殻に足を挟まれ、そのまま潮が満ちてきて大変なことになるといったエピソードでした。「人の足を挟めるほどの貝ってすごく大きいなぁ、見てみたいなぁ」などと思ったものです。その後、高校生ぐらいになって生きものの知識が増えてくると、このエピソードには不思議な点がいくつもあることに気づきました。疑問点をあげると、

・シャコガイは上向きに口を開けて何をしているのか？
・人を挟めるほど大きくなれるのか？
・サンゴ礁の浅瀬で何を食べたらそんなに大きくなれるのか？

などなどです。

調べてみるとシャコガイの仲間はサンゴ礁やその周辺で上向きに口を開けて暮らし、人を挟めるほど大きくなるものがいるのは事実でした。南洋に棲むオオシャコガイは殻長一メートルを超えることもある巨大な二枚貝です。問題はこの巨体を支える食べ物です。というのも熱帯の海というのは栄養に乏しく、生きものには厳しい環境だからです。

よくテレビなどに熱帯のサンゴ礁の美しい海の映像が映りますが、あの海は澄み切って濁りがありま

せん。澄み切っているのは海中に濁りの元になるプランクトンなどが少ないためです。透明度の高さは同時に栄養に乏しい証拠でもあるのです。こうした貧栄養の海でもサンゴは巨大なサンゴ礁を作ってしまうほど生産的です。この生産性はどこから来ているのかというと、熱帯の海にさんさんと降り注ぐ太陽から来ています。サンゴは動物なので光合成をして太陽から直接栄養を得ることはできませんが、体の中に褐虫藻（かっちゅうそう）という藻類を棲まわせ、褐虫藻が光合成で作ったエネルギーを分けてもらうのです。サンゴはエネルギーの大部分をこの褐虫藻から得ているため、太陽光を浴びるだけで生きていけます。こうした生態から、「サンゴは太陽を食べる生物」などといわれたりします。

同様にシャコガイの仲間も、体内に褐虫藻

## ヒメシャコガイのカラフルな外套膜

ヒメシャコガイが褐虫藻を共生させている外套膜は色とりどりで、とても不思議な模様があります。潮が満ちてくると外套膜をもっと広げて見事です。

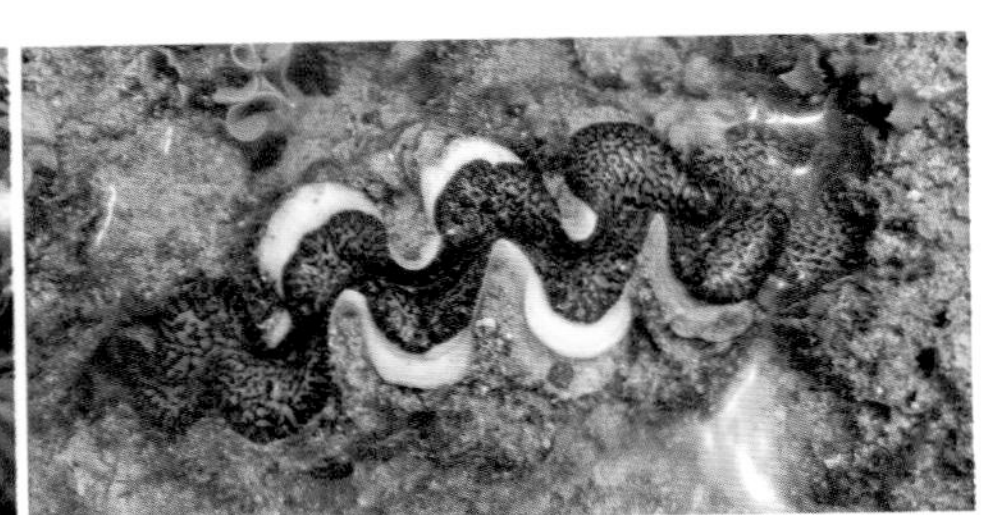

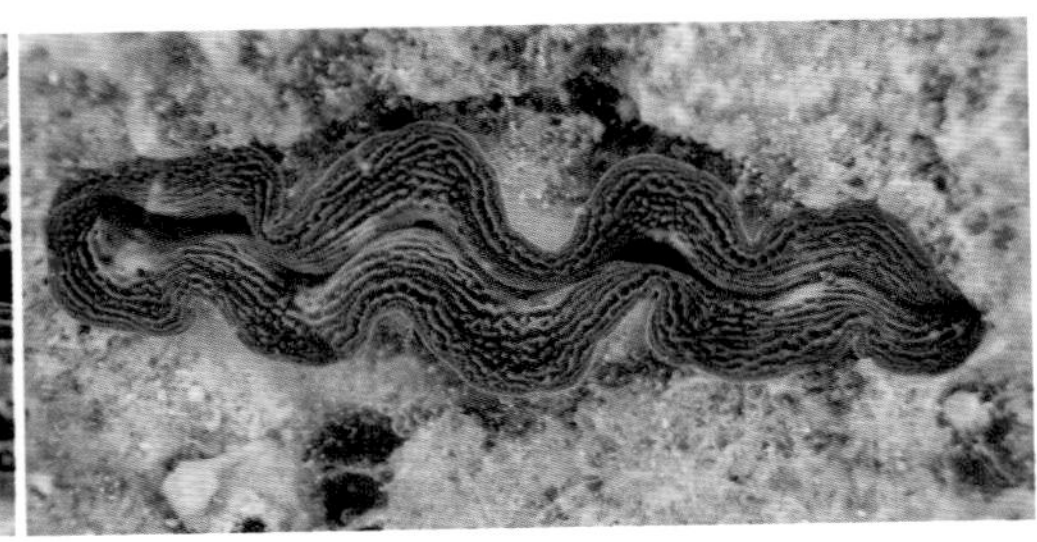

を棲まわせ太陽からエネルギーを得ることに成功しています。シャコガイも褐虫藻なしでは生きていけない「太陽を食べる」生きものなのです。ではどこに褐虫藻を棲まわせているかというと外套膜で、ここに日を当てるために上向きで口を開けて暮らしているのです。つまり口を開けて上を向いているのは、不注意な人間を挟むためではなく、たっぷりと日差しを浴びて食事をするためだったのです。

オオシャコガイを日本で見ることは難しいのですが、ヒメシャコガイであれば見ることができました。その外套膜は中の褐虫藻を守るための特殊な色素のため、実に不思議な色合いをしています。同じ種であっても色合いは様々で実に美しい外套膜だと思います。

## ◎風変わりな中生代の厚歯二枚貝

シャコガイはサンゴ礁に穴を開けて収まったり、その周辺などで暮らしていて、自身が「礁」を形成することはありませんが、かつて、二枚貝の作り出す礁が、サンゴを駆逐してしまうほど発達した時代がありました。それは今から二億年近く前のジュラ紀から六六〇〇万年前の白亜紀末にかけての時代で、礁を形成したのは厚歯（あつば）二枚貝（Rudist）という、中生代特有の二枚貝です。次ページの図のように非常に変わった形をしていて、どれも二枚貝離れしています。一体どんな暮らしをしていたのか気になるところですが、この貝もシャコガイ同様に褐虫藻を共生させていたのではないかと推測されています。しかし、残念ながらこの仲間は白亜紀末に絶滅してしまったため、その生態を今に伝える貝は存在しません。

現在は一頭もいない厚歯二枚貝ですが、白亜紀中期以降には大繁栄しており、当時の熱帯の海で大規模な礁を形成していました。その礁は今、化石となって地層をなしていて、場所によっては厚さ数百メートル、長さは一〇〇キロメートルを超えるものもあり、いかに繁栄していたかを伺わせます。白亜紀の熱帯の海に行けば、きっと現在のサンゴのようにありふれた存在だったのでしょう。

こんなおかしな二枚貝、見たことも聞いたこともないという方が多いと思いますが、実はすでにどこかで出会っている可能性があります。いや、きっと目にしていることでしょう。それというのも、厚歯二枚貝は白亜系の石灰岩の中に多産するため、ヨーロッパ産の大理石にたくさん含まれているからです。ジュラ紀〜白亜紀に形成された大理石にはポルトガルのリオシュ、イタリアのズベ

## 風変わりな二枚貝=厚歯二枚貝

厚歯二枚貝はジュラ紀に現れた中生代特有の二枚貝。白亜紀に大繁栄したが、白亜紀末に恐竜と共に絶滅した。二枚貝とは思えない形のものが多く、どのように暮らしていたかについては絶滅したこともあって謎が多い。

*Radiolites*
片側の殻が異様に肥大している。大規模な礁をなしていたのはこの仲間

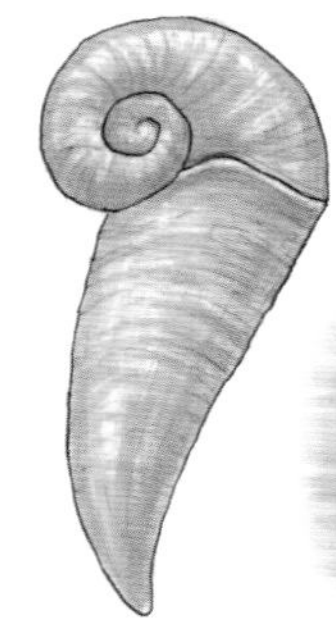

*Caprinula*
片側の殻が巻貝上になっている。両方が巻くものもいる

*Titanosarcolites*
水牛のように湾曲した形で、海底で暮らしていた。この形は海流に流されないためだと考えられている

ボロイヤル、ドイツのジュライエローなどなど、有名な高級建材がたくさんあるので、駅やデパートでそれと知らずに石材に含まれた厚歯二枚貝を目にしたり、場合によっては踏んで歩いたりしているかもしれないからです。

これらはいわゆる「街化石」と呼ばれるもので、厚歯二枚貝はアンモナイトやベレムナイトなどと並んでよく目にする街化石です。私も百貨店「横浜そごう」、東京メトロの銀座駅、ＪＲ立川駅など多くの場所で厚歯二枚貝を見つけました。今は一頭もいないけど意外と身近なこの貝、みなさんも探してみてはどうでしょう。

## ◎ウメノハナガイの不思議な食事

もう一つ、不思議なものを食べる貝の話をしましょう。それはウメノハナガイという小さな二枚貝です。その名の通り、大きさも形も梅の花びらのような可愛い貝で、小網代干潟でもチラホラ見つかる、ありふれた貝です。しかし、その食事は同じ場所で採れるアサリや他の二枚貝とは大きくかけ離れています。前の節で

**厚歯二枚貝の街化石**

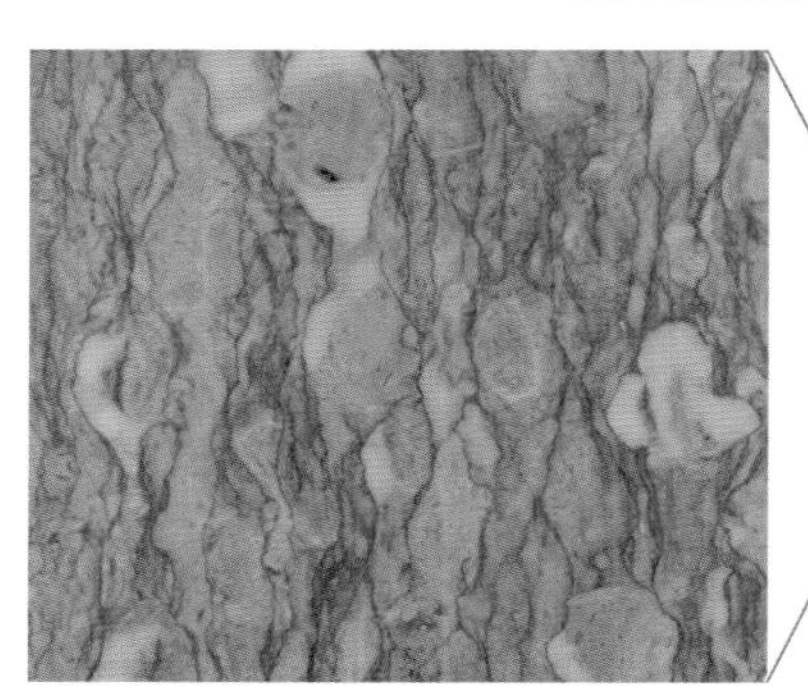

厚歯二枚貝の横断面がたくさん見られます

JR 立川駅東改札の壁画の脇にある大理石には…

紹介した二枚貝たちは海水からエサをこし取って生きています。つまり「海を食べている」わけですが、ウメノハナガイは硫化水素などの硫化物からエネルギーを得ているのです。硫化水素といえば、高濃度のガスを吸えば人間もあっという間に死んでしまう猛毒です。一体どのようにしてそんなものからエネルギーを得るというのでしょう。それを知るには、まず、深海の生きものの話をせねばなりません。

**深海熱水噴出孔の不思議**　一九七七年、深海調査船アルビン号は、深海で熱水を吹き出す熱水噴出孔の周辺で、奇妙な生物群集を見つけました。のちにチューブワームと呼ばれるハオリムシや、シロウリガイ、それに群がる甲殻類など、熱水噴出孔の周辺には膨大な数の生物が見られました。

この発見は非常な驚きを持って迎えられました。なぜなら、それまで深海生物は日の当たる浅海から落ちてくるわずかなエサで暮らしているとされ、当然生物の数も少なく、深海は海の砂漠のような場所だと考えられていたからです。アルビン号の発見した生物群集の量はとても浅海部からのおこぼれで維持できる生物量ではなく、なにか未知の栄養源が

ウメノハナガイ

ウメノハナガイは1cmに満たない小さな貝で、
ちょうど梅の花びらくらいの大きさです

あると考えざるを得なかったのです。

驚くべきことに、その栄養源は硫化物でした。古細菌の中には硫化物を酸化することでエネルギーを得る硫黄（いおう）酸化細菌がいるのですが、チューブワームやシロウリガイは体内にこの細菌を共生させ、噴出口から出る硫化物を栄養源とすることに成功していたのです。これらが一次生産者となり、これらを食べに他の生物が集まることで、光の届かない深海に豊かな生態系ができていました。この硫化物を基礎とした生態系は、光合成を基礎としたわれわれの生態系とは全く異質の、熱水噴出孔生物圏とでもいうべきものだったのです。太陽エネルギーを基礎とするわれわれに対し、地球内部のエネルギーを基礎とするこれらの生きものは「地球を食べている」などともいわれ、当時大きな話題になりました。私も世紀の大発見だと驚きましたが、小さなウメノハナガイが同じようなことをしていたことが分かり、二度ビックリしました。

## ウメノハナガイの食事

ウメノハナガイはツキガイ科の貝です。一九八〇年代初期、このツキガイ科において、硫化物を酸化させてエネルギーを得ているバクテリアと共生する、化学共生（Chemosymbiosis）が行なわれていることが報告されました。この共生はツキガイ科とカゴガイ科のすべての種と多くのハナシガイ科で確認されています。ツキガイ科の櫛鰓（くしえら）には硫黄酸化細菌を収容するための器官があり、この菌に棲みかを提供する代わりに栄養を得ているのです。これは熱水噴出孔の生物と同じ方法で、干潟に深海生物と同じことをする生きものがいたことになります。

深海の熱水噴出孔は火山活動の一部ですから、硫化物が豊富にあるのは納得ですが、干潟をちょっと掘ったくらいの深さに硫黄などあるのか？ と疑問に思う方もいると思います。それがあるのです。干潟の有機物の多そうなところを掘り返すと、ほんの数センチの深さから泥が真っ黒で、卵の腐ったような臭いがします。この臭いが硫化水素で、まさに硫化物です。なぜこんなことが起きるかというと、有機物の多い場所では分解に酸素が使われ切ってしまい、無酸素状態になります。これが嫌気環境（けんきかんきょう）または、還元環境ともいわれる状態で、酸素がある状態とは全く違う、酸素を必要としない生物が活動する環境です。こうした生物の働きで硫化物が作られ、卵の腐ったような臭いがするわけです。つまり、干潟のごく表層から下にはこうした環境がひろがっていて、ある意味深海と似た状態にあるのです。

このように身近な場所に暮らしながら、まったく異質な栄養の取り方をするウメノハナガイを面白い貝だとは思っていましたが、私がさらに興味を惹かれたのは、アマモ場を調査した際、ウメノハナガイがザクザクとれた経験からでした。

## アマモとウメノハナガイの関係

アマモ場とは海草のアマモが生える場所です。アマモはワカメやコンブのような「海藻」ではなく、陸に生えるイネなどに近い「海草」です。アマモは陸から再び海に帰った植物で、植物版のクジラなどともいわれる面白い植物です。干潟でも干上がりにくく、日照の豊富な場所に群落をつくって生え、ただの干潟とは一味違う生きものが集まる場所を形成します。

このアマモ場を調査した時のこと。干潟の他の場所ではチラホラとしか採れなかったウメノハナガイがザクザク採れたのです。しかも大きさも全体的に大きく、種類も多くて、アラウメノハナガイという近縁種まで大量に採れました。

「これは明らかに何か起きている。アマモとウメノハナガイは特別な関係にあるに違いない。」

そう考えた私は、ウメノハナガイを飼育することにしました。飼育してみると普通の二枚貝たちとはずいぶん違うことが分かりました。まず、入水管が無く、出水管があるだけなのです。一本の管だけでうまく水を循環できるのか疑問に思いました。

足も非常にユニークで、殻長の何倍も伸び、まるでミミズのようです。砂を入れた水槽に入れると、この足を使って潜りだしました。深さは五センチといったところですが、この貝の大きさからいうと随分深いように思いました。ましてや深く潜るための入水管も無いわけですし、どうするのかと思っていたら、なんと入水管がわりのチューブを作っているではありませんか。

「チューブを作れるとは驚いた、これなら入水管なしでも潜れるわけだ。」

こんなことをする二枚貝がいると初めて知った私はチューブを作る様子を詳しく観察することにしました。入水のチューブは足を使って作られていました。足を上まで長く伸ばすと、先端部を膨らませ、先端部からは粘液を分泌します。粘液と砂粒が混ぜ合わされて入水のチューブの内側の表面

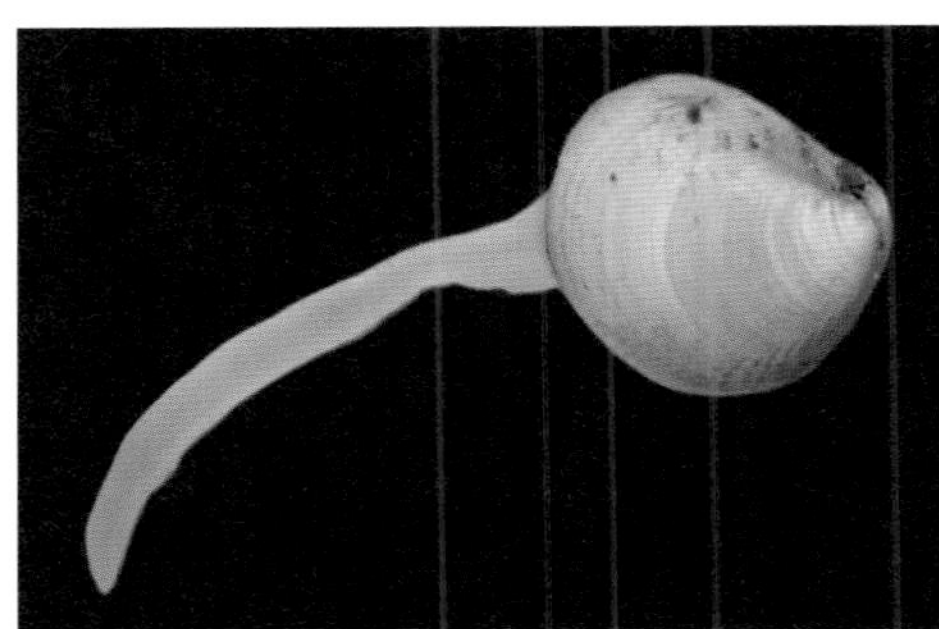

ウメノハナガイの斧足はミミズのように伸びる

が作られ、足の繊毛を垂直に動かすことによって入水のチューブ（粘液のチューブ）を作っていました。

面白いのはこの入水チューブは自分のためでもありますが、鰓に共生している硫黄酸化細菌のためでもあるという点です。普通こうした環境には酸素があまりありませんが、ウメノハナガイがこのチューブを使って海水を循環させることで細菌に酸素を与え、エネルギー生産を活発にさせているのです。

さて、アマモ場でウメノハナガイがたくさん見られる理由ですが、これについて興味深い研究があります。アマモは地下茎から酸素を放出するなどしてウメノハナガイに好適な生息環境を提供しているというのです。なぜそんなことをするかというと、アマモにとって硫化物の蓄積は有害で、ウメノハナガイによる硫化物の除去はアマモの成長を促進する効果があるためです。

ここにはアマモ特有の事情があります。アマモは多年生で地中に地下茎を張り巡らせて群落をつくり、何年も同じ

## ウメノハナガイの粘液チューブ

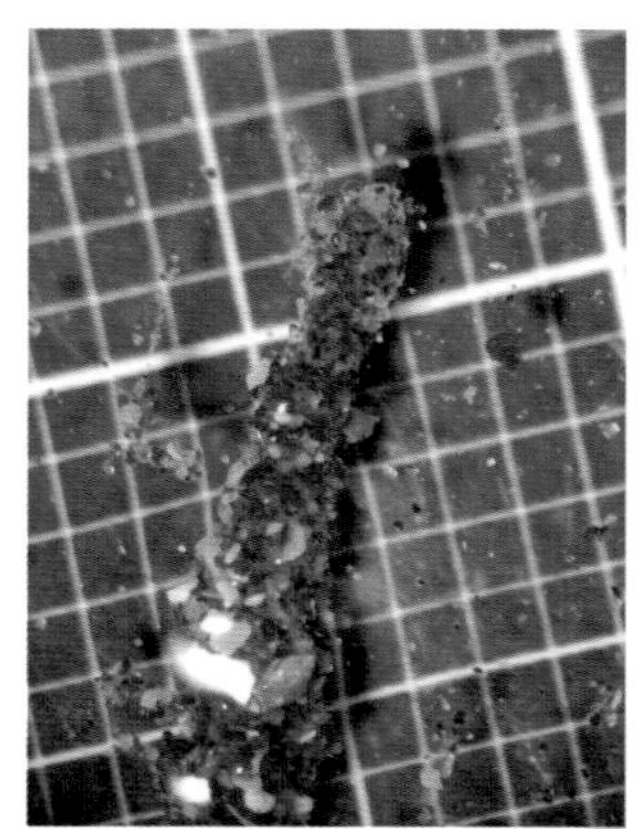

取り出した粘液チューブ

飼育したウメノハナガイが作った粘液チューブ

場所で暮らします。このため自身の落ち葉や死んだ地下茎が溜まることで、有機物が増え、その結果、硫化物も増えてしまうのです。硫化物はアマモの地下茎にダメージを与え、だんだんと成長が悪くなっていきます。ウメノハナガイは硫化物を除去してくれるため、アマモにとってはありがたい隣人なのです。そのため、ウメノハナガイを助けることはアマモにも利益のあることなので、共生関係が生まれたのでしょう。この共生関係はウメノハナガイ・硫黄酸化細菌・アマモの三者それぞれにとって利益のある三者相利共生なのです。

ツキガイ科はツキガイ上科の中でも古く、最も初期の化石はシルル紀（古生代、四億四三七〇万年〜四億一六〇〇万年前）のものです。細菌との共生も同じくらい古い歴史があると考えられています。

そこにアマモとの共生関係が加わったのは一億年ほど前のことでした。海草のアマモはおよそ一億年

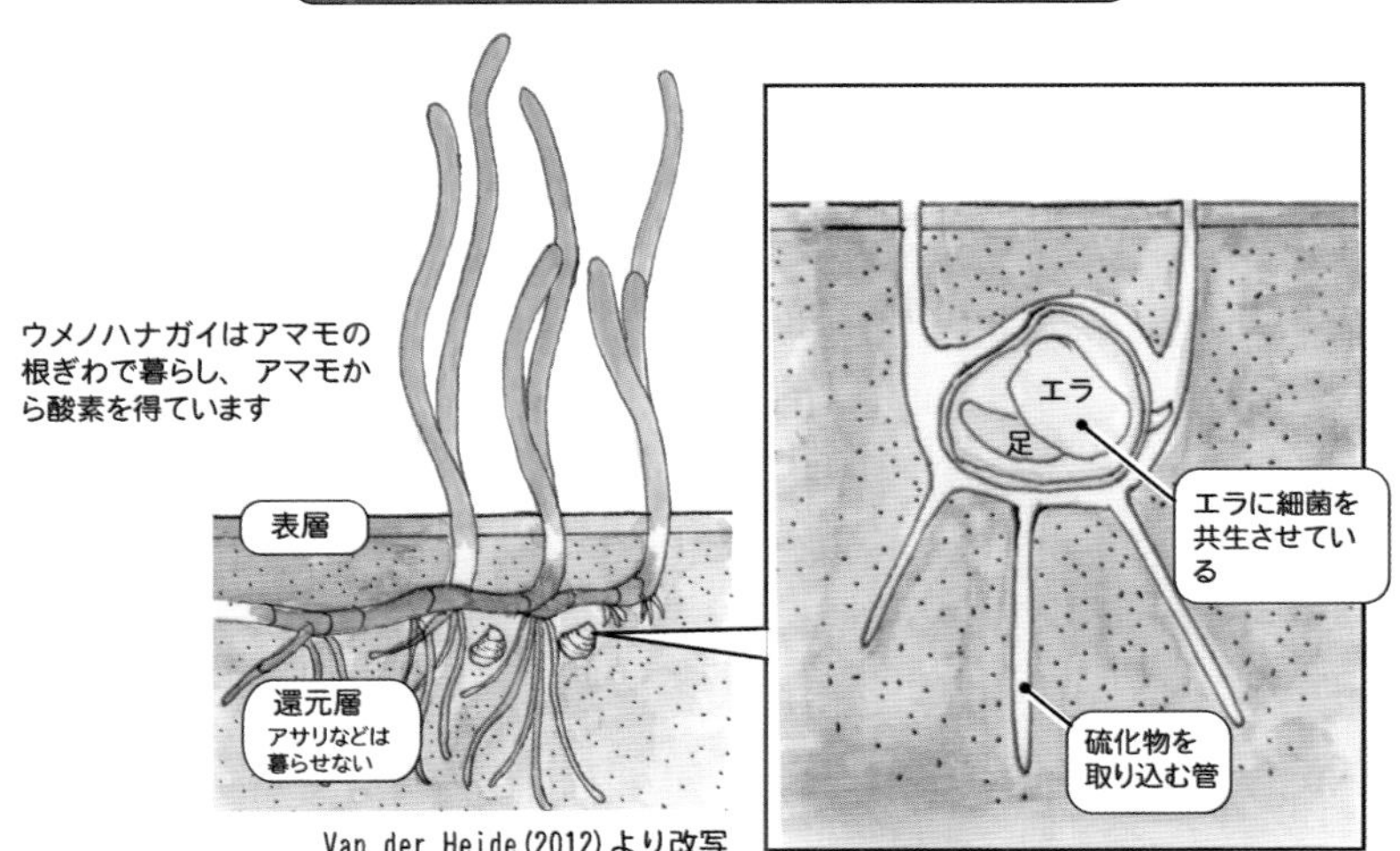


ウメノハナガイは自分でエサを取るのではなく、鰓に共生させた細菌から栄養をもらって生きています。そのために必要な酸素や硫化物は、まわりに作った粘液チューブから取り込みます

前に陸上植物から海産の種へと進化し、ツキガイ科の貝たちと生息範囲が重なりました。ここでやがて共生関係が生まれたのでしょう。アマモの出現からツキガイ科の二枚貝類は多様性を増したことが示唆されており、この関係がとても相性がよいものだったことを伺わせます。

ウメノハナガイは多くの生きものにとって毒である硫化物を栄養源にすることができる驚きの貝でしたが、干潟にはほかにも同じ方法で栄養を得ている二枚貝がいます。それはキヌタレガイの仲間です。この貝は二枚貝の中では原始的なグループに属しています。硫化物を栄養源にするというと大変な離れ業のように感じますが、原始的なグループが行っているところをみると、二枚貝の歴史において古くから行われていることなのかもしれません。

貝の歴史は、人類のそれと比べると驚くほど長く、その歴史の中には三葉虫や恐竜も絶滅してしまった未曽有の危機が何度もありました。それでも生き残ってきた貝たちは私たちの想像を超える形態、生態をもっています。厚歯二枚貝など滅んでしまった種も含めると、二枚貝の多様性は途方もないものになるでしょう。二本の管と二枚の殻を使って静かに暮らすだけではない、多様な世界が二枚貝にはあることを知ってもらえたら嬉しいです。

キヌタレガイ

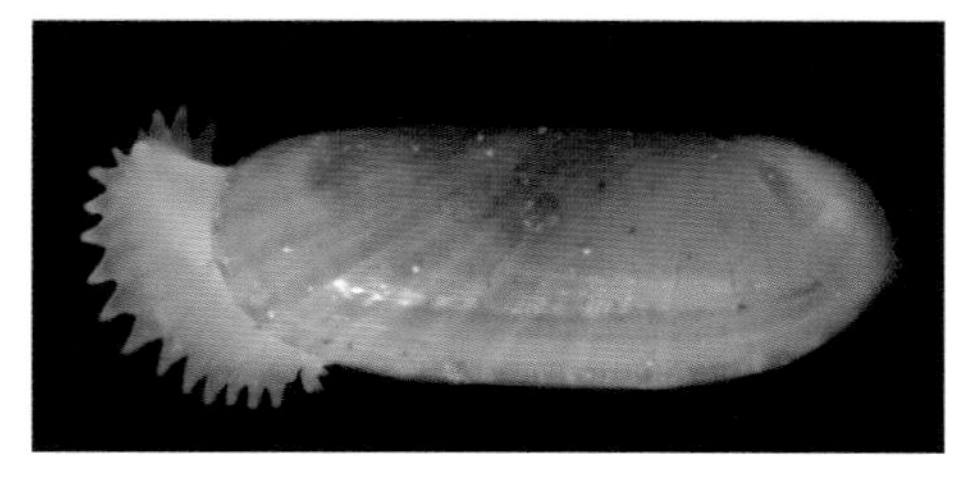

# 第三章　三つの眼を持つ空飛ぶ巻貝、フトヘナタリ

# 干潟歩き入門日記

## フトヘナタリは眼が三つで空も飛ぶ　の巻

この日は小倉さん行きつけのとある干潟に車で連れて行ってもらう事に。
今日はどこへ
珍しい貝がいるところですから、楽しみにしていてください
ブオー

そしてその干潟に到着
おお～、良いアシ原のある干潟ですね～
この辺りを探してみてください

え～と、ホソウミニナがたくさんいますね～、あとはカワザンショウガイか…
つって、こっこれはっ！

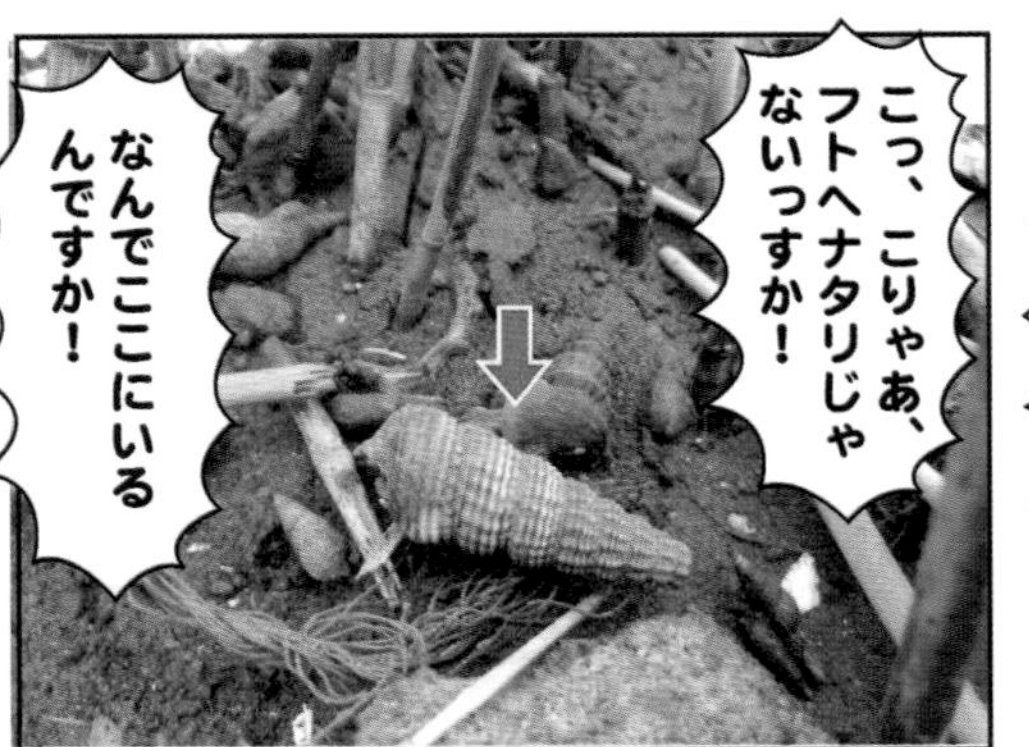

こっ、こりゃあ、フトヘナタリじゃないっすか！
なんでここにいるんですか！

なぜ、この地味な貝にこれほど興奮しているのか。それは、この貝が関東では絶滅したと言われているからです。

絶滅してるはずのフトヘナタリ

関西や九州には沢山いる干潟も残っていますが、関東ではまず見られないはずの貝なので、パンダにでも出会ったように驚いているのです

ムムムッ、まだ信じられんっ！
関東でフトヘナタリにあえるなんて！
スゴイよね内緒ですよ

全部でたった5頭
関東最後の個体群かもしれない

たったの5頭

十年見てるけど、増えも減りもせず、顔ぶれも変わらない

ん？顔ぶれが変わらないって、小倉さん個体識別してるの？

貝の個体識別って小倉さんスゲーな

一頭一頭区別して、十年継続調査してるんですか？

まあ、5頭だからね。長年見てれば違い覚えちゃうよ

絶滅寸前なのは悲しいけど、数が少ないおかげでどの子が何年生きてるかわかるのは面白い

十年顔ぶれが変わらないってことは…

10年

まさかこの子たち、十年も生きてるんですか

**小倉さんの最後の謎の発言は一体なんなのか…本編をどうぞ！**

## 1 ひっそり長生き日本のフトヘナタリ、ヒッチハイクする外国のフトヘナタリ

### ◎アシ原にひっそり暮らすフトヘナタリ

フトヘナタリはヘナタリやカワアイと共に、東日本から九州にかけてや瀬戸内海の、内湾の河口域のアシ原や塩性湿地において、水陸両用のライフスタイルで暮らす巻貝です。フトヘナタリが暮らしているのは夏暑く冬寒い、干潟の中でもとりわけ変化の激しいアシ原のヘリです。鰓(えら)呼吸なのに海中より陸上を好み、潮が上げてくるとアシに登って海から逃げたりします。

「貝なのに海を嫌がったり、わざわざこんな厳しい環境を選んで暮らすなんて面白いやつだなぁ。」私は興味が湧いて調べたいと思いました。関東ではほぼ絶滅状態にありますが、幸いマンガの中で江良さんと訪れた場所を知ることができたので、観察をすることにしました。

なにしろ、この場所にはたった五頭しかいませんから、飼育したり、実験したりすれば絶滅してしまうので、どんな暮らしをしているのかじっくり見るだけにすることにしました。まず、棲む場所はアシ原なのですが、アシ原でもヘリの場所を好みます。また、この干潟では日当りの良い場所に見られ、日陰になってしまう場所では見つけることができませんでした。ただ、これらは数のごく少ないこの干潟でのことで、もっと数が多い場所では日当りの良くない場所へも生息範囲を広げるのかもしれません。

私の観察した５頭のフトヘナタリ

アシに登るフトヘナタリ

寒くなって動かなくなり、そのまま埋もれるフトヘナタリ

次に食べ物ですが、干潟の泥の表層をこそげて食べています。これは干潟の表層に発生した珪藻類を食べているものと思われます。珪藻は干潟に日が当たると発生しますから、日当りの良い場所を好むのは食べ物が豊富だからかもしれません。

私の予想では、厳しい環境に暮らすのだから、気候の厳しい冬や夏は穴を掘って寝たり、夏と冬で棲み場所を移動するなど、なにか工夫があるものと思っていましたが、観察したフトヘナタリたちにはそうした工夫は見られず、冬でも暖かければ動き、あんまり寒くなるとその場で動かなくなり、そのまま暖かくなるのを待つようでした。気温が二〇度を超えるあたりから活発に動き始め、六月頃になるとだんだんと一か所に集まりだし、交尾行動を行い、暑い夏も同じ場所で過ごし、秋、冬と気温が下がるにつれあまり動かなくなって同じ場所で寝てしまう、という暮らしをしていました。

「なんという工夫のない暮らしだろう。ただ我慢強さ、頑健さだけでこの過酷な環境を乗り切っているようだ。」

私はその工夫の無さにむしろ感心してしまいました。過酷な環境を生きる生物の中には巧みな生存戦略を展開し、テレビ番組などで紹介されたりするものもいますが、フトヘナタリのようにただただ耐え抜くという方法もあるのですね。

## ◎フトヘナタリは何年生きる？

こうして、たった五頭のフトヘナタリを何年も観察し続けたわけですが、奇妙なことに気づきました。

## フトヘナタリの経年変化

若い個体と年を取っている個体の 10 年間の変化を追ってみました。成熟するとほとんど変化しないこと、8 年間程度ではエロージョン（殻の摩耗）が進まないことが分かります。

2014 年から観察している、新たに加わった個体

殻口が完成しておらず未熟。この時点で 1 歳 2 ヶ月程度と思われる

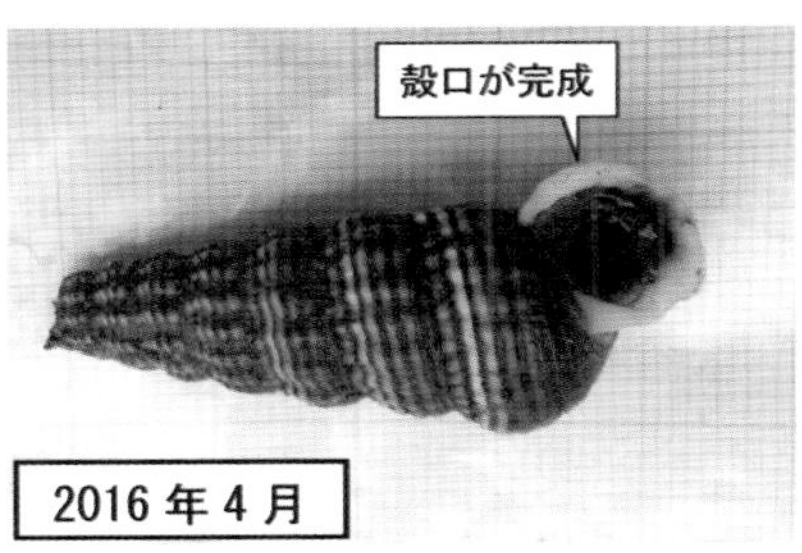


上の写真から 1 年半経過して殻口が完成。成熟した

上の写真から 4 年経過したが、ほとんど変化していない。この時点で約 8 歳だがエロージョンはほぼ見られない

2009 年から観察している、最も年を取っていると考えられる個体

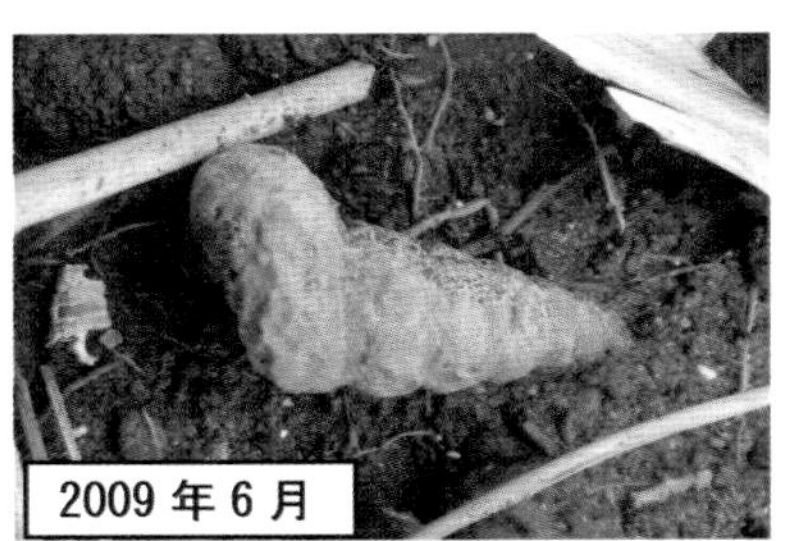


観察開始時点ですでに著しくエロージョンが進んでいる

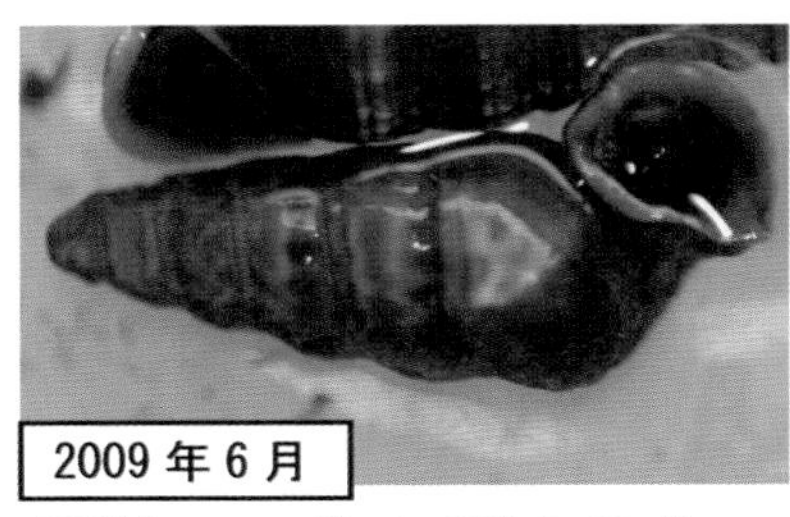


下側もエロージョンが進んでいる

上の写真から 10 年経過したが、ほとんど変化していない

何年見てもまったく顔ぶれが変わらないのです。

「驚いたな、この小さな貝はいったい何年生きるのだろう？」

そうなのです、数が少ないので一頭一頭を区別して観察できるため、何年生きているのか調べられるのです。これは数が多い場所ではかえってできない調査です。二〇〇九年から記録を取り始めたのですが、この時記録した五頭のうち四頭が二〇二〇年にも確認できたので、一一年生きているのは確認できました。しかしもっと長く生きていることは確実です。なぜなら、この四頭は調査開始時に老成しており、二〇〇九年の時点で少なくとも一〇年は生きていたと推測できるからです。

なぜ、私がそう考えるかというと、顔ぶれが変わらないといいましたが、実は二〇一四年に新しい個体が加わっていたのです。この個体は発見時未成熟で、新たに加わった個体であることは明らかでした。未成熟かどうかは貝が顔を出す、殻口（かくこう）という部分が完成しているかどうかで判別できます。この個体に関しては、登場から六年間追うことができたわけですが、六年たっても殻の摩耗（エロージョンといいます）はあまりありませんでした。これと比べると私が最古参だと考えている個体の二〇〇九年の様子はどうでしょう。エロージョンが進み、すごい風格です。いったい何年生きたらこんな風になるのでしょう？　一〇年どころか二〇年かかるといわれても私は驚きません。私が観察した感触ではフトヘナタリは二〇年以上生きる可能性は十分あると思います。

数が少ないのが幸いして、フトヘナタリが長寿であることが分かりましたが、一〇年観察して一頭しか増えないのでは生活史を解明するのは無理なので、他の場所での研究と私の観察をもとに、どんな生涯を送るのか考えてみたいと思います。

### ◎フトヘナタリの繁殖と成長

私は卵や幼生は観察できていませんが、交尾をしているのは何度か観察しています。フトヘナタリの交尾はユニークで、オスは交尾器がなく（aphallate）、精包を生産します。繁殖期間は六月頃から八月頃で、交尾行動時にオスが紡錘形をした精包をメスに受け渡します。その後、メスは泥に二センチくらいの穴を掘ってその中に卵を産みます。日本のフトヘナタリは幼生期間のあるタイプなので、孵化後三〜四週はベリジャー幼生として海を漂ったあと、親が暮らすのと似た環境にたどり着き、約〇・二ミリの稚貝に変態して暮らし始めます。その後稚貝は成長し、殻口が完成した成貝となるには二年半くらいかかると

## コラム　貝の幼生の話２

巻貝の場合　卵→トロコフォア幼生→ベリジャー幼生→稚貝と進むことが多いのですが、卵からいきなり幼貝を生じるものもいます。幼生期間のあるものを**間接発生**（プランクトン栄養性）、卵から稚貝が直接生まれるものを**直接発生**（卵黄栄養性）といいます。

間接発生は分散能力は高いが稚貝になれる率は下がってしまい、直接発生は親と同じ環境で暮らし始めるので安全ですが、分散能力は落ちてしまうなど、一長一短です。ただ、直接発生は海が無くとも幼貝になれるので、カタツムリなどの陸産貝類はこの方法をとっています。

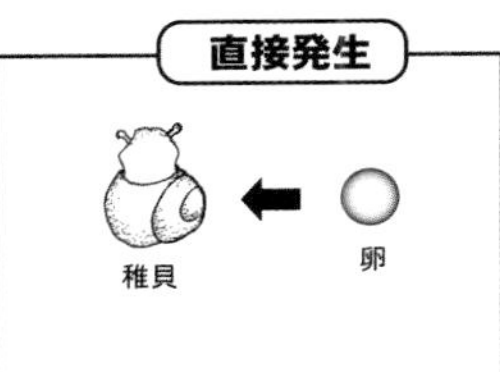


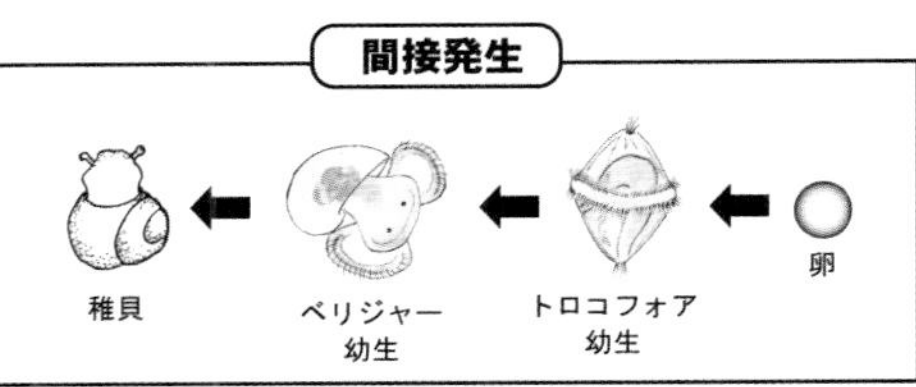

# フトヘナタリの生殖と成長

着底後約２年半たったフトヘナタリ

殻口は完成し、成熟した。今後はあまり変化せず、長い年月を生きていきます

交尾するフトヘナタリ

オスは交尾器をもたず、精包をメスに受け渡します

着底後約１年たったフトヘナタリ

殻口ができておらず、まだ未熟です。殻頂はすでに欠けています

産卵するフトヘナタリ

メスは穴を掘って、そこに卵を産み付けます

稚貝となって着底したフトヘナタリ

稚貝となって親が暮らすのと似た環境に着底し、暮らし始めます。稚貝が暮らすにはアシ原のなかの水たまりなどが必要で、そうした環境が無いとなかなか上手く成長できないようです

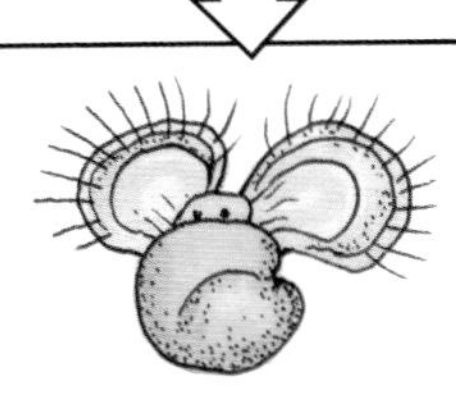

フトヘナタリのベリジャー幼生

卵からかえるとベリジャー幼生となって、海を漂います

思われます。そのころには殻頂は失われ、太短い姿になっています。こうして大人になったフトヘナタリは非常に丈夫かつ長命な生きもので、二〇年以上生きるものもいます。

## ◎外国のフトヘナタリ

様々なフトヘナタリ類の研究を調べていくと、フトヘナタリ類の発生は幼生期間のあるプランクトン栄養性（間接発生）と卵から稚貝が直接生まれる卵黄栄養性（直接発生）の両方の種があることが分かってきました。外国での研究例をいくつかご紹介します。

北アメリカのジョージア、フロリダの海岸とキューバの海岸の河口域にある塩性湿地とマングローブに暮らすフロリダのフトヘナタリ［*Cerithidea scalariformis*（Say, 1825）］の産卵期間は秋で、九月下旬から十一月にゼリーのヒモ状の卵塊をデトリタス（プランクトンの死骸などの有機物）上に産み落とします。卵塊は直径約〇・二八ミリの卵をおよそ二五〇個含んでいます。直接発生で、およそ三週間後に孵化します。孵化幼生は一日から二日で変態して小さな巻貝となります。直接発生のため幼生が海流に乗って遠くに流れ着くことがないので、地理的分布が限られています。

カリフォルニアで見られるカリフォルニアフトヘナタリ［*Cerithidea californica*（Haldeman, 1840）］は二〇～三〇日で孵化し、孵化後すぐに殻をもった稚貝として定着するので、直接発生のようです。しかし、パナマで見られるカリフォルニアフトヘナタリは孵化後一七～一九日間遊泳性のベリジャー幼生として過ごし貝となる間接発生です。つまり、カリフォルニアフトヘナタリはパナマとカリフォルニアという異なった環境状態において繁殖の戦略を柔軟に変えることができるようなのです。

## ◎フトヘナタリの寿命は様々

こうした外国の研究では寿命も調べられていて、フロリダのフトヘナタリの寿命は一～二年とあります。カリフォルニアフトヘナタリの研究では寿命は七年となっています。また南アフリカに暮らす種［*Cerithidea decollate*（ケリティデア デコラーテ）（Linnaeus, 1767）］では最大の大きさになるのに九年以上かかるとの研究もあります。この種などは長命な可能性があるでしょう。私が様々なフトヘナタリの仲間を観察した感触では、長命な種が多いように感じますが、産卵行動や寿命も含めて、色々な生存戦略を展開しているものと思われます。

日本のフトヘナタリは産卵数も多くなく、幼生の分散能力も高くないところから、長い寿命を使って、じっくりと増えていく戦略をとっているのでしょう。こうした増殖力の低い戦略は利息の低い貯金のようなもので、利息が〇・一％しかなくても何億円も貯金があったら毎年暮らすに困らない収入が得られます。しかし、貯金が極端に、五万円とかまで減ってしまうと、利息では生活できなくなってしまいます。この干潟で起きていることがまさにこれで、五頭まで減ってしまうと増殖率の低いフトヘナタリはなかなか増えることができません。さりとて大きな産地までは距離がありすぎて幼生がここまでたどり着けず、結果個体数の回復は大変難しくなってしまうわけです。

同じ干潟に棲む貝でもアサリの産卵数は数百万個もあり、幼生の遊泳期間も一ヶ月近くあるので、条件が悪く激減しても、なにかのはずみで条件が合えば、わずかな生き残りから一発逆転で個体数を回復する可能性があるわけです。しかし、フトヘナタリの戦略に一発逆転はありません。これが関東の干潟でフトヘナタリが見られなくなってしまった原因でしょう。

## ◎昔、関東にはフトヘナタリがたくさんいた

今でこそ、関東地方ではほぼ絶滅状態にあるフトヘナタリですが、ヘナタリ類は以前には関東地方のどこのアシ原にも普通に見られたようで、古い書物に度々登場します。『徒然草』の第三十四段甲香（かいこう）には武蔵国金沢の浦でたくさん見られる貝で、この地方では〝へなだり〟と呼んでいると書かれています。これは現代でいうと神奈川県横浜市金沢区瀬戸のあたり、いわゆる金沢八景のあたりを指すようです。当時の環境を考えると、ここに限らず東京湾の広大なアシ原のいたるところに無数のヘナタリの仲間が暮らしていたことでしょう。江戸時代の貝類書ではヘナタリ、フトヘナタリ、カワアイの名前が様々に用いられており、身近な貝だったことをうかがわせます。その中で面白いのは文化・文政の頃、伊勢津藩の藩医であった須山三益（すやまさんえき）の貝の標本で用いられている〝ヨシノボリ〟です。フトヘナタリをヨシノボリと呼ぶのはフトヘナタリがヨシの茎に登る暮らし方をよく観察して名づけたのだと思われます。関西地方では五月頃から八月頃にヨシの茎に登っているのが観察されています。また、九州地方ではフトヘナタリがメヒルギやハマボウなどの木に登るのが観察されており、冬季には木に登って越冬する個体が非常に多く見られるようです。

## ◎空飛ぶフトヘナタリ

フトヘナタリの仲間は外国にもたくさん暮らしているので、どんな風に呼ばれているのか気になって調べてみました。この仲間はマングローブの泥干潟などで数多く見られ、干潟の上を這い回るので英語ではクリーパースネイル（creeper snail）、マッドクリーパースネイル（mud creeper snail）、ブラントクリーパースネイル（blunt creeper snail）と呼ばれたり、その形からホーンスネイル（horn snail）とも呼ばれていることが分かりました。

さらに最近ではちょっと変わった名前で呼ばれる種類もあるようです。それはヒッチハイキングスネイル（hitchhiking snail）やフライングシェル（flying shell）です。

なぜこんな呼び名が付いたかというと、近年の研究で、過去にフトヘナタリの仲間が渡り鳥に乗ってメキシコ南部のテワンテペク地峡を飛び越えたことが明らかになったからです。回数は少なくとも二回、およそ七五万年前に太平洋側から大西洋側に移動し、七万二〇〇〇年前に今度は大西洋側から太平洋側に移動したことが遺伝子解析から分かったのです。

テワンテペク地峡は太平洋と大西洋を隔てる障壁としては狭くなっている場所です。とはいえ、幅二二〇キロメートル、標高二五〇メートルもあり、普通ならフトヘナタリに越えられるはずもない場所です。いったいどのように飛び越えたのでしょうか。

この地峡は渡り鳥の主要な通り道となっていて、その渡り鳥の中には干潟で暮らすチドリやシギなども多く含まれています。なんとフトヘナタリはこの鳥たちにつかまって地峡を飛び越えたようなのです。

## 渡り鳥にヒッチハイクする
## フトヘナタリ

### フトヘナタリが飛び越えたテワンテペク地峡

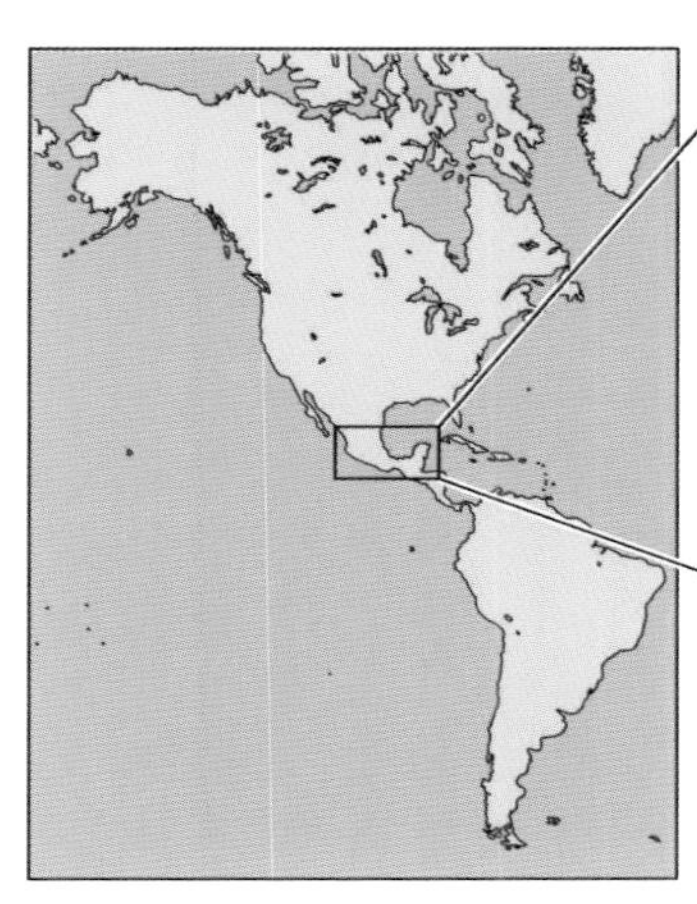

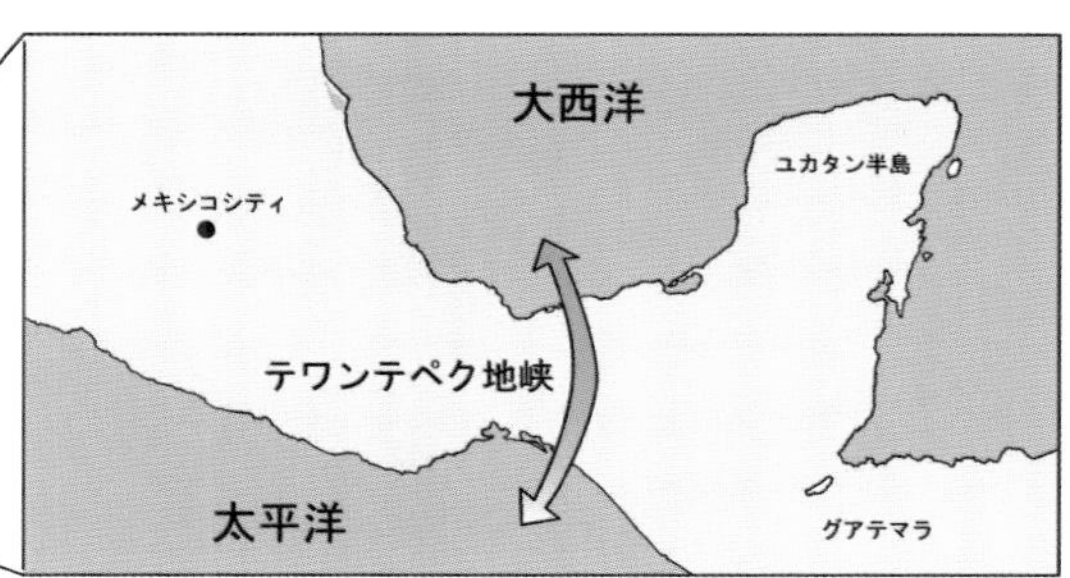


テワンテペク地峡はパナマ運河の候補にもなった場所ですが、それでも長さは 220km もあり、フトヘナタリには越えられません。しかし、渡り鳥にとっては渡りやすいハイウェイになっています。

干潟で休んでいたチドリの足をアシと間違えて登ってひっつき、そのまま運ばれてしまったのでしょうか？　どんなふうにフトヘナタリが鳥にヒッチハイクしたものか、空飛ぶフトヘナタリを想像するのはなかなか愉快です。

なんかメルヘンである…

## 2　フトヘナタリの第三の眼

フトヘナタリについて、もう一つ私が関心を持ったことがあります。それはフトヘナタリの第三の眼です。フトヘナタリは普通の二つの眼の他に外套膜のヘリに一個の外套眼を持っています。この眼は頭を殻の中にしまっていても、殻口のヘリから出すことができるようになっています。眼は中心部が黒く、その周りはオレンジ色の色素で囲まれています。単に明度差を感じるだけの眼ではなく、卵形のレンズや角膜などの組織を備えた立派なものです。

実はこの眼は古くから研究されていました。フトヘナタリ属（*Cerithidea*）の外套眼の存在を最初に記載したのはペルスナー（Pelseneer）で、一八九五年のことです。その後様々な種で研究が進み、この第三の眼はこの仲間の一般的な特徴であることが分かってきました。つまり、この愛らしい眼をもつ種は他にもたくさんいるようなのです。私

**フトヘナタリの第三の眼**

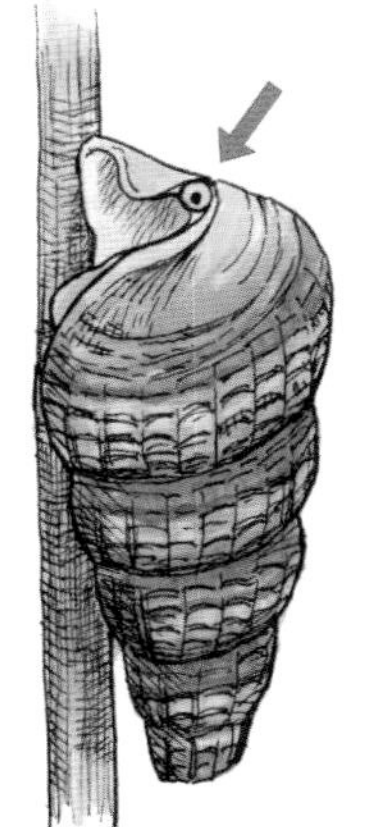

第三の眼は外套膜にあり、体を引っ込めても眼だけ出すことができる

は他の種類の眼はどんな風になっているのか、是非見てみたいと思いました。

### ◎フトヘナタリの起源

日本で第三の眼を持つ種類はどれくらいいるのでしょうか？　フトヘナタリの起源をたどりながら調べてみましょう。

フトヘナタリが属するキバウミニナ科（Potamididae）は中生代の白亜紀マーストリヒチリアン期（七二一〇万年～六六〇〇万年前）頃の化石記録が報告されています。そして、フトヘナタリ類はマングローブ環境と密接に関連して進化、適応放散（様々な環境に適応して多様に分化すること）してきたと考えられています。つまりアシ原を中心に暮らす日本のフトヘナタリは、先祖が暮らしていたマングローブ環境から離れて暮らすマイナーな仲間の一つなのです。現在も見られるキバウミニナ科には六つの属がありますが、そういうわけで日本で見られない属もあるのです。以下に六つの属と主な種を列記します。

①テレブラリア（*Terebralia*）属………マドモチウミニナ、キバウミニナなど
②テレスコピウム（*Telescopium*）属………センニンガイなど、現在日本では見られない
③ティンパノトノス（*Tympanotonos*）属………西アフリカの現生種一種［*Tympanotonos fuscatus* (Linnaeus, 1758)］、日本では見られない

④セリシデア（*Cerithidea*）属……フトヘナタリ、シマヘナタリ、イトカケヘナタリなど
⑤セリシデオプシス（*Cerithideopsis*）属……クロヘナタリなど
⑥ピレネーラ（*Pirenella*（*Cerithideopsilla*））属……ヘナタリ、カワアイ、ヤエヤマヘナタリ、ヌノメヘナタリなど

＊以前、フトヘナタリ属（*Cerithidea*）は三つの亜属［1 *Cerithidea sensu stricto*（狭義のフトヘナタリ属）、2 *Cerithideopsilla*（セリシデオプシラ亜属、*Pirenella*（ピレネーラ属）と同じ）、3 *Cerithideopsis*（セリシデオプシス亜属）］に分けられており、*Cerithidea* の亜属は部分的には歯舌の中歯の違いによって定義されていました。

このうち①の仲間は第三の眼を持っていません。②と③の仲間は日本では見られないのでひとまずあきらめました。④⑤⑥はみな第三の眼を持つようです。日本で見られるものは見てみたいと思いましたが、この仲間はもともとマングローブ林で発展した種類なので、南方に分布している種が多く、沖縄や石垣島、西表島などに行かないと見られない種がいたり、九州の干潟を訪れないとなかなか出会えない種が多くいました。そこで、年に何度か南方の干潟に出かけて、ヘナタリ類を探し、写真を撮りためました。日本で見られる全種を見るのが目的で、まだ目的は達成できていないのですが、私が見ることができた第三の眼の全てをご紹介します。

## 色々なヘナタリ類の第三の眼

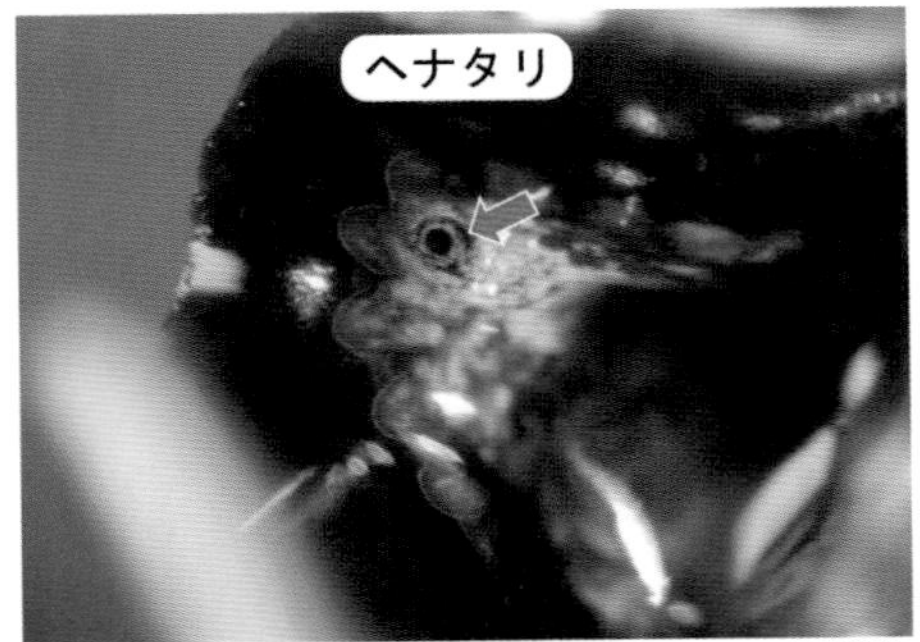

天草産

石垣島産

佐賀県唐津産

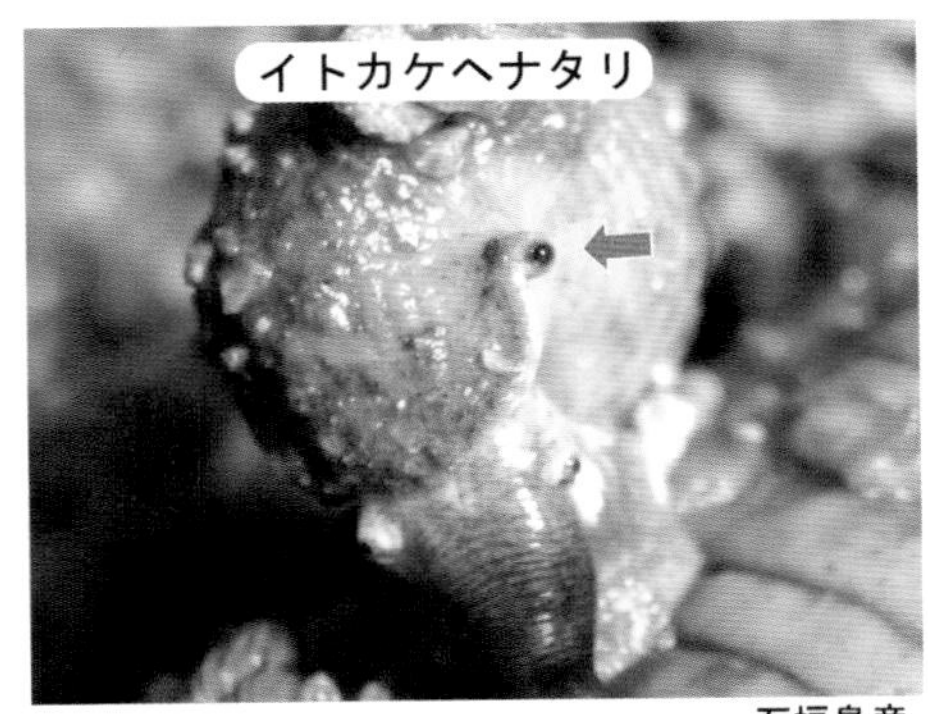

石垣島産

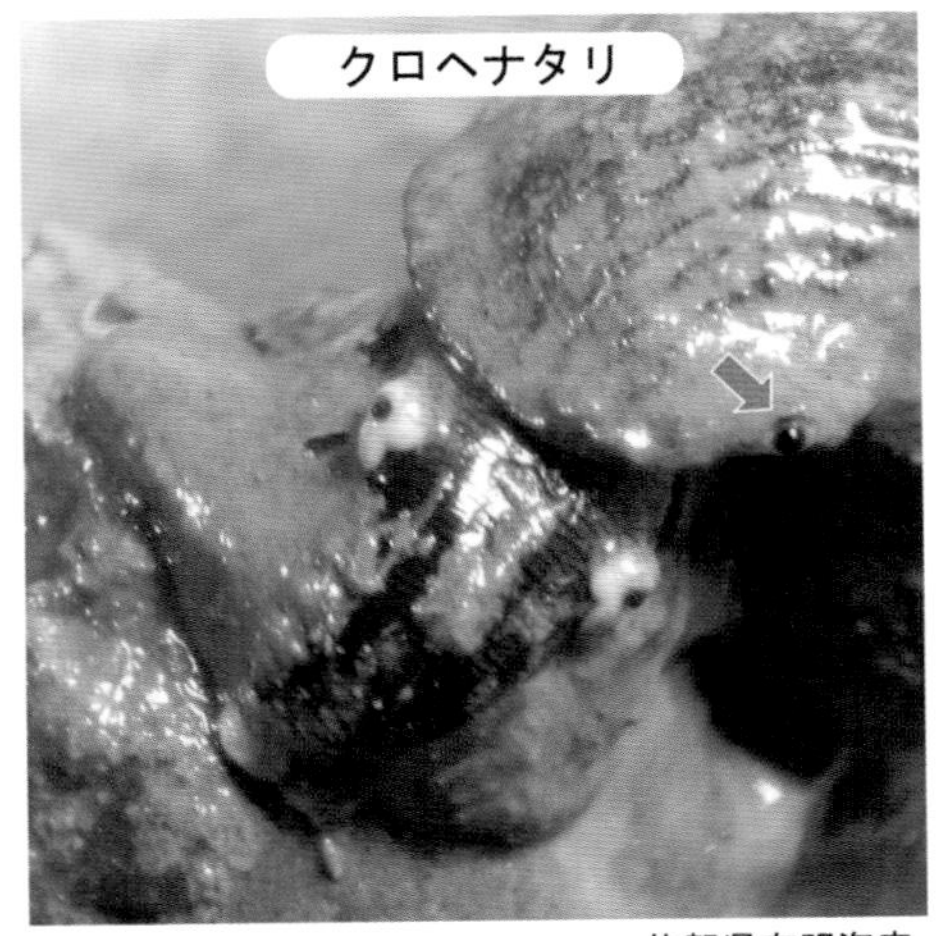

佐賀県有明海産

佐賀県有明海産

## ◎第三の眼は何のため？

色んな干潟に行き、色んな第三の眼を見ましたが、たくさん見るうちに、何のための眼なのかかえって分からなくなった気がします。休んでいても第三の眼だけを出しておけるのは、警戒するのに便利に思えましたが、休んでいても必ず第三の眼を出しているとは限りませんし、見えたところで彼らは殻に閉じこもって防御する以外のことをしないので、そんなに役に立たない気がするのです。第三の眼に関する様々な論文を読みましたが、これぞという説は無いようです。皆さんはどう思いますか？　長く調べられていても、まだまだ分からないことが山ほどある、生きものというのは本当に奥が深くてわけが分からず、つくづく面白いものです。

以前はどこにでも見られたヘナタリ類ですが、現在、関東地方ではほとんど見られなくなり、九州、西日本でも急速に個体数が減少しています。アシ原でほんのわずかひっそりと暮らし、アシ原から干潟の移り変わりをずっと見てきたフトヘナタリ、暮らしにくくなったアシ原からその第三の眼で何を見ているのでしょう。この我慢強くて魅力的な生きものがいつまでも健在であること、出来ることなら関東地方でもたくさん見られる日がまたやってくることを願っています。

# 貝の眼道入門

いや〜、今回も結局貝の眼でしたね。好きですね〜貝の眼
眼…
だって面白いじゃん、貝の眼

ん〜、そんなん我々となんか違います？
あま〜いっ！違うも違う大違いですよ！
こりゃ〜説明がいりますね！！

鳥も魚もトカゲも人も、脊椎動物は基本的に同じタイプのいわゆる「カメラ眼」を持っている。

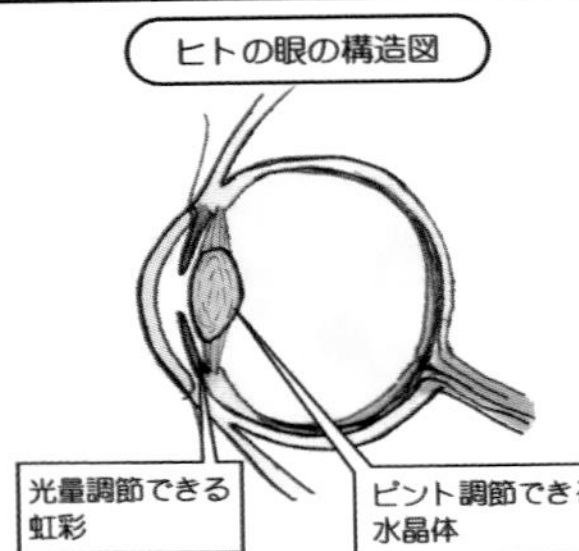


これは、ピント調節のできる**水晶体**と、光量調節のできる**虹彩**を持った、高度に進化したタイプの眼なんだ

脊椎動物の眼は高度ではあるけど、タイプは一つ。
その点、貝の眼は色々あって面白い。それを知るために眼の進化史を見てみましょう

カメラ眼が生み出されるまで、こんな過程を経て、眼は進化していったと考えられているんだけど、

下に示したどのタイプの眼も、貝類に見ることができるんだ！すごくないですか！？

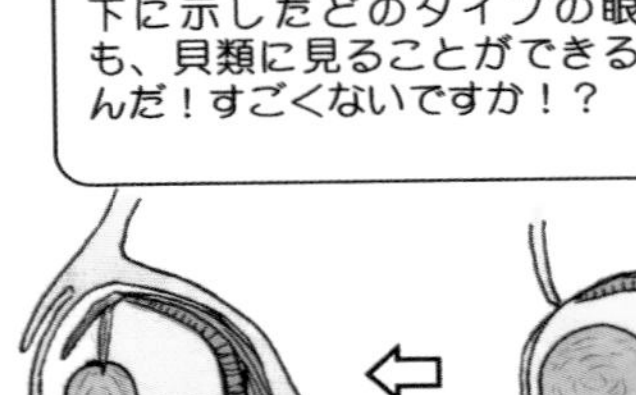
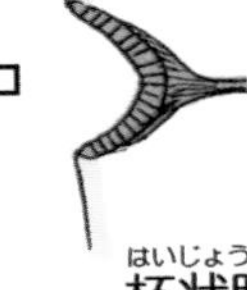
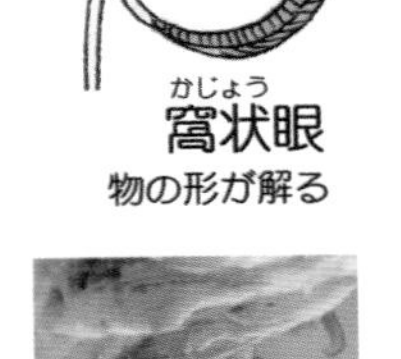

カメラ眼

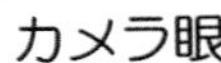

水晶体眼
多くの光を取り込める

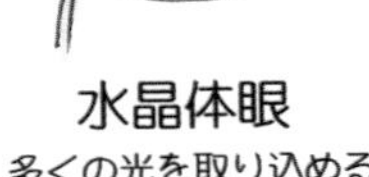

窩状眼（かじょう）
物の形が解る

杯状眼（はいじょう）
光の方向が解る

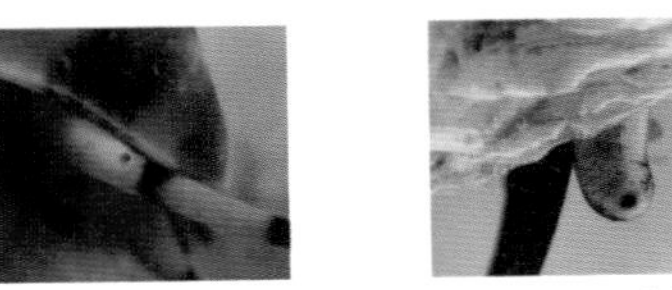
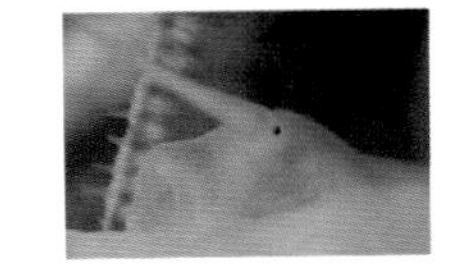

イカ・タコ　ホラガイ類　アワビ類　カサガイ類

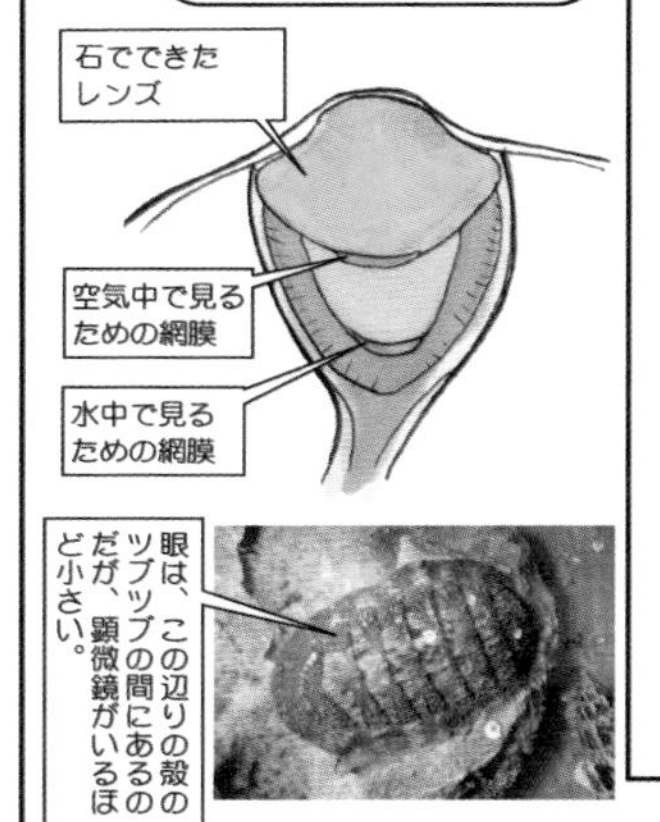


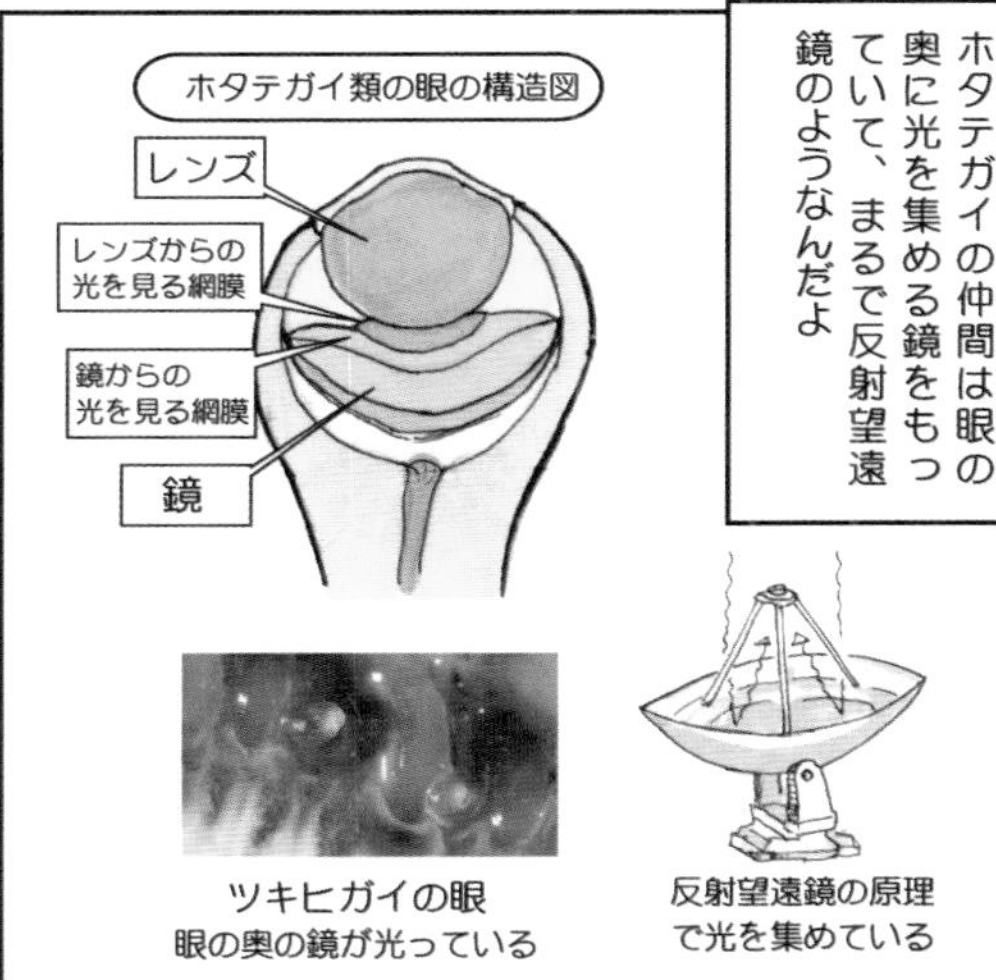

ツキヒガイの眼
眼の奥の鏡が光っている

反射望遠鏡の原理で光を集めている

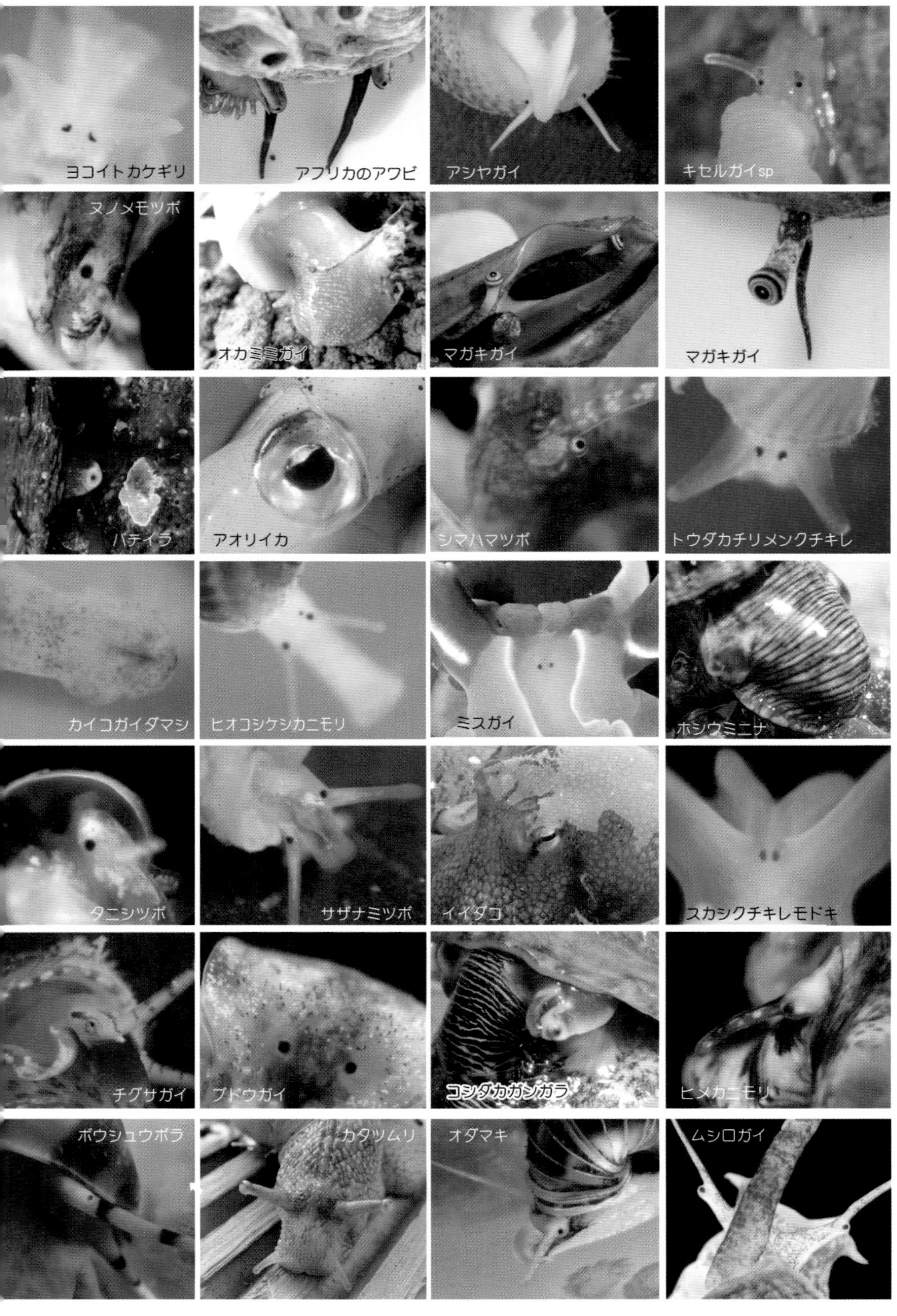
ヨコイトカケギリ
アフリカのアワビ
アシヤガイ
キセルガイsp
ヌノメモツボ
オカミミガイ
マガキガイ
マガキガイ
バテイラ
アオリイカ
シマハマツボ
トウダカチリメンクチキレ
カイコガイダマシ
ヒオコシケシカニモリ
ミスガイ
ホシウミニナ
タニシツボ
サザナミツボ
イイダコ
スカシクチキレモドキ
チグサガイ
ブドウガイ
コシダカガンガラ
ヒメカニモリ
ボウシュウボラ
カタツムリ
オダマキ
ムシロガイ

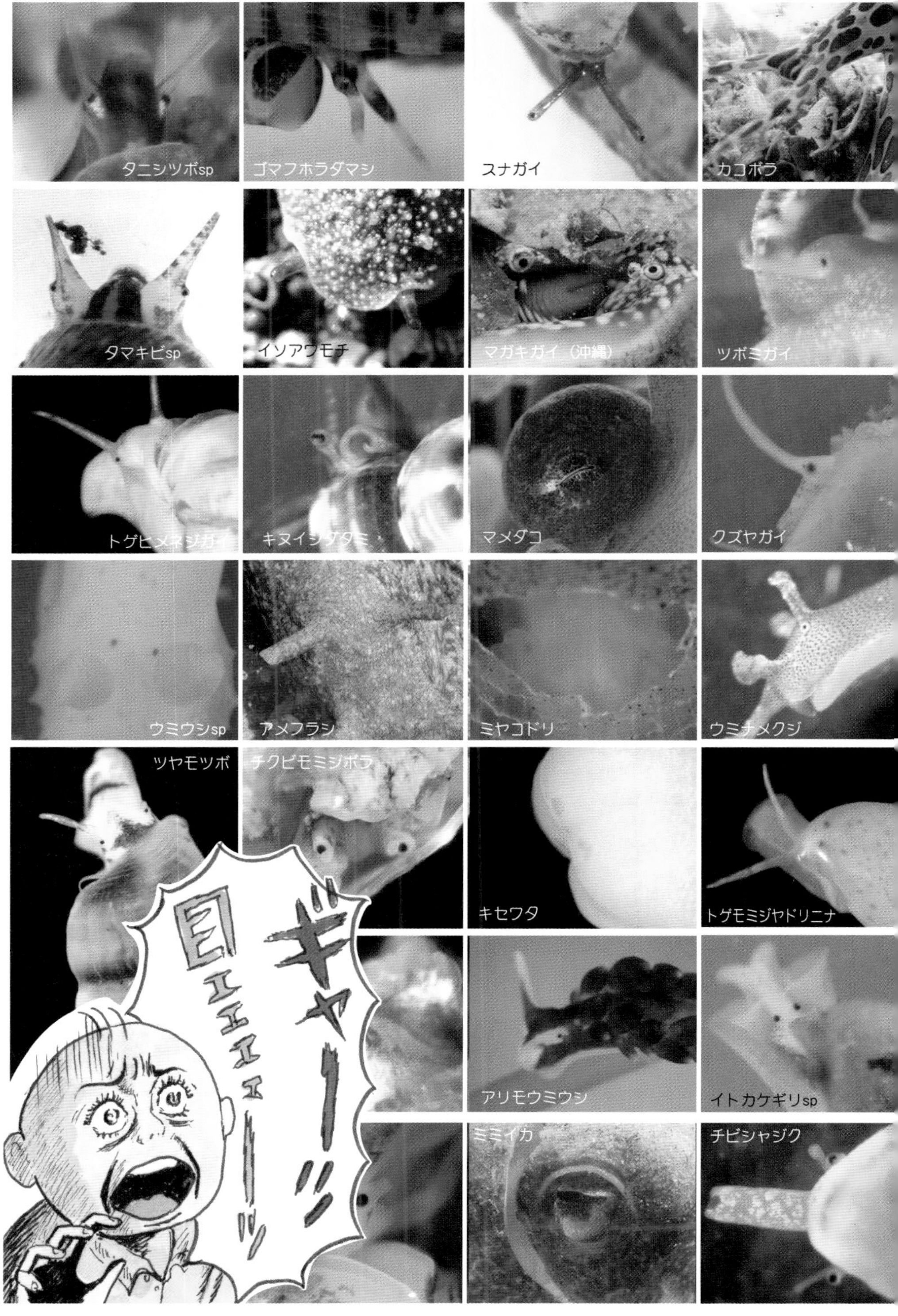
タニシツボsp
ゴマフホラダマシ
スナガイ
カコボラ
タマキビsp
イソアワモチ
マガキガイ（沖縄）
ツボミガイ
トゲヒメネジガイ
キヌイシダタミ
マメダコ
クズヤガイ
ウミウシsp
アメフラシ
ミヤコドリ
ウミナメクジ
ツヤモツボ
チクビモミジボラ
キセワタ
トゲモミジヤドリニナ
アリモウミウシ
イトカケギリsp
ミミイカ
チビシャジク
ギャーーッ
目ェェェェーーッ

カメラオブスキュラ
camera obscura（暗い部屋の意）

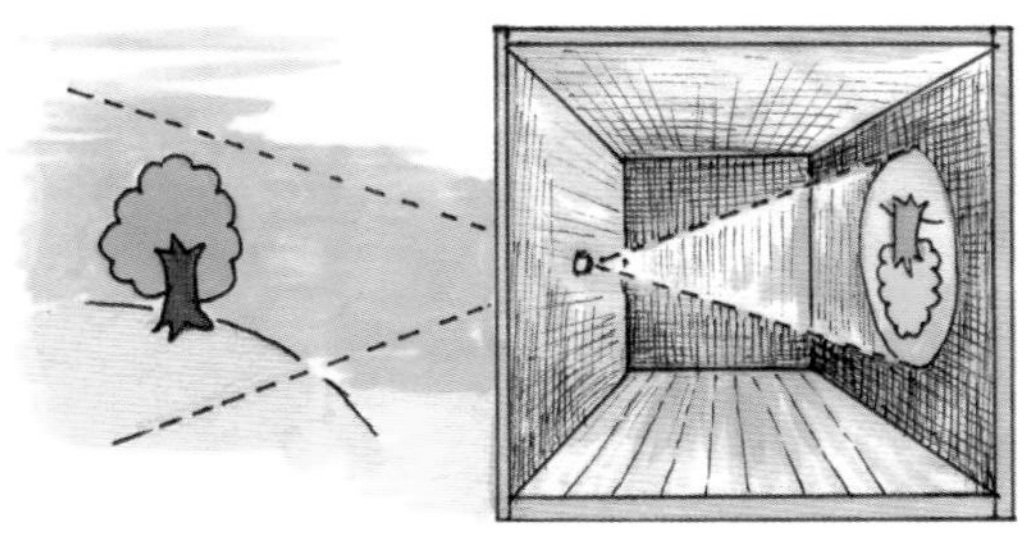

カメラの起源になった道具で、小さな穴を通った光が、壁に反転した世界を映し出す。古くから風景を描き写すために使われ、フェルメールなども使っていた。

カメラの起源はただ、箱に穴を開けただけのものだった。不思議なことにこれでちゃんと結像するんだ。

針穴を開けるだけだから、ピンホールカメラとも呼ばれるよ。

原始的な眼である窩状眼の仕組みはこれと全く同じものなんだ

アワビやオウムガイなどは原始的な窩状眼をもっていて、眼球の中にはレンズは無く、海水が入ってるだけで、入口がピンホールになってる

眼球内には海水が入っているだけ

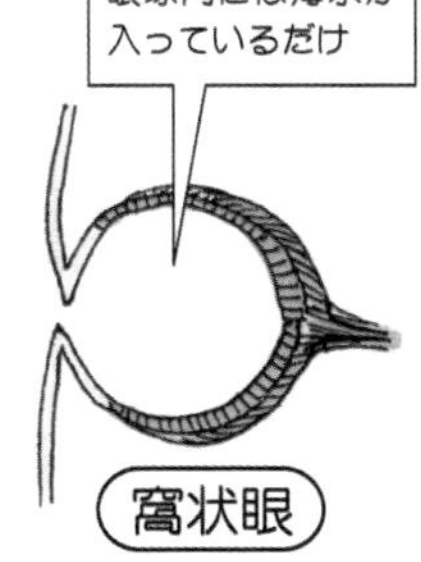


ピンホールアイともいう

単純だけど、対象の形はわかるから、明暗や方向しかわからない頃より、飛躍的に進歩してる。

しかし、単純な分欠点もあって…

ピンホール式は光を絞って結像させるので、どうしても暗くなってしまう
他にも、ピントが甘い、ピント調節が出来ないなど問題が多い

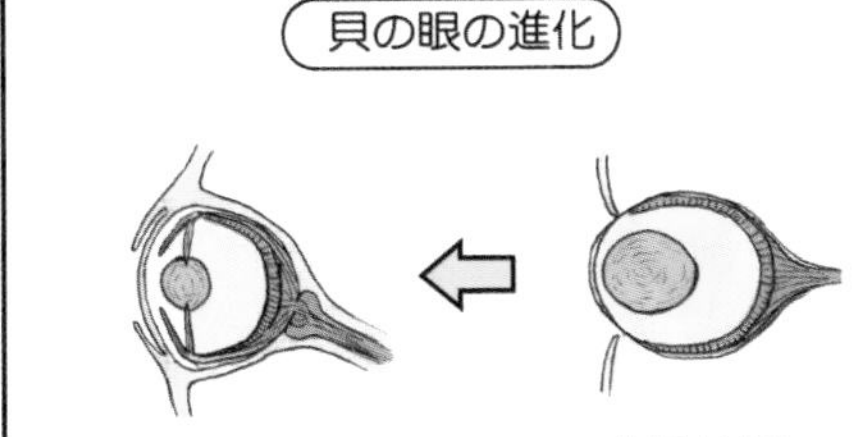
貝の眼の進化
カメラ眼
水晶体眼
貝の眼も進化の過程でレンズ、絞り、ピント合わせ機能などが出現するんだけどカメラの進歩とそっくりでしょう？

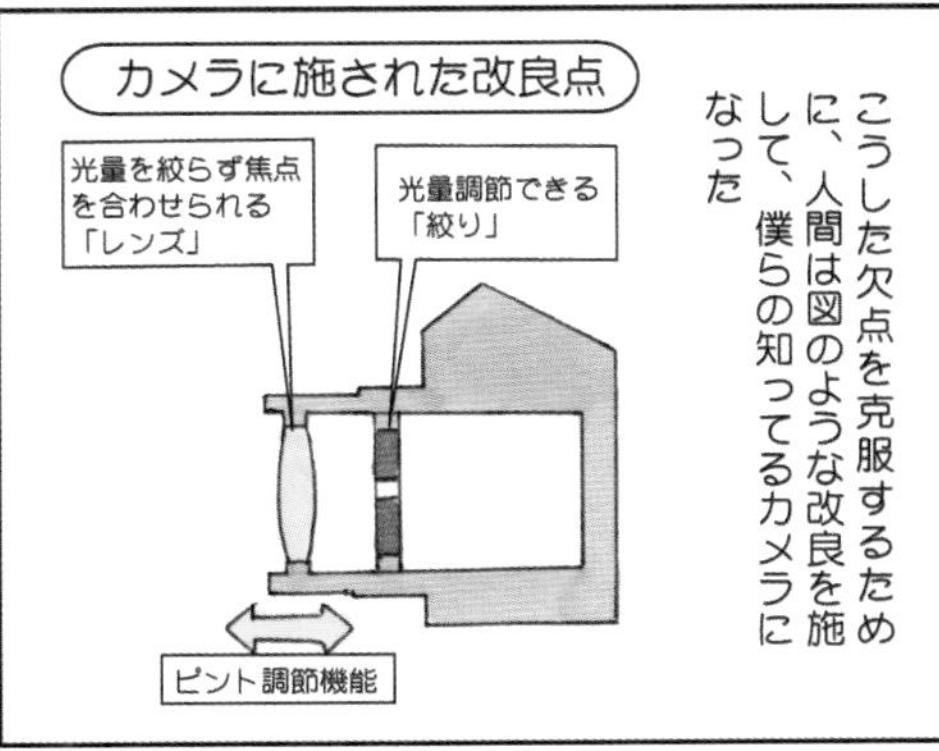
カメラに施された改良点
こうした欠点を克服するために、人間は図のような改良を施して、僕らの知ってるカメラになった
光量を絞らず焦点を合わせられる「レンズ」
光量調節できる「絞り」
ピント調節機能

いや～ほんとそっくり。興味深いっすね～
ほんと不思議だよね。面白い
脊椎動物、軟体動物、人の作ったカメラ、来歴の全然違うものが、そっくりの構造にたどり着くのが実に興味深い

しかし、なんで貝には色んなタイプの眼が残ってるんですかね
?
あんまり視覚によらない暮らしをする者が多いからだろうけど何億年も前の眼を使い続けるなんてねぇ
のんびりした話だよね
イカのように高度な眼を持つものもいれば、何億年も前の古い眼を使い続けるものもいる…
この多様さと歴史の長さが、貝という生きものの面白さだと思う

では！眼の写真まだまだありますから、
一緒に見ましょう！
ヤドカリの眼もあるよ～
ヒイ～～

なんかちょっと眼の面白さわかってきましたよ！
そりゃ良かった！眼はね、すっごく面白いんですよ！
ウンウン
解ってもらえてウレシイ

小倉さんは、イトカケギリの眼の
形がカワイくて好きだそうである。
ツウだなあ…

# 第四章

# 干潟のウミウシたち

# 干潟歩き入門日記

## 干潟のウミウシの巻

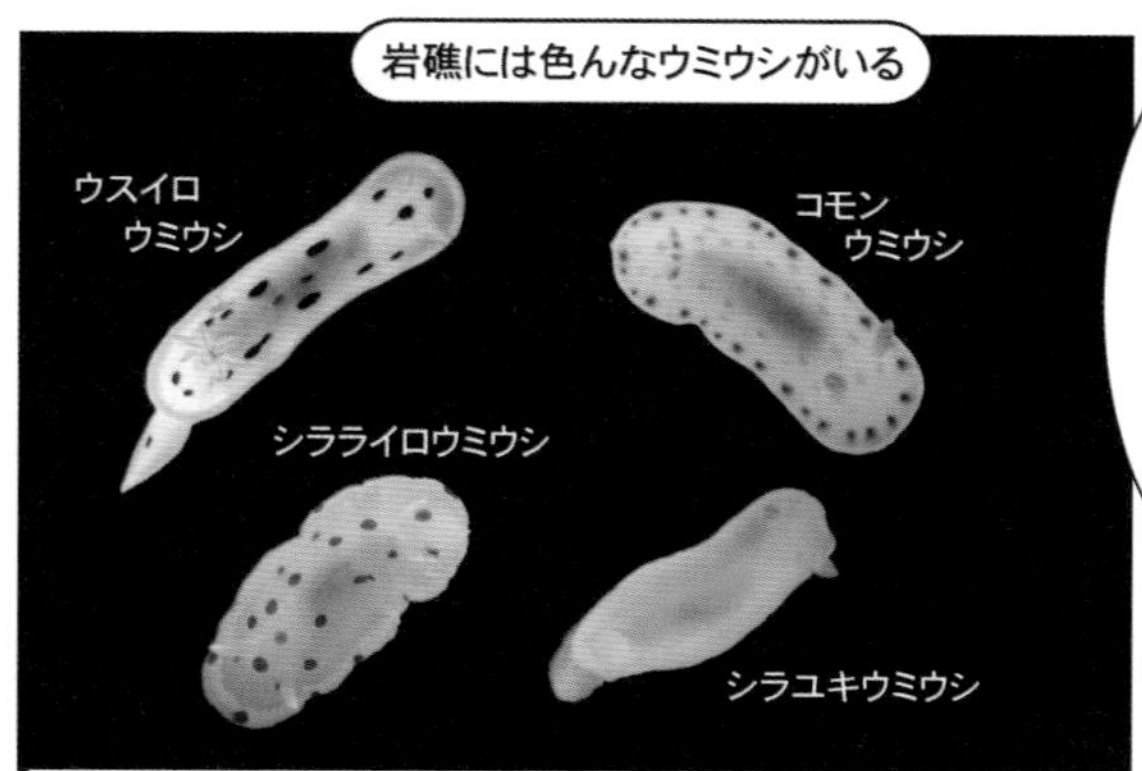


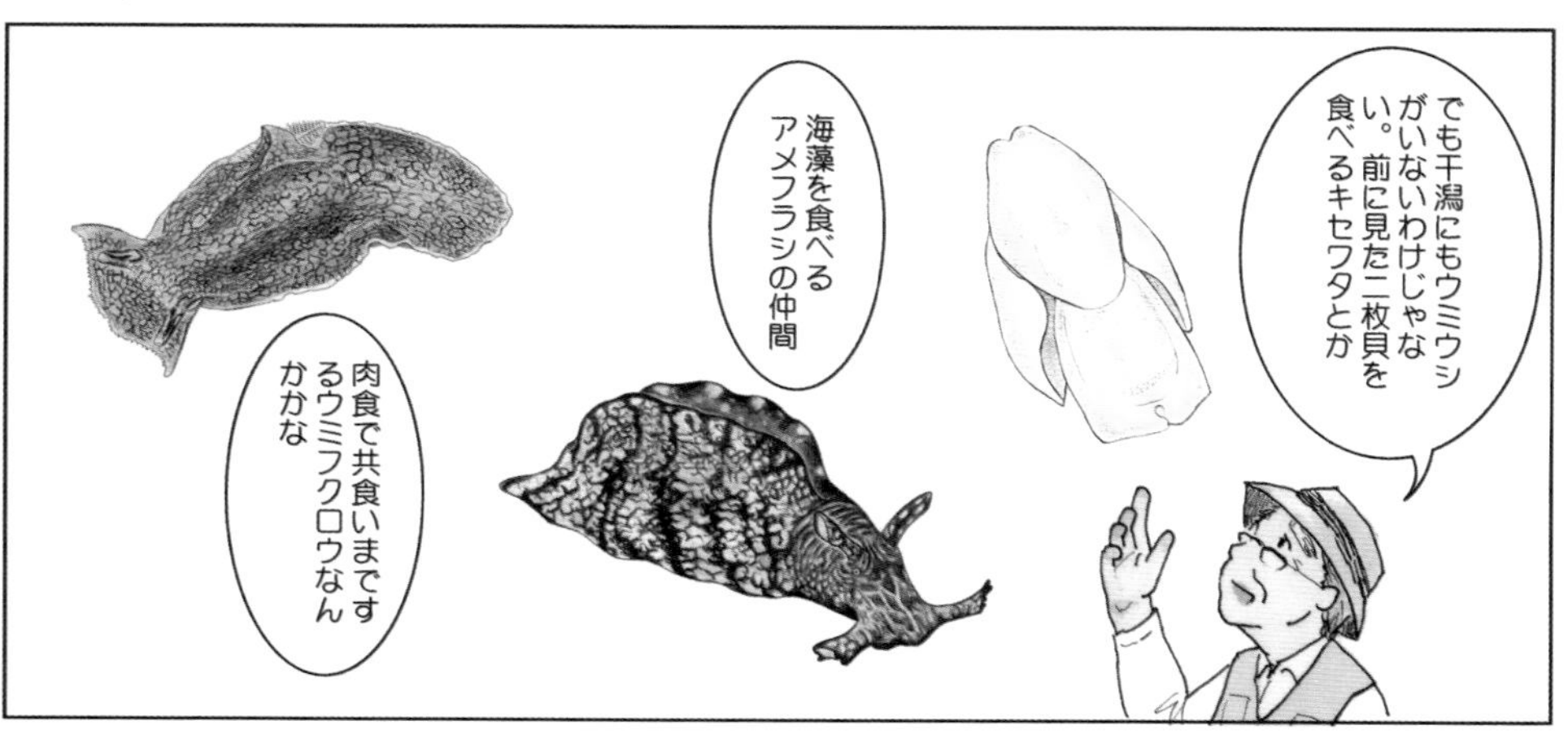

そうか、あの子たちもウミウシか、でもちょっと地味ですよね
まあ派手な子は岩礁に多いよね。
でも、干潟にも凄いウミウシいますよ
秋に現われるイズミミドリガイとか
流れ藻に付いてくるヒラミルミドリガイ
同じく流れ藻に付いてくるコノハミドリガイなど囊舌(のうぜつ)類のウミウシたちだ
どの子もキレイな緑色。まるで植物。
それもそのはず、この緑は葉緑体そのものの色だからね
え?この子達、葉緑体持ってるんですか?動物なのに?
んなバカな!
この子達は食べた海藻から葉緑体をお腹の中で、選り分けて取り込んでるんだ
実際問題どうやってんだろね?
葉緑体だけ消化しないってんですかあ?そんなメチャクチャな!
あり得ない!
さらに凄いことにその葉緑体でちゃんと光合成もしてるんだよ。
盗葉緑体といいます
さ、さすがにそこまで行くと、嘘くさくないっすか?
エ〜ッ?
でも現実なんだよね干潟のウミウシも中々やるもんでしょ
いや〜生物ってスゴイ事するね〜
なんだかSFチックなウミウシが出てきました詳しくは本編で!

# 1 ウミウシたちのユニークな食事

## ◎エサから毒を取り込み、防御に活かす

私は柔らかい生きものが好きなので、ウミウシが大好きです。以前は図鑑や情報も限られたものでしたが、近ごろは美しい図鑑もたくさん出て、ウミウシブームといってもいいほどの状態です。人気のわけはウミウシのユニークで多様な形や、ハッとするようなカラフルな色合いにあるのでしょう。しかし、ウミウシの面白さはそこにとどまりません。私が特に興味を惹かれるのはウミウシの多様でユニークな食事です。

ウミウシの多くは肉食です。肉食といっても動物にかぶりつくようなものは少数派で、多くは動かない動物であるホヤ、コケムシ、カイメンなどの付着生物を食べています。これらの生物は動物ではありますが動かないため、植物のようにさまざまな化学物質で防御を固めています。ありていにいうと動けなくても食べられないように不味かったり、有毒だったりするのです。ウミウシたちはこうした化学的防御をものともせずにエサにするばかりか、その防御物質を取り込み、自身の防御に使っています。どんな方法を使って、食物に含まれる無数の成分の中から有効成分だけを選び出し、毒にやられることもなく取り込み、ため込むのか、謎だらけなのですがウミウシたちは確かにそれを行っているのです。

ウミウシは殻も骨もなく、お刺身が歩いているようなものなので、「マズい」というのは大変有効な

カツオノエボシ

猛毒を持つクラゲ

アオミノウミウシ

*Glaucus atlanticus*

カツオノエボシなどについて外洋で暮らすウミウシ。幻想的な姿からブルードラゴンなどとも呼ばれる。カツオノエボシの猛毒の刺胞をものともせず食べ、かつそれを取り込んで自分の防御に利用する。1cm 未満の小さなものが多い。

ゼニガタフシエラガイ

*Pleurobranchus forskalii*

ホヤを食べ、そこから硫酸を作り出して特殊な皮膚線にため込み、刺激されると強力な酸を分泌する。写真はホヤのたくさんついた小網代湾のいけすから採集したもの。

防御なのでしょう。それを証拠に魚屋さんにウミウシが並ぶことはありません。ウミウシの中にはただ化学物質を取り込むにとどまらず、さらに手を加えて強力な物質にしてしまうものもいます。フシエラガイの中にはホヤを食べ、そこから硫酸を作り出し、特殊な皮膚線にため込むものもいて、これなどは食べようものなら口の中に硫酸をぶちまけられるわけで、マズいでは済まされない大惨事になりそうです。実際、水族館で行われた実験では魚もタコもエビもみなこのウミウシを嫌がって食べなかったそうです。

化学物質よりはるかに大きなもの、細胞を丸ごと取り込んでしまうウミウシもいます。クラゲは飛び出す毒針のしこまれた刺胞（しほう）という細胞をもっていますが、ミノウミウシの仲間にはクラゲを食べ、食べたクラゲから刺胞細胞を取り込んで自分の防御に使うものがいます。これは「盗刺胞（とうしほう）」と呼ばれ、驚くべきことにミノウミウシの多くがこの盗刺胞を行います。食べ物から毒や毒針を選り分けて体に取り込むなど、実際に観察できない限り想像もつかない現象ですが、ウミウシの世界ではありふれた現象で、彼らからするとそれほど特別なことではないのかもしれません。それにしても一体どういう内臓をしているのでしょう？ 不思議でなりません。しかし、こうした驚きの技をさらに上回るウミウシがいるのです。

## ◎光合成をするウミウシ

その不思議なウミウシとはイズミミドリガイ、小網代干潟で見られるのはアオノリ（*Enteromorpha*（エンテロモルファ）

sp.）の緑が目立つようになる八月から九月頃、干潟の澪筋（ミオスジ）あたりにたくさん現れることがあります。黒い体に、鮮やかな緑色をしたフリルをなびかせた美しいウミウシです。イズミミドリガイはウミウシの中でも、嚢舌類（のうぜつるい）（Sacoglossa）に含まれ、この仲間の多くが美しい緑色をしています。実はこの緑色は単に藻に似せて緑なのではなく、ちゃんと光合成をする葉緑体がはいっていて、日に当たるだけでエネルギーが得られるという、動物界随一の変わりものなのです。

光合成をする動物は他にもサンゴやシャコガイなどが知られていますが、これらの動物は単細胞性の藻類である渦鞭毛藻類（うずべんもうそうるい）を体内に取り込み、これらが光合成によって作り出すエネルギーを利用しています。つまり、光合成できる独立した生きものに棲みかを与える代わりに栄養をもらうという共生関係なわけですが、イズミミドリガイは食べ物の海藻から葉緑体を盗んで体に蓄え、光合成させるという離れ業を行っているのです。これは盗葉緑体（とうようりょくたい）（kleptoplasty）と呼ばれ、多細胞生物では嚢舌類のウミウシでしか確認されてない現象です。

盗葉緑体は単体で生きていける藻類を飼う共生関係とはわけが違います。細胞器官のうち、自分に役立つものだけを取り出して機能させるわけで、たとえるなら他の生きものを食べるとき、心臓や肝臓などの器官が自分に役立つというので体に取り込んで、しかもそれをちゃんと体内で機能させるようなもので、にわかに信じ難いとても異様なことが起きているのです。一体どうすれば海藻から葉緑体を盗み、機能させるなどということができるのでしょうか？

## 嚢舌類の口の構造

嚢舌類の口は海藻の中身を吸い出すために特化した、大変特徴的な構造をしています。これは他のウミウシには見られない独創的なものです。

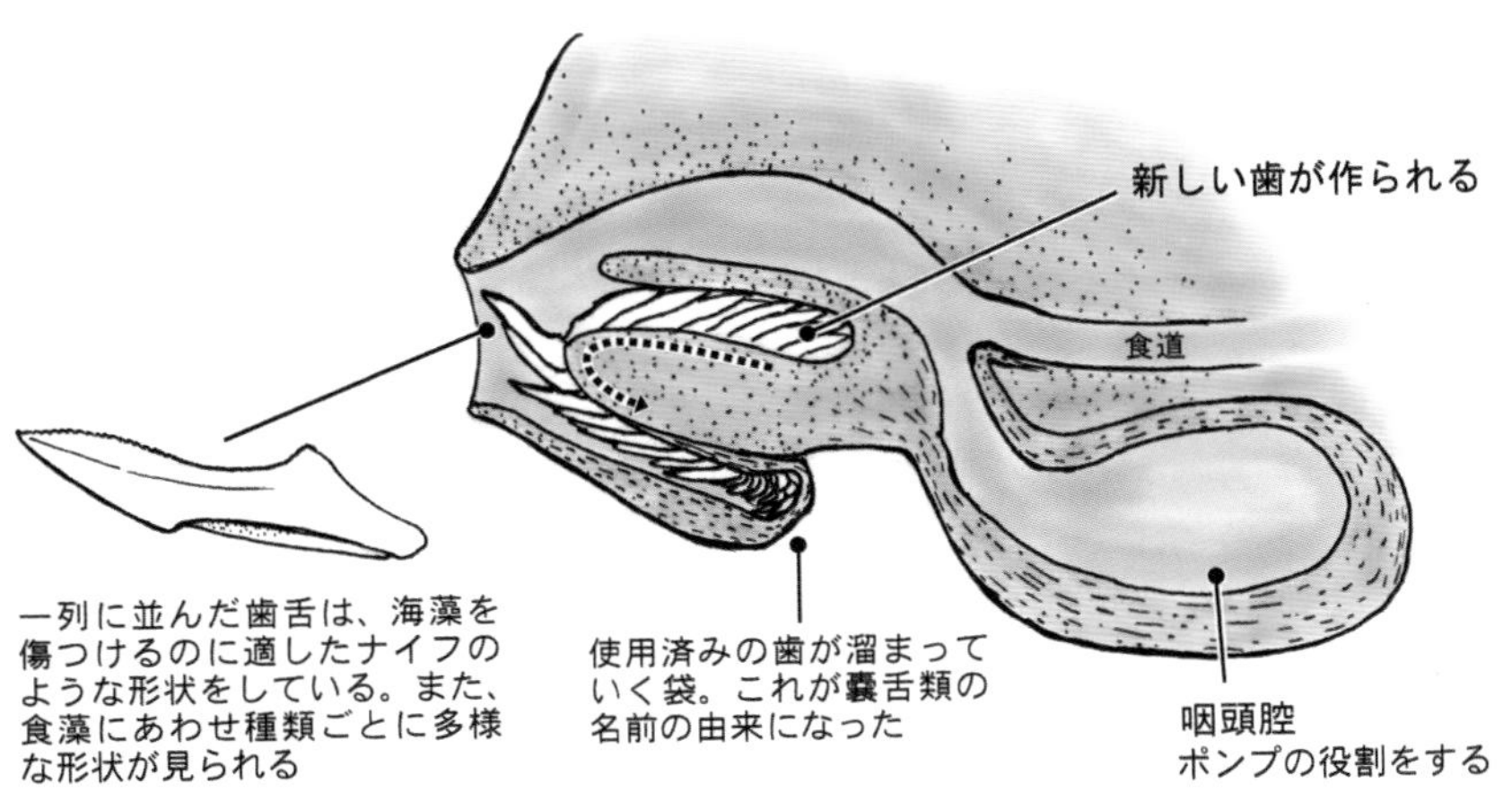

新しい歯が作られる
食道
一列に並んだ歯舌は、海藻を傷つけるのに適したナイフのような形状をしている。また、食藻にあわせ種類ごとに多様な形状が見られる
使用済みの歯が溜まっていく袋。これが嚢舌類の名前の由来になった
咽頭腔
ポンプの役割をする

海藻から取り込まれた細胞液、葉緑体などは、胃に送られますが、胃では葉緑体は消化されず、食物の消化や吸収を行う中腸腺に運ばれ、ここで葉緑体だけを選り分けて取り込まれます。

中腸腺は人間には無い器官で、肝臓とすい臓を合わせたような機能があり、ウミウシの体中に広がっています。

## ◎葉緑体を取り込む嚢舌類の食事

嚢舌類はその多くがアメフラシと同じベジタリアンですが、その食事方法はなかなかユニークです。多くの巻貝では、口にある歯舌(しぜつ)は歯が横に並んでいてヤスリのようになっているものが多いのですが、嚢舌類のウミウシの歯舌は一列で、鋭いナイフを繋げたような構造をしています。このナイフのような歯舌を使って海藻の表面に小さな穴を開け、中の細胞液を吸い取るという独特な方法で食事します。嚢舌類の多くがミルやハネモ、イワヅタなど大型の多核細胞を持つ、管状の緑藻類を食べているのですが、それは嚢舌類にとって食べやすいからのようです。管状緑藻類の内部は細胞壁で区切られておらず、いわば、皮の内側に海藻ジュースを満たしたような状態なので、一つ穴を開けるだけでたくさんの中身を吸い取ることができ、効率よく食事ができるのです。

こうして取り込まれた細胞液、葉緑体、その他が胃に送られますが、胃では葉緑体は消化されず、食物の消化や吸収を行う中腸線(ちゅうようせん)に運ばれます。中腸線は軟体動物や節足動物に見られる消化器官で、サザエを食べたとき上手く剥くと緑色のクルクルが出てきますが、あれが中腸線です。人間には無い器官で、あえて言うなら肝臓と膵臓(すい)を合わせたような器官です。ここで葉緑体だけを選り分けて取り込むわけですが、この過程には謎が多く、詳しい仕組みは分かっていません。

## ◎盗葉緑体の研究

嚢舌類による盗葉緑体の記録は意外に古く、一八八三年にブラント（Brandt）によって嚢舌類の *Elysia viridis*（エリシア ヴィリディス）から緑藻のようなものが単離され、緑藻との共生が示唆されました。その後、嚢舌類が葉緑体を保持していることがブリュエル（Bruel）によって最初に記載されました（一九〇四年）。この研究はその後は特に発展しませんでしたが、一九六五年、日本の川口先生と彌益（やます）先生がクロミドリガイにおいて再発見し、大きな注目を浴びることとなりました。そして今日に至るまで様々な研究がなされ、色々なことが分かってきました。

ひとたび見つかってみると、葉緑体を盗む嚢舌類はたくさんいて、様々な段階があることが分かってきました。つまり、葉緑体を取り込んでも、それに光合成をさせておける期間はまちまちだったのです。二〇〇七年のエバートセン（Evertsen）先生たちの研究ではこれを八つのレベルに分けています。

レベル１：光合成による炭素固定がない
レベル２：光合成による炭素固定が二時間続く
レベル３：光合成による炭素固定が二四時間以上続く
レベル４：機能的な葉緑体を保持し一日以下で光合成のできる状態
レベル５：一日から七日まで機能的な葉緑体を保持

レベル6：七日から三〇日まで機能的な葉緑体を保持
レベル7：三〇日から九〇日まで機能的な葉緑体を保持
レベル8：九〇日以上機能的な葉緑体を保持

葉緑体を取り込んで、鮮やかな緑色になっているのに光合成できないものもいれば、半年もの間、光合成能力を維持できるものまでいます。こうした違いがあるのは元々ただ葉緑体を取り込んで養分や保護色の材料として利用していたものが、光合成能力を維持できるようになっていった進化の歴史の名残なのかもしれません。

また、取り込まれた葉緑体についても研究されています。機能的な葉緑体を保持できる種の最も普通の食事はハネモ目（Bryopsidales）の緑藻類でした。この中でミル科（ミル）とイワズタ科（ヘライワヅタ）は葉緑体の自立性と安定性が陸上植物のものと比べて高いことが分かりました。

植物の葉緑体の起源はラン藻のような原核光合成細菌で、これが植物細胞の祖先の細胞内に取り込まれ共生したのが始まりです。そして進化の過程で現在のような細胞のなかの一器官になったものです。陸上植物などでは自立性が失われ、細胞から引き離されると機能できないのですが、ミル属、イワヅタ属、フシナシミドロ属等の管状緑藻の葉緑体は自立性が維持されていて、細胞から離れても機能を維持できるようです。また安定性も高く、浸透圧ストレス、界面活性剤や熱処理や超音波処理などにも耐える丈夫さを持っていることが分かりました。こうした自立性や安定性の高さが盗葉緑体現象を可能にしているのかもしれません。また、いつ取り込むのかという時期なども葉緑体の保持に影響があるようです。

以上のように盗葉緑体については生化学的にはかなり研究されてきていますが、盗葉緑体がウミウシの生活史においてどのような役割をしているのかはまだよく分かっていません。最近の研究ではイズミミドリガイが暗闇に留められているときにだけ、イズミミドリガイの盗葉緑体の光合成の活性が長期間維持され、長期（最長五ヶ月近く）の飢餓状態に耐える能力があることが報告されています。そして、連続的な強い照明にさらされているイズミミドリガイの盗葉緑体の光合成の活性は三日から四日しか続きません。このような結果から、イズミミドリガイは葉緑体を連続的に取り込んでおかなければ、光合成能力を維持できないため、生き残りに対して、葉緑体の寄与はごく小さい可能性があります。一度食事をして葉緑体を取り込めば、そのあとはしばらく日に当たるだけで悠々自適とはいかないようなのです。

また、盗葉緑体による光合成がウミウシの生存と成長にどのような影響を与えているのかが、ヒラミルミドリガイとチドリミドリガイの飼育実験によって調べられています。この実験の結果では、生息地にエサの緑藻類が豊富なヒラミルミドリガイでは四日以内に光合成機能が著しく低下しましたが、生息地にエサの緑藻類が非常に少なかったチドリミドリガイの光合成機能は実験期間の一七日間ほとんど低下しませんでした。このようなことから盗葉緑体の保持期間の違いは生息地でのエサとなる緑藻類の豊かさにも左右され、食べ物が豊富なら葉緑体に光合成させるより、どんどん食べたほうが効率的なのかもしれません。嚢舌類のウミウシにおける盗葉緑体がエネルギーを得る緑のソーラーパネルであると見なす方向から、緑の貯蔵食料であると見なす方向へ最近の研究は向かっているようです。

盗葉緑体の論文を初めて読んだとき、世界にはすごい生きものがいるものだ！と驚いたものですが、その後私にとって一番身近な小網代干潟で、イズミミドリガイの他にコノハミドリガイ、ヒラミルミドリガイ、ミドリアマモウミウシの計四種もの光合成するウミウシに出会いビックリしました。これらの種は小さくて保護色も見事なので見つけにくくはありますが、さほど珍しい種類ではありません。そうした普通に見られる種類が盗葉緑体という離れ業をこなしているところに、生きものの面白さ、奥深さがあるような気がします。江良さんにこの四種の絵を描いてもらいましたので次ページをご覧ください。みなどこか海藻っぽいのが面白いです。海藻を食べてるうちに似てしまったのかもしれませんね。

# 盗葉緑体をするウミウシたち

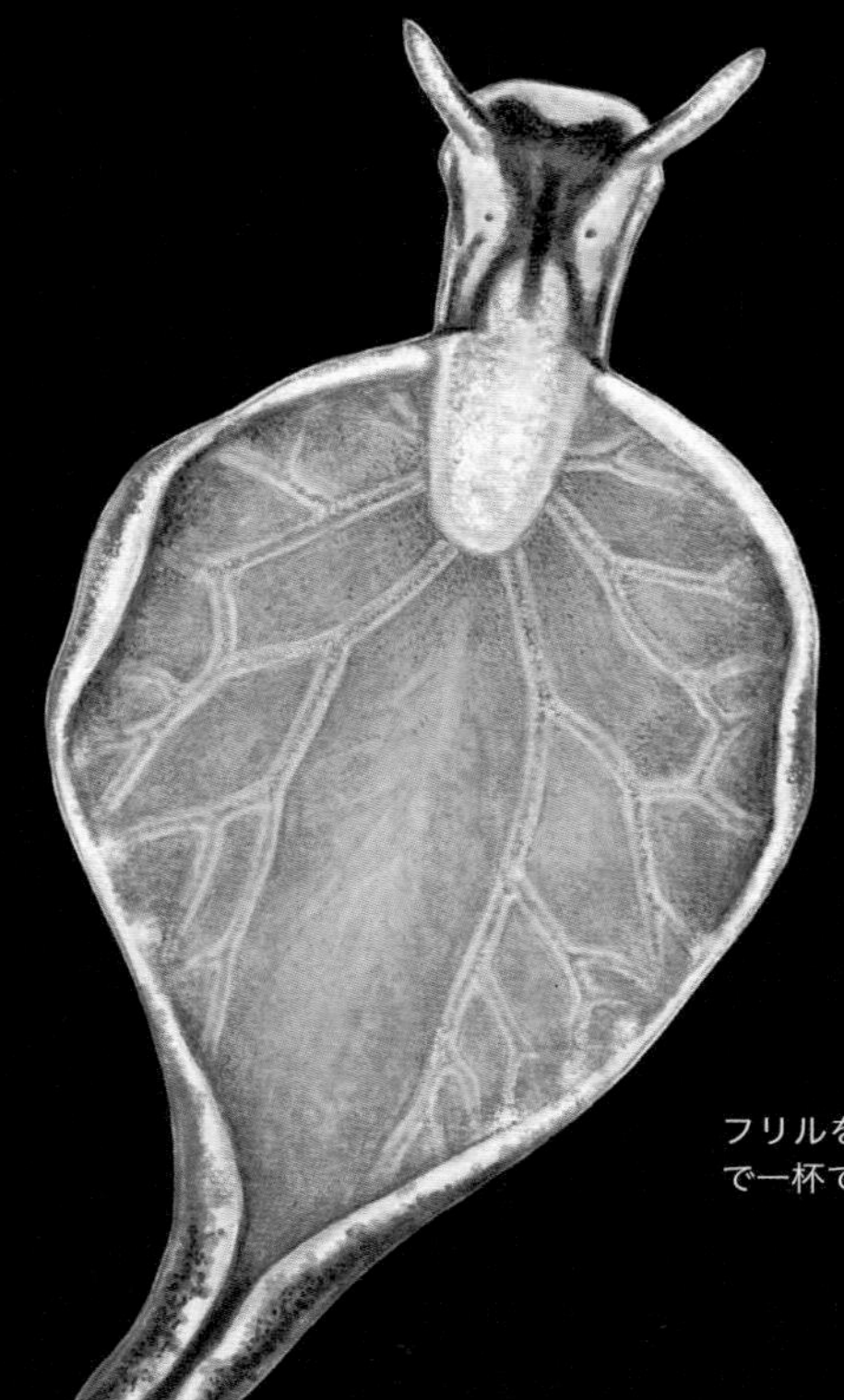

## イズミミドリガイ

*Elysia nigrocapitata*

体長 1cm ほどになる。ヒラアオノリなどを好み、干潟でもよく見られる

フリルを開くと葉緑体で一杯で葉っぱのよう

普段はナメクジ形だが…

## ヒラミルミドリガイ

*Elysia trisinuata*

体長 3cm ほどになる。緑藻のミル類につく。顔がカワイイ

盗葉緑体をするウミウシたちはみな
どこか海藻っぽく見えるのが面白い

## ミドリアマモウミウシ

*Placida babai*

体長 1.5cm ほどになる。体は透明だが、緑色の中腸線が体中に張り巡らされているので、緑色に見える。食事中に顕微鏡で見ると中腸線を葉緑体が動いてゆくのが見える

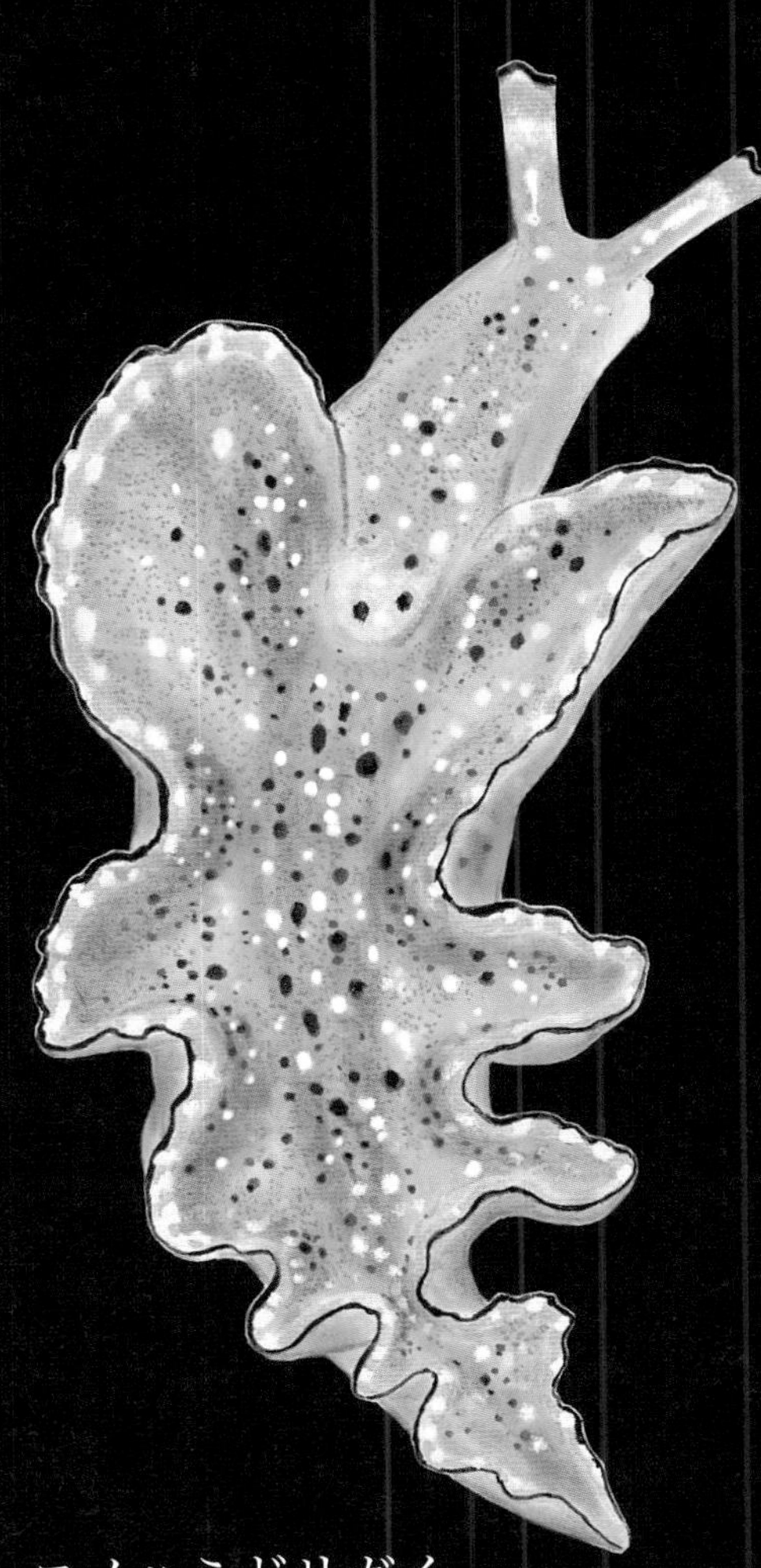

## コノハミドリガイ

*Elysia marginata*

体長 3cm ほどになる。緑藻のハネモ類につく。色鮮やかでとても美しいウミウシ

# 干潟歩き入門日記

## アメフラシの歯はピラミッドの巻

調査開始から二年たったころ、小網代干潟はアオサで埋め尽くされました
漂着したアオサ
アオサは大量に漂着すると、悪臭や底生動物の死滅など悪影響が大きく、近年問題視されています。

緑のトコは皆アオサ
小網代干潟でも貝などが減って調査もピンチに…

いや～貝も減って参りましたね。これが「緑潮」ですか
今年は他の場所もアオサすごいらしいし、やっぱり海洋汚染とかなんですかね
まぁそれも関係はあるだろうけど、どうなのかなぁ

僕が小網代を見た三十年間で、アオサの大発生はこれで3回目、
生きものってなんか分かんないけど周期があるじゃない。今回もそれかな、と

アオサの大発生も海のライフサイクルからすると、これぐらい織り込み済みなんじゃないのかなぁ
それにアオサ大発生も全生物に悪いってわけじゃない

一部のカニなんかスゴイ増えるしね
ベニツケガニ

普段珍しいのに
この時はスゴイ増えた

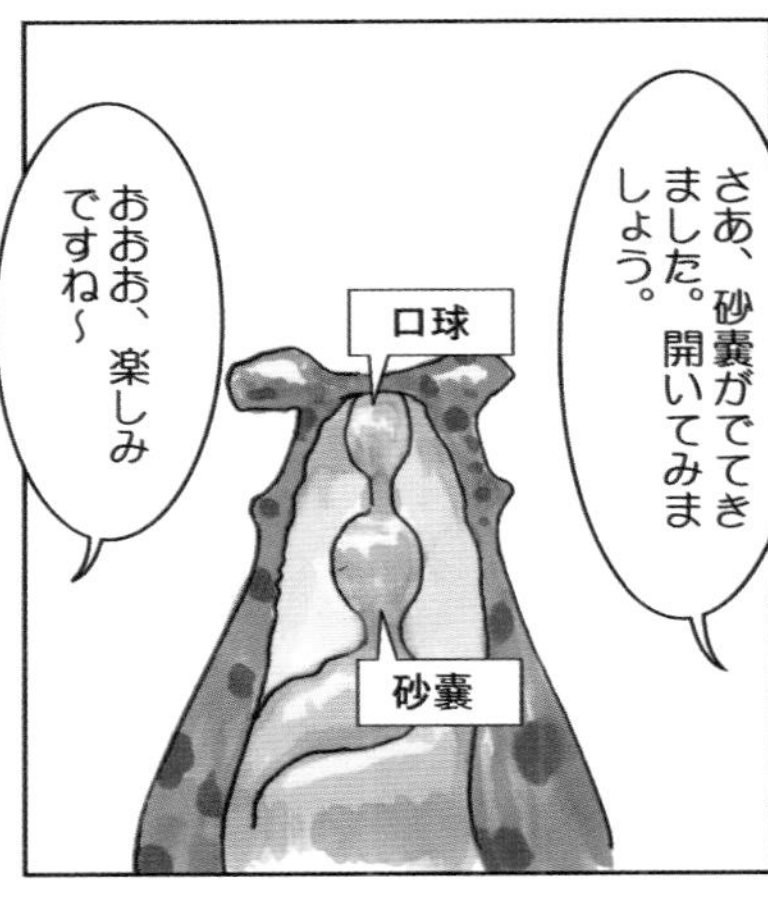


ピラミッド型の歯とはいかなるものか、本編をどうぞ!

## 2 ピラミッド型の歯を持つアメフラシ

### ◎アオサの大発生がもたらすもの

二〇一四年、小網代干潟は海藻のアオサで覆いつくされました。アオサが干潟を覆いつくすと干潟が窒息したような状態になり、底生動物は激減します。また、大量に流れ着いたアオサが腐敗して悪臭が発生します。この状態は二年ほど続き、貝類は激減しました。この現象は世界各地で起きていて、赤潮、青潮に続く海の環境問題として「緑潮」などと呼ばれるようになっています。原因は富栄養化などの海洋汚染が原因ではないかと考えられていますが、小網代干潟に限っていえば、私の観察した三〇年間に三回、およそ七年から八年おきに大発生が起きていて、海の大きなライフサイクルの一つではないかと感じています。実際、緑潮が問題となっている東京湾でも、水質が改善しているのに緑潮が増加していて、単純には原因を特定できない現象のようです。

こういった、まだ人間には分からない理由で生きものが増えたり減ったりする現象は、海洋生物ではたびたび報告されていて、その周期も一〇年とか三〇年、なかには五〇〇年周期ではないかなどといわれるものもあり、海にはいまだ人知の及ばない不思議なライフサイクルが存在することを伺わせます。私も長く海を見ていますので、そうした不思議なライフサイクルを感じることがあり、こうした説に思い当る節があります。

アオサの大発生は人間には嫌われますが（おそらく貝も）、ある種の生きものにとっては朗報のようで、数種類のカニ（タイワンガザミ、ベニツケガニ、フタハベニツケガニ、スネナガイソガニ）は大発生しました。これらのカニは干潟で育つので、アオサのおかげで隠れ場所が増え、稚ガニの生存率が上がったのが大発生の原因ではないかと思います。干潟の貝にとっては大迷惑のアオサですが、カニにとっては安全なゆりかごというわけです。ある生きものにとっての不利は違う生きものにとっての有利だったりして、一概に良いとか悪いとかはいえず、大きなライフサイクルの中、干潟という舞台で押したり引いたりして命を繋いでいるのでしょう。

## ◎アマクサアメフラシのピラミッド型の歯

このアオサ大発生の一番の勝ち組はアマクサアメフラシでしょう。アマクサアメフラシは褐藻類のワカメとアオサ類を好んで食べるため大発生し、九月から十月初旬頃、干

アマクサアメフラシは危機を感じると乳白色の液を分泌します

潟ではそこら中にアマクサアメフラシがゴロゴロ転がっているという事態になりました。約八年前の大発生以来、私は密かにこの機会を待っていました。それはアメフラシのピラミッド型の歯を見るためです。

私が殻を捨てる貝たちに興味があること、そしてその貝たちのお腹の中にある歯、砂嚢板(ギザープレート)に興味があることは一章でお話ししましたが、興味があるので色々な文献を読んでいたら、気になる記述に出会いました。

「アメフラシの仲間は砂嚢(さのう)に多数のピラミッド型の歯を備えている」というのです。

「ピラミッド型の歯って?」私は不思議な記述に首をひねりました。アメフラシ類の食事方法は、まず口の口球の中にある歯舌(しぜつ)で海藻類を削り取って食べます。続いて食物は嗉嚢(そのう)に入り、次に砂嚢に送られて細かくつぶされ、最後に消化腺のある胃に送られ消化されます。このすりつぶす砂嚢にピラミッド型の歯が生えているようなのですが、ピラミッド型の歯とはいったいどんな歯なのでしょう? なんだか想像がつきません。しかもそれが多数あるというのです。とても気になりましたが、それだけの理由でアメフラシを解剖するのも気が引けて、この時はなんとなくそのままにしておいたのですが、アオサの大発生のおかげで、干潟のそこら中に寿命を終えたアマクサアメフラシがゴロゴロ転がっているのです。

こんなことは滅多にないので早速解剖をして砂嚢を開いてみると、半透明のピラミッド型の物がザラザラ出てきました。鳥の砂嚢には食べ物を砕くための小石が入っていることがありますが、それと同じ役目をするものなのでしょうか。しかし、よく見ると開いた砂嚢には歯が付いていたような跡があります。

「ここにピラミッド型の歯が付いていたのではないだろうか？　死ぬとすぐ接着部分が分解されて取れてしまうのかもしれない」そう考えた私はもっと新鮮な死体を探すことにしました。こういう時、そこら中にアマクサアメフラシの死体が転がっている状態はとても助かります。

本当に死にたて、と思われる新鮮な死体を見つけたので砂嚢を開いてみると、内部にはピラミッド型の歯がびっしりと生えていました。硬さは人の爪くらいで、半透明のキチン質のプレートが四～五ミリの大きなものから一～二ミリの小さなものまで、全部で三三個ありました。このうち大きなピラミッド型の歯の生えた砂嚢で海藻類を粉砕して海藻のジュースにしてしまうわけです。小さいフック状の歯はその下の部分の内側の壁に生えていて、すり潰しそこねた海藻類が胃の中に送り込まれないフィルターの役目をしています。

胃に送られたアオサを見てみると、すっかりドロドロの緑のジュースになっていました。この砂嚢はとても強力で機能的な海藻粉砕機のようです。アメフラシの仲間は海藻

**あまり鮮度のよくないアマクサアメフラシの砂嚢を開いたスケッチ**

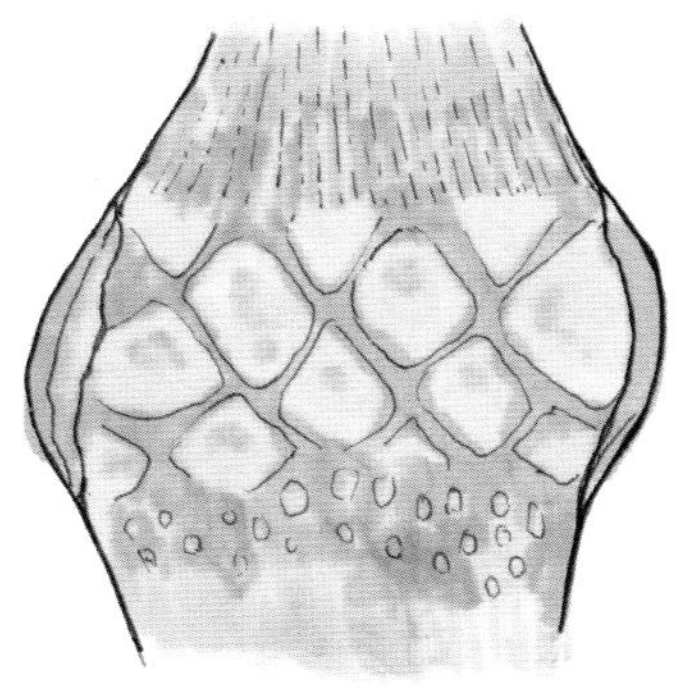

赤みを帯びた筋肉の袋で、開くとピラミッド型の半透明な物体がたくさん出てきた。袋の内側にはそれらが付いていたと思われる、ひし形の跡が見られた

## アマクサアメフラシの砂嚢とピラミッド型の歯

アマクサアメフラシの砂嚢

砂嚢

胃

砂嚢は赤い筋肉の袋で、胃には砕かれたアオサがたくさん詰まっていました

アマクサアメフラシの幼体

幼体は体が透明なので、食べたアオサが透けて見えます

砂嚢に生えていた歯

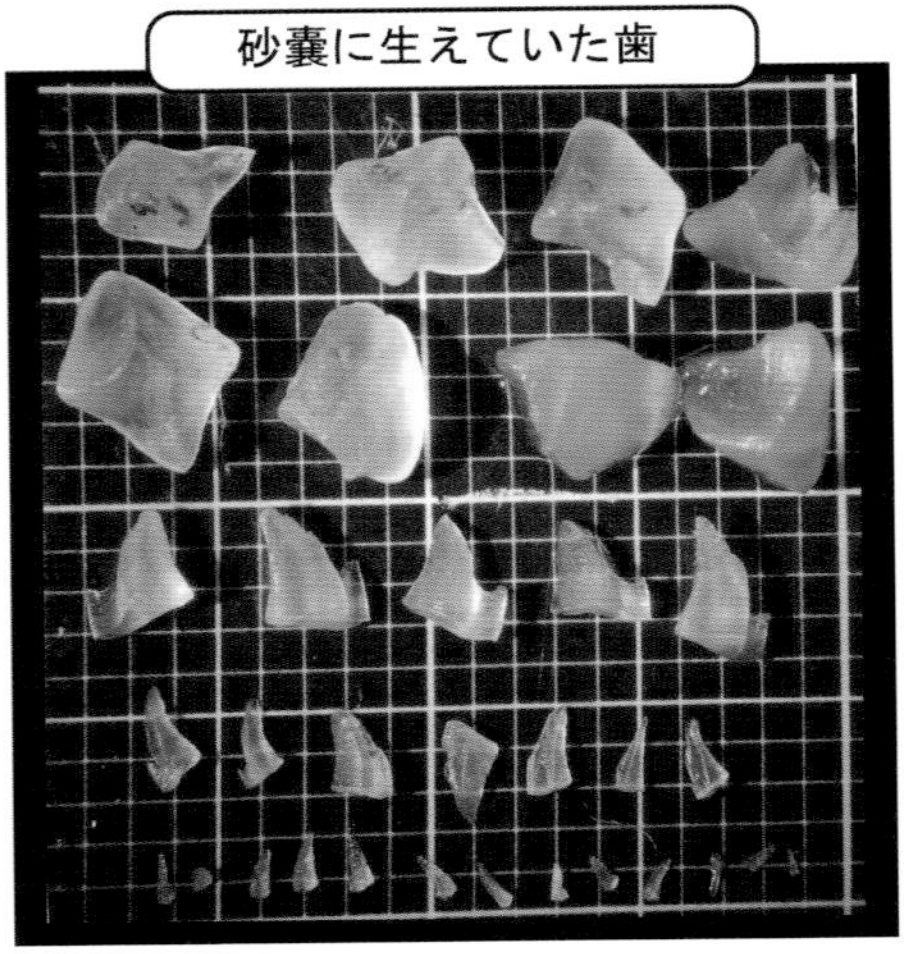

半透明のキチン質のプレートが４～５㎜の大きなものから１～２㎜の小さなものまで、全部で33個ありました

アマクサアメフラシの砂嚢

砂嚢を開くとピラミッド型の歯がたくさん生えていました。死ぬとすぐ歯ははずれてしまいます

食に特化していて、このような独自な器官を進化させてきたのです。

## ◎アメフラシの多様な仲間たち

アメフラシの仲間は藻食性ですが、種によってはっきりとした食物の好みを持っているようです。ヨーロッパのアメフラシ［*Aplysia punctate*（アプリシア プンクタータ）（Cuvier,1803）］は亜沿岸域では紅藻類を、沿岸域では緑藻類を食べるそうです。また、アメリカに棲むジャンボアメフラシ［*Aplysia californica*（アプリシア カリフォルニカ）（J.G. Cooper, 1863）］は紅藻類（ソゾ類、ユカリ類）を食べるようです。

さらに、同じ種でも場所によって好みが変わることもあり、ハワイのアマクサアメフラシは緑藻類のオオバアオサだけを食べているそうです。日本のアメフラシは緑藻類のアオサ類を好み、緑藻類が無いときには紅藻類を食べ、褐藻類（ワカメなど）を好まないようです。

アメフラシはアマクサアメフラシより大きくなる種で、これもある時死体を見つけたので解剖してみました。砂嚢もそ

### アメフラシの歯

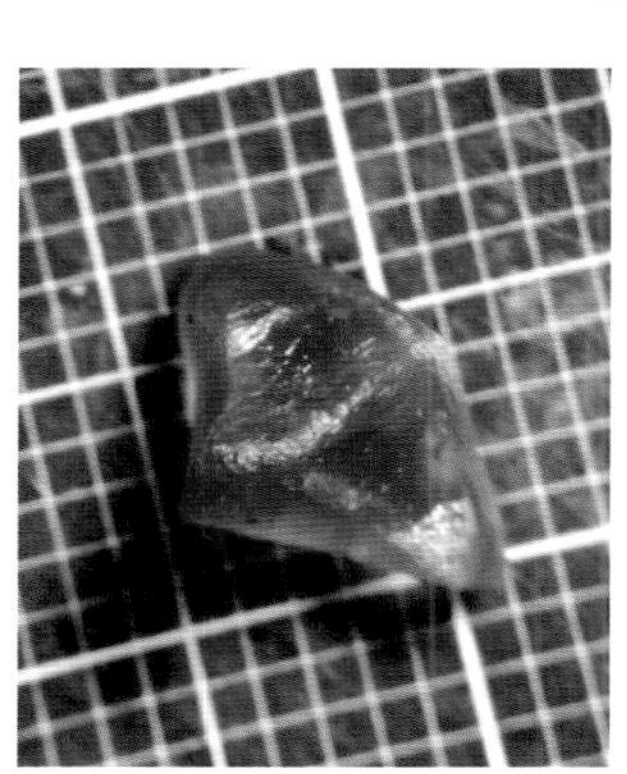

1cm近い大きな歯もありました。ピラミッド型をしてますね

アマクサアメフラシのものと違って茶色をしていました。タツナミガイの歯もこんな色です

こに付く歯もアマクサアメフラシより大きく、数も四〇個以上ありました。数が曖昧なのは鮮度が悪かったために歯が外れていて、正確な数が分からなかったためです。どういうわけかアメフラシたちの歯は死ぬとすぐ外れてしまうようです。また、歯は茶色がかっていて、砕いたコーヒーゼリーのような見た目でしたが、これが鮮度が悪かったためなのかは分かりません。

小網代干潟では同じころにトゲアメフラシも見られます。トゲアメフラシは砂泥の表面の珪藻類や藍藻類を食べているようです。春から夏には大きなタツナミガイも見られます。タツナミガイは食事に関してはジェネラリストで、緑藻類、アマモ類、褐藻類と何でも食べるようです。この二種の砂嚢はアメフラシよりグッと小さめです。

**◎アメフラシの他にも砂嚢を持つウミウシがいる**

ウミウシの仲間ではアメフラシ類（Aplysiacea）の他に、頭楯類（とうじゅんるい）（Cephalaspidea）にも砂嚢を持つものがいます。頭楯類の仲間で砂嚢を持つのはクダタマガイ科、ヘコミツララガイ科、キセワタガイ科、ナツメガイ科、ブドウガイ科などです。そして、砂嚢を持っていない仲間にはウミコチョウ科、カノコキセワタ科があります。

ウミウシの仲間の頭楯類とアメフラシ類の祖先は砂嚢の中にキチン質や石灰化したプレートを持っていて、藻食性であったと考えられています。しかし、進化の過程でプレートが変化したり、喪失したメンバーも見られています。

アメフラシ類は大きなキチン質のピラミッド型のプレートとキチン質の様々な大きさの小さなフック状のプレートがたくさん生えた砂嚢を進化させ、藻食性に特化しました。一方、頭楯類（キセワタガイ）は下の図で示したように三つの砂嚢板（ギザープレート）を筋肉でつないだ砂嚢を進化させ、海藻以外にも色々な物に食性を広げています。

次ページに今まで私が観察した様々な砂嚢板を食性と共に載せましたので一章に載せたものと合わせて見てみてください。みな似たような姿をしていますが、砂嚢板は種によって実に個性的です。一章でお話ししたコメツブガイの仲間は有孔虫やゴカイ類の卵などを食べる動物食性でプレートはシンプルな形状のものが多く、カイコガイダマシ（ブドウガイ科）やナツメガイ（ナツメガイ科）などの藻食性のものはギザギザが刻まれた複雑な形状をしています。ヌルっとした外観のキセワタガイは臼歯のような硬く大きな三枚の砂嚢

**キセワタガイの砂ギモの構造**

キセワタガイの砂ギモは３枚のギザープレートが強力な筋肉で結び付けられている。プレートは膨らんだ側が内側になるようにできていて、非常に強力

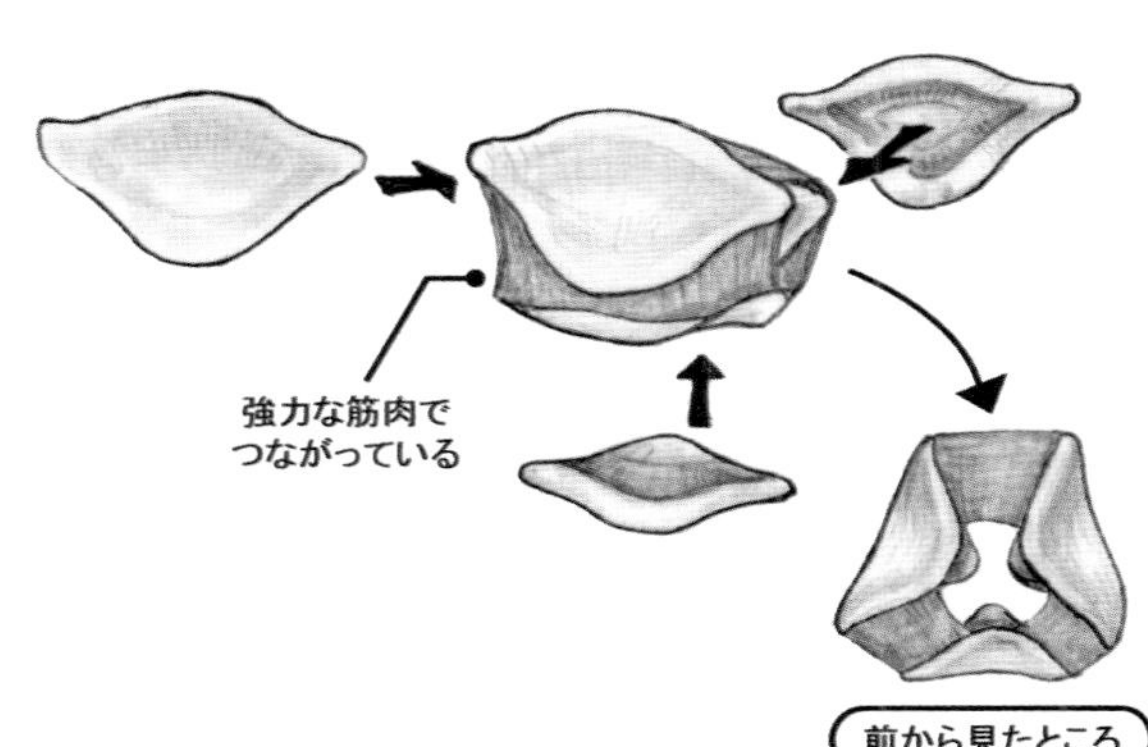

大きいものが２枚、小さなものが１枚の計３枚あり、どれも非常に硬い。写真は砂ギモの内側になる部分を上にして撮ったもの

**ホソタマゴガイとその砂嚢板**
大根おろしのようなギザギザがある：植物食

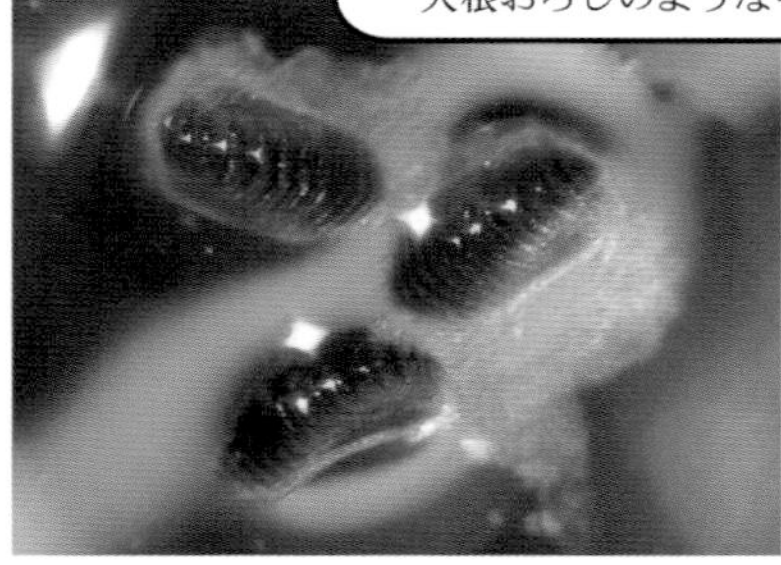

**カミスジカイコガイダマシとその砂嚢板**
大根おろしのようなギザギザがある：植物食

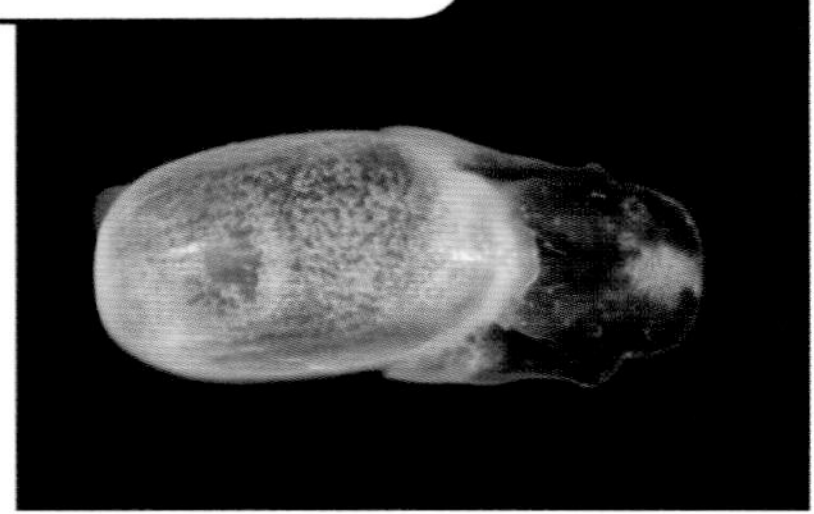

**ハブタエブドウガイとその砂嚢板**
大根おろしのようなギザギザがある：植物食

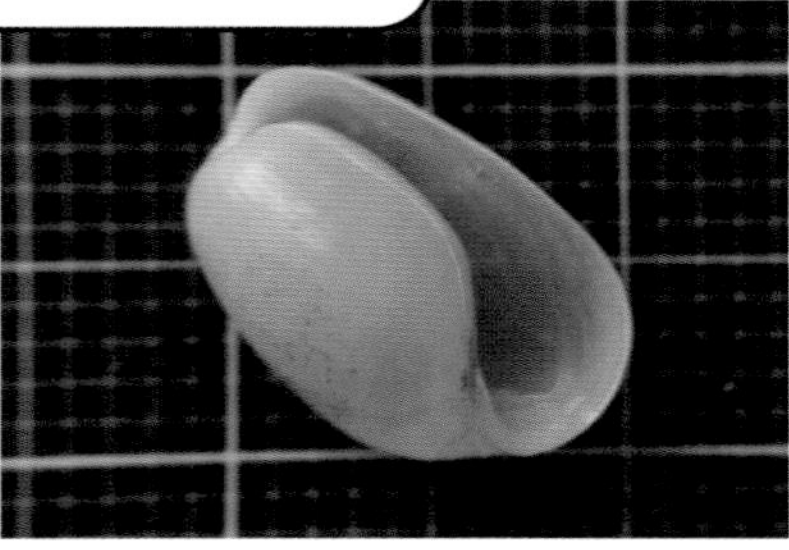

**ゴルドンコメツブガイとその砂嚢板**
薄い半月型：動物食

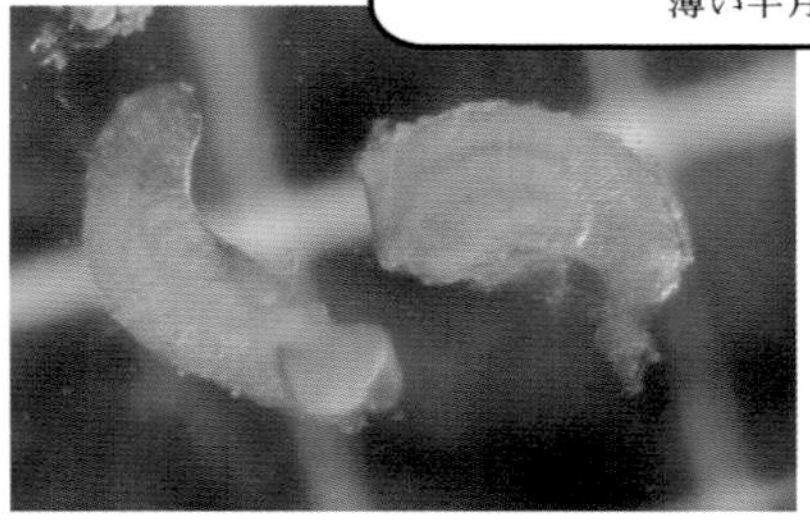
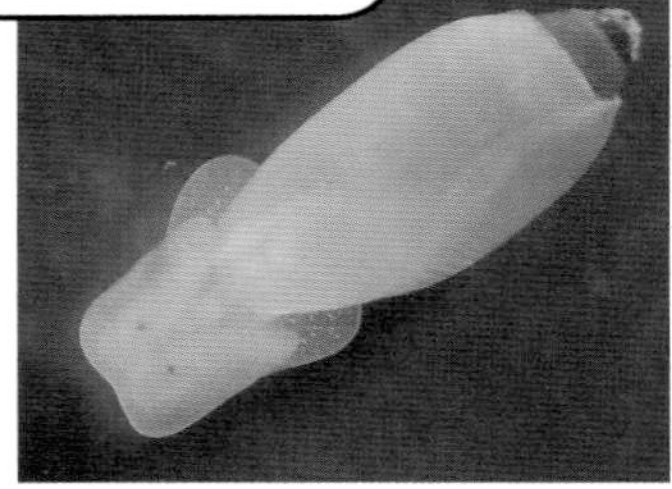

板を持ち、硬い二枚貝や大きな生物を貪欲に食べます。

このようにこの仲間は食性に応じて砂嚢板を様々に変化させてきたので、しばしば砂嚢板の特徴で分類されています。外見ではほとんど見分けがつかなくとも、砂嚢板がはっきり違うことはザラなのでそれも納得です。

現在、真後鰓類（Euopisthobranchia）の頭楯類とアメフラシ類の仲間は全世界に分布して、多様な環境に適応し、その種数も膨大な数になっています。この成功の要因は色々あるでしょうが、砂嚢と砂嚢板を長い年月をかけて進化させ、動物性から藻食性まで様々な食物が食べられるようになったことがその一因なのは間違いありません。

硬い貝殻を捨ててしまい、柔らかい体を露出したまま干潟でのんびりと暮らすアマクサアメフラシ。しかしそのお腹の中にはピラミッド型の歯をそなえた最強の消化器官を忍ばせています。

干潟でアメフラシに出会ったらそのパワフルな砂嚢を思い出してくださいね。

**◎文献を読む楽しみ**

今回は私の研究というより、他の人の研究を自分の眼で確かめてみるという内容でした。私は仕事が忙しくて思うように干潟に行けない時間が長かったので、そんな時はよく干潟の生きものについての研究を読んで気を紛らわせていました。読んで面白かったものは自分の眼で確かめたくなるものです。そうして長年の間にそうした宿題が溜まっていきました。今回のアメフラシの歯や葉緑体を盗むウミウシもそんな確かめたかったことの一つでした。

自分で研究するのは何より楽しいものですが、他人の研究を自分の眼で確認するのもとても楽しい作業です。それは自分一人では出会えない驚きに出会えるからです。その際は古い研究でもバカにしたものではありません。むしろ私は古い研究の方が面白いものが多いと思っています。というのも、私が大学で学んでいたころから生物学は目に見えない遺伝子や分子を扱うことが主流になってしまい、生きものをじっくり追いかけることが少なくなったように思うからです。現在ではお金にもならず、人の役にも立たない研究をすることは難しいですが、昔の研究にはマイナーな生きものを丹念に追ったものがたくさんあります。

そうした例として図を一枚掲げておきます。この図が描かれたのはなんと二〇〇年以上前の一八〇三年で、比較解剖学の祖であるジョルジュ・キュビエ（Georges Cuvier）の論文に掲載されたものです。アメフラシの砂嚢を自分で見た後だと、とてもよく描かれた図であることが分かりますし、現在でもアメフラシの砂嚢の図としては最良のものだと思います。フック状の歯はだいぶ外れてしまっていますが、それでもとても程度の良い標本から描かれた図だと思います。この図のように一見古臭く思えても、じっくりと粘り強い観察から生まれた研究は傾聴に値する何かを持っています。現在は研究のデータ化が進んで、古い研究論文も読むことが容易になりました。こうした研究が忘れられずに読み継がれていって欲しいと思います。

ジョルジュ・キュビエ（1803）による
**アメフラシの砂嚢の図版**

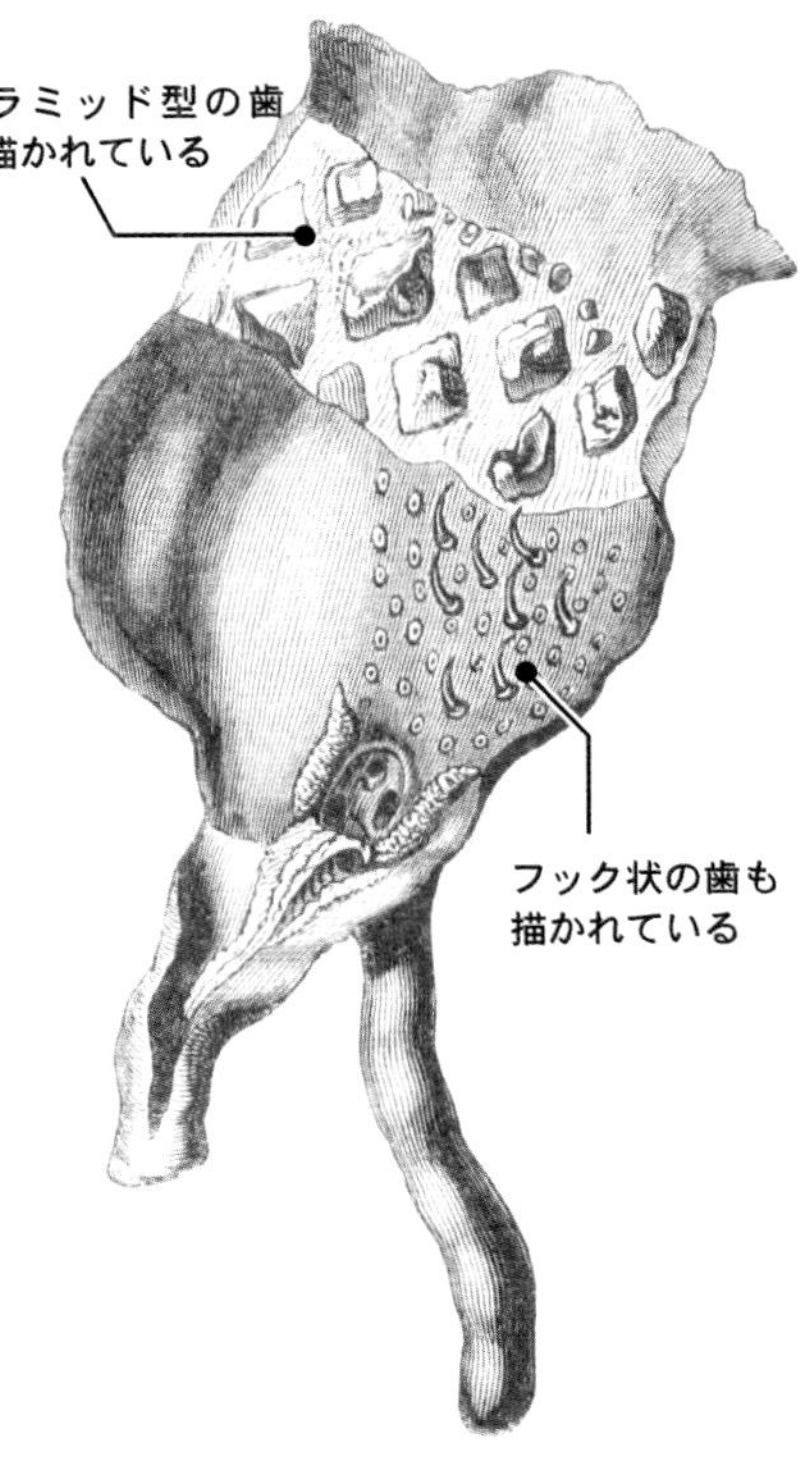

# おまけマンガ　小倉さんという人「先生・小倉さん」

干潟にはまって六十年、加えて勉強熱心な小倉さんの知識量は膨大で、
ウニョウニョはもちろん
カニにも詳しい
海藻も
貝以外にも色々詳しい。干潟での私の質問には大抵なんでも答えてくれる。

おまけに優しいので、初歩的な事、バカな事でもついどんどん聞いてしまう
食べ物は？
祖先は？
寿命は？
しかし、初歩的な、こどもが抱くような質問と言うのは、かえって難しい…

そういう無茶な質問にも、テキトーな事を言ったり、知ったかぶりをしたりなどは絶対にせず、
難しい質問ですね〜
答えられる範囲で答えてくれて…

わからない問題は、持ち帰って家で調べて来てくれたりする。
こんなありがたい先生が他にいるでしょうか！

しかし、調子に乗ってあまり無茶な質問ばかりすると…
後日、エライ事になることもある…

いや〜、この前の質問、調べたけどわかんなかったよ
結構、調べたんだけどね〜
こちらこそ無茶な質問しまして〜

でね、参考になりそうな文献コピーしてきたよ
どれも面白いよ〜
ほ？
ドッサリ

あと、コレとコレとコレも興味深いよ！
イタリアの論文お勧め！
ドサドサ
おほほほっ〜！
小倉さんはメチャクチャ真面目な人なのである…

# 第五章　カサガイの楽しみ

# 干潟歩き入門日記

## カサガイは面白いの巻

小網代干潟には少しだけ岩礁があり、岩礁の生物も観察できます。
湾奥の岩礁

小倉さん、今日は岩礁の観察をしている様子
小倉さ〜ん、今日は何みてるんですか？
ああ、今日はカサガイを見てますよ

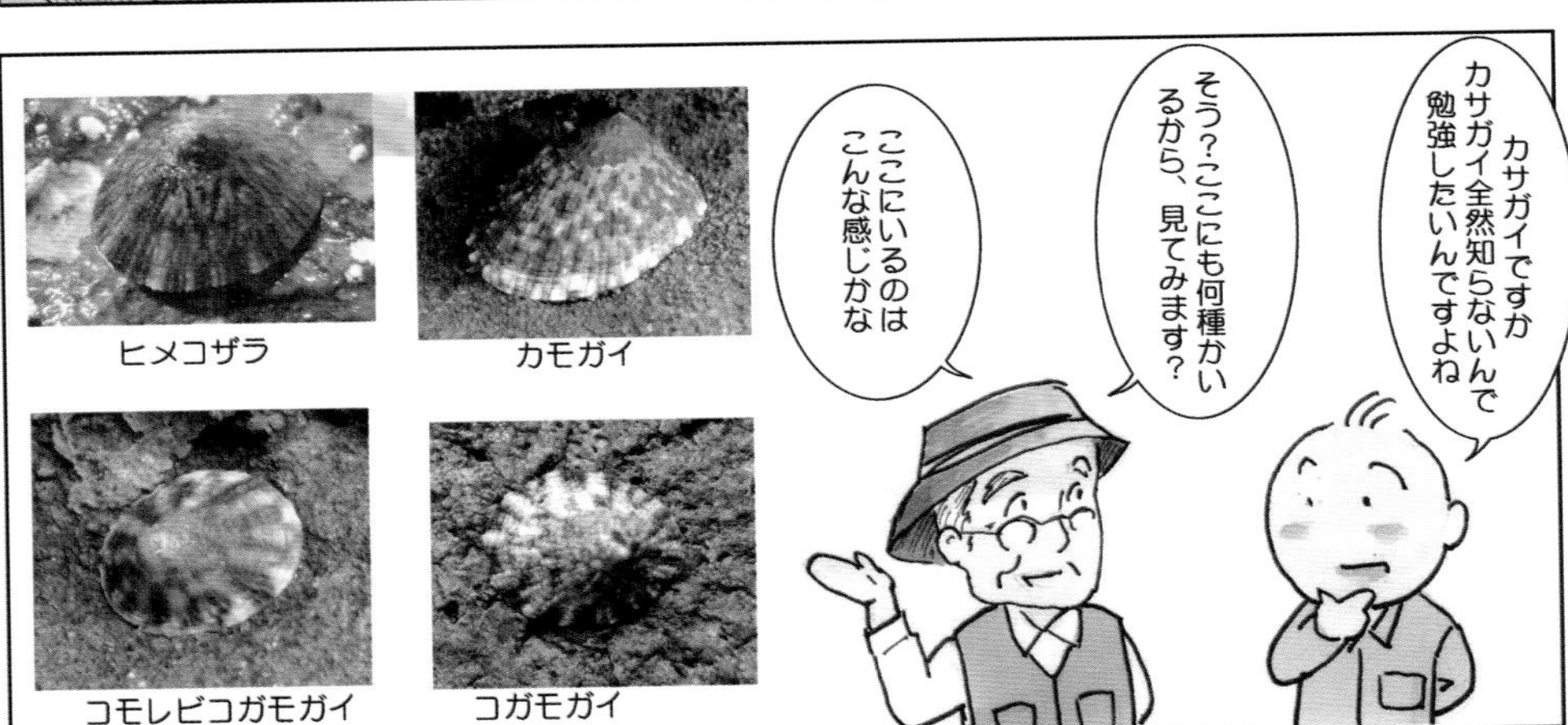

カサガイですかカサガイ全然知らないんで勉強したいんですよね
そう？ここにも何種かいるから、見てみます？
ここにいるのはこんな感じかな
ヒメコザラ
カモガイ
コモレビコガモガイ
コガモガイ

あとはまあ、大体こんな感じでしょうか
こ、これは…もっもしや…
コウダカアオガイ
ウノアシガイ

全っ然、違いが判らないやつじゃないか！正直、全部笠型で、全部同じに見えるっ！
ヒイイィィイッ
軽い気持ちで勉強したいなんて言ったが、こりゃぁとんでもない難物じゃあないかっ

いや、まてよ、よく見ると最後のウノアシってやつは節が浮き出ててまだしもわかるぞ
ムムムムッ
これだけならなんとか探せるかもしれない

お、これ節がある、小倉さん、これウノアシ？
残念、これはカラマツガイ。有肺類だね

有肺類って、この子肺あるんですか
そう、だから、どっちかというとカタツムリとかに近い仲間になる。
形はそっくりだけど分類でいうと、原始的な部類のカサガイとは、すごくかけ離れてることになるね。

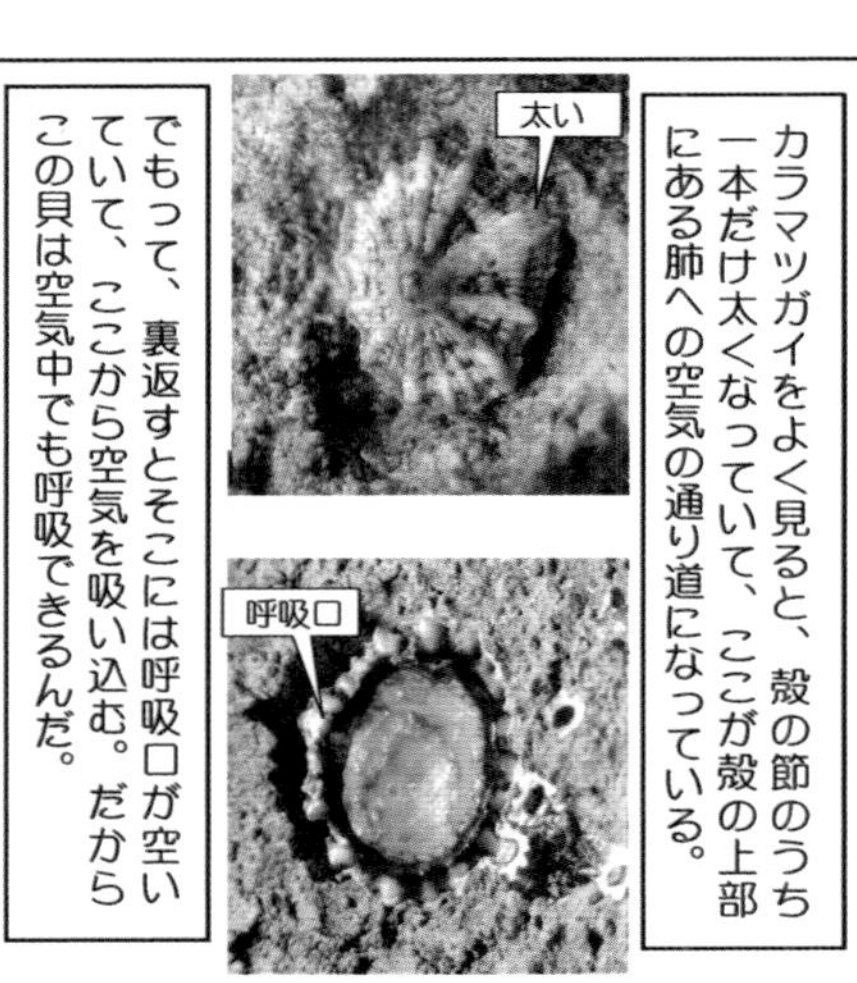
カラマツガイをよく見ると、殻の節のうち一本だけ太くなっていて、ここが殻の上部にある肺への空気の通り道になっている。
太い
呼吸口
でもって、裏返すとそこには呼吸口が空いていて、ここから空気を吸い込む。だからこの貝は空気中でも呼吸できるんだ。

同種どころか、メチャクチャ大ハズレじゃないっすか…
こりゃあかん
カサガイは諦めよう
まあまあ、最初のうちはカサガイ難しいよね、でも、小網代はそんなにカサガイの種数多くないし…

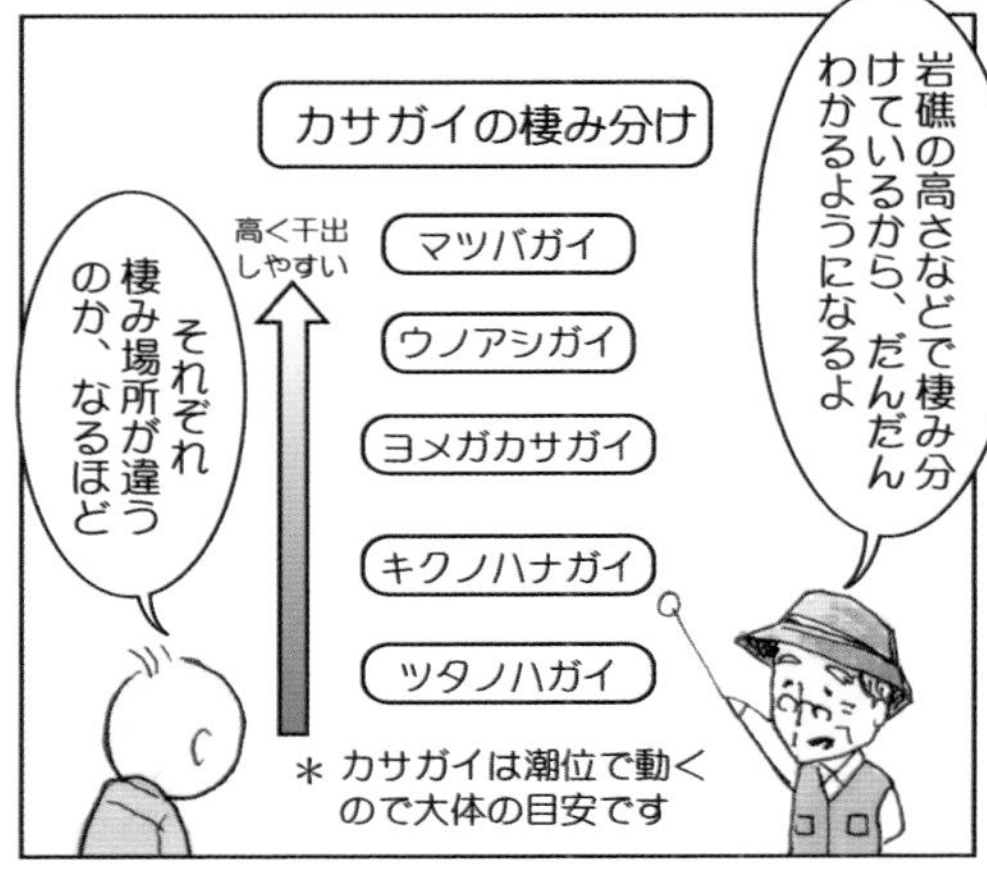
岩礁の高さなどで棲み分けているから、だんだんわかるようになるよ
カサガイの棲み分け
高く干出しやすい
マツバガイ
ウノアシガイ
ヨメガカサガイ
キクノハナガイ
ツタノハガイ
＊カサガイは潮位で動くので大体の目安です
それぞれ棲み場所が違うのか、なるほど

しかし、改めて見るとカサガイってどれも地味でちょっとつまんなそうですね
いやいや、そんなことないよ。カサガイは色んなことするから面白いって

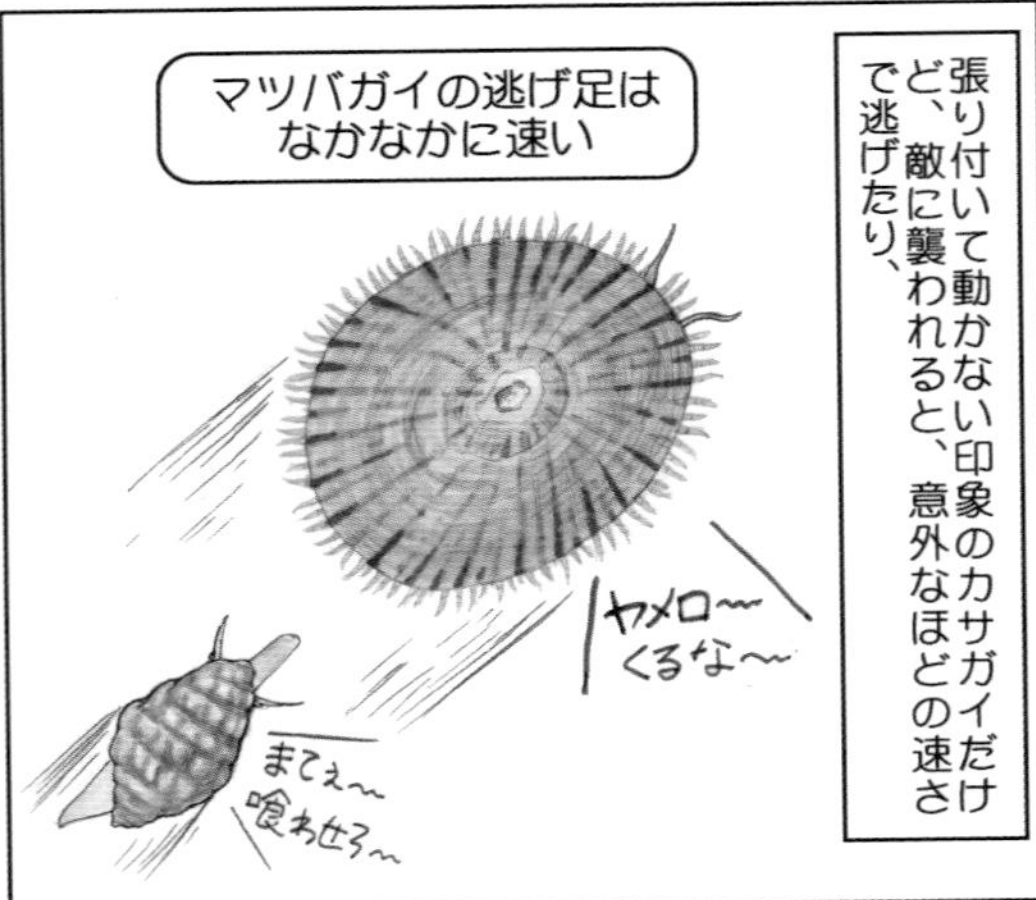
張り付いて動かない印象のカサガイだけど、敵に襲われると、意外なほどの速さで逃げたり、
マツバガイの逃げ足はなかなかに速い
ヤメロ〜 くるな〜
まてぇ〜 喰わせろ〜

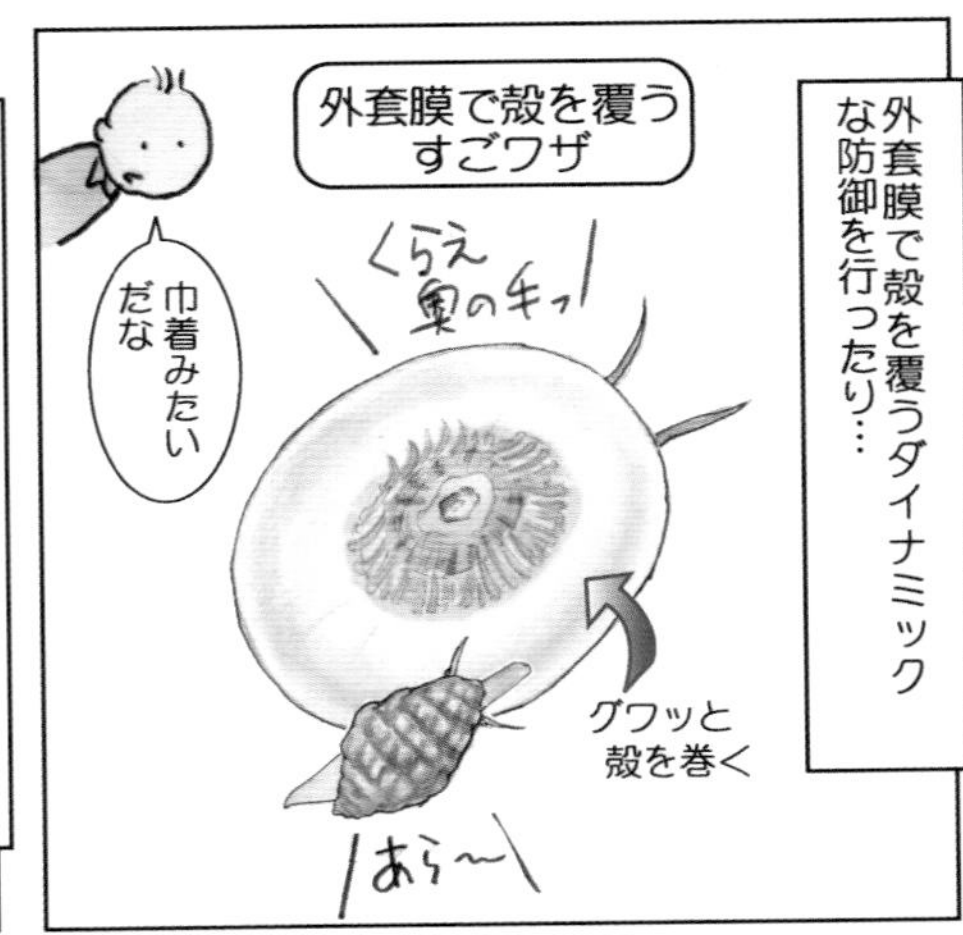
外套膜で殻を覆うダイナミックな防御を行ったり…
外套膜で殻を覆うすごワザ
巾着みたいだな
くらえ 奥の手っ
グワッと殻を巻く
あら〜

それにカサガイはマイホームも持ってるよ。防御のために自分に合わせたくぼみを作って、そこで休むんだ
ぴたっとはまります
家痕（かこん）と言います

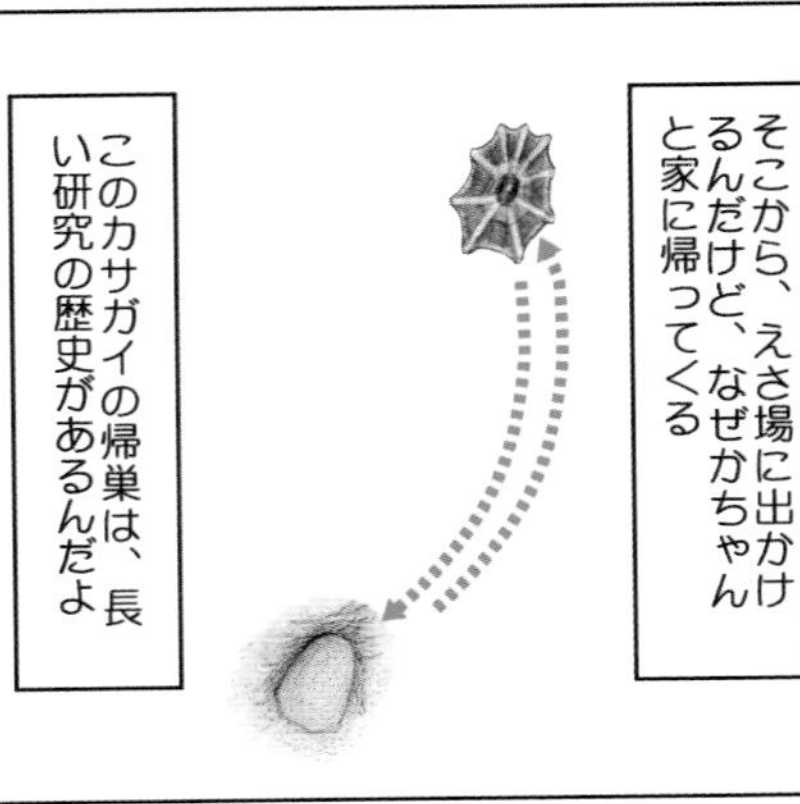
そこから、えさ場に出かけるんだけど、なぜかちゃんと家に帰ってくる
このカサガイの帰巣は、長い研究の歴史があるんだよ

マイホームから出勤してちゃんと帰宅するなんて、なんか、人間っぽくないですか
案外とアクティブなんですね。ちょっと、面白いかも

人間っぽいと言えば、カサガイは農業もするんだよ
え？貝が農業？それって一体どうゆう状態？
?

こ、こんな感じだろうか
農業するカサガイの図

さすがにそれは無いんじゃないでしょーか
いや〜無いわ〜貝の農業は無い
いや、ほんとだって、草刈りもすれば肥料もまくって話だよ

エート、貝が草刈り……ますます、想像がつかんな…
草刈りするカサガイ

さらに肥料やるって…も〜わけわかんねーわ！
だめだ、話だけじゃ、おとぎ話みたいな絵しか浮かんでこない！
肥料をまくカサガイ

もう気になって仕方ない早く本編行きましょう！早く！
じゃあ、まぁそうしますか

では急ぎ本編へ！

## 1　カサガイの暮らしぶりは驚きの連続

一章のマンガにも出てきましたが、私は阿部襄（あべのぼる）先生の『貝の科学』という本がきっかけで貝に興味を持つようになりました。その本の中にカサガイは二度も登場し、どちらもとても印象深いエピソードが紹介されています。それ以来、カサガイは私にとってちょっと特別な貝になりました。調べていくと、カサガイは阿部先生の他にもたくさんの人が研究していて、今も新たな発見が続く、とても面白い貝であることを知りました。この章ではそんなカサガイの魅力を紹介したいと思います。

カサガイはその名の通り笠型の貝殻を持った貝です。主に潮間帯の岩礁の上で海藻を食べて暮らしています。そのため観察しやすい貝でもあります。このカサガイ、大きく分けると二つのグループに分かれます。一つは鰓（えら）呼吸のカサガイ類と、もう一つは肺を持つカラマツガイの仲間です。面白いのは、鰓呼吸のカサガイたちは非常に古くからいる貝で、巻貝の仲間では最古に近い歴史を持っています。一方、肺呼吸をするカラマツガイの仲間は、肺呼吸を獲得し、水上で暮らせるようになったものの海に帰ってきたわけで、ぐっと新しい種類なのです。図鑑を見ても、カサガイの仲間は巻貝の初めの方、カラマツガイの仲間は巻貝の一番後ろの方に載っていて、分類上の縁遠さが感じられます。見た目も生活様式もそっくりですが、実は縁遠い新旧の貝が岩礁の上で張り合っているというわけです。

### ◎マイホームを持つカサガイ

カサガイの殻は笠型で蓋もないため、ひっくり返されてしまうと軟体部が丸出しになってしまいます。そうならないよう岩にぴったりくっついて殻と岩で防御します。防御力を増すために「家」を作るものもいます。自分の殻に合ったくぼみを岩に掘り、休息中はそこに密着して身を守ります。これを「家痕（かこん）」といい、長年かけて作るので、殻の方もくぼみに合った形に成長し、オンリーワンの家になっていきます。この家の防御力は相当なもので、油断しているときにヘラなどを隙間に入れられない限り、はがすことはできません。

家を持つカサガイはそこを拠点に藻類を食べに「出勤」します。多くは数十センチくらいしか出かけませんが、なかには何メートルもの長距離出勤をするものもいます。小さな彼らからすると大遠征ですが、必ず自分の家に戻ってきます。小さくあまり目もよくない貝がどうして確実に帰宅できるのか？　この問題は多くの研究者の関心を惹きつけ、古くからたくさんの研究があります。阿部先生もその問題に取り組まれました。詳細は先生の『貝の科学』に譲りますが、先生は貝が自分の粘液をたどって帰宅すると結論しました。先生以降もたくさんの研究が行われ、粘液を道しるべにしていることが確かめられています。

しかし、謎が全て解けたわけではありません。カサガイは帰宅する際に必ずしも行きと同じ道をたどるとは限らず、行きと大きくルートを外れても帰宅できる

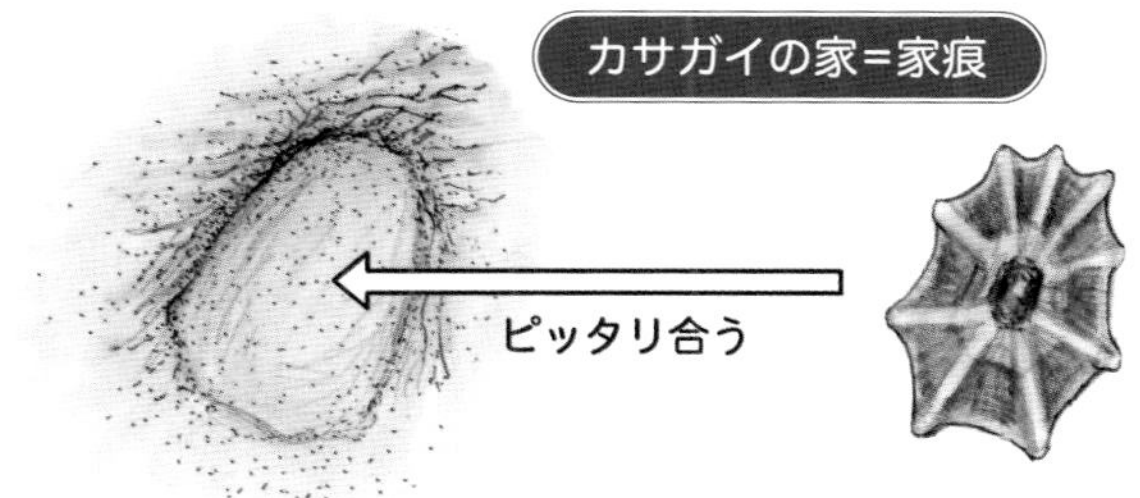

ものもいたり、出かけている間に家の周りの地形を変えてしまうと帰宅できなくなったり、粘液の道しるべの他に地形の記憶も頼りにしているのではないかと思わせる事例が報告されたからです。

粘液道しるべ説にしても、よくよく考えてみると疑問点が残っています。まず、粘液には方向性がないという問題です。ウロウロと食べ歩いた後、帰途に就こうと自分の粘液をたどりだしても、矢印の付いていない道を歩くようなもので、下手をするとまたさっきエサを食べていた場所に戻ってしまいます。どうしたらどちらが自分の家の方角だと分かるのでしょうか？

もう一つは個体識別の問題です。カサガイ類は同種で近場に家を構えることがよくあります。生態が同じなので当然なのですが、同種ですから粘液の成分だって一緒です。となると、家の周りには似たような粘液の道がたくさん走っていることになります。ですが彼らが自分の家を間違えることはないのです。それに遠出した先で、もし自分以外の同種の粘液をたどってしまったらどこか遠くに行ってしまいます。粘液には自分のものと分かる成分が含まれているのでしょうか？

こうした疑問に対する研究も行われていますが、満足できる結論が出ているとはいえない状況です。カサガイの帰宅は長年にわたる謎として、今も完全には解明されずにあるのです。

### ◎家を持たないカサガイの乱暴な食事

家を持たず、放浪生活を送るカサガイもいます。マツバガイ、ヨメガカサガイなどがこれに当たり、決まった「家」を持たず、岩の上のエサを根こそぎ食べながらさまよう放浪生活を送ります。こうした貝の食事風景が見たくて、マツバガイを藻類の生えた岩ごと持ってきて飼ってみたのですが、静かな室内で観察していると「カリッ、コリッ」という音をさせながら食べているではありませんか。なんとこの貝、エサを岩ごと削り取って食べていたのです。実は彼らの歯は鉄でコーティングされた、生物界最強の強度を持つといわれるシロモノで、しかもこの歯はベルトコンベアーのように次から次へと新しい歯が繰り出される仕組みになっているために、歯のすり減りも気にせず、こんなすごい食べ方ができるのです。食べた後の岩の表面はむき出しになってしまっていて、当分、海藻は生えてきそうにありませんでした。こうした乱暴な食べ方では周りの食料を食べつくしてしまうでしょうから、放浪するのは自然のなりゆきですね。

## ◎家を持つカサガイの穏やかな食事

家を持つカサガイの食事はもっと穏やかです。特に家からあまり離れないカサガイ、ウノアシガイやカラマツガイなどは歯舌（しぜつ）の構造からして穏やかです。放浪するカサガイたちの歯舌はまるで小さなクワを並べたように長く鋭いのに比べて、家から離れないカサガイたちの歯舌は短く、おろし金のような印象です。歯舌が短いので藻類の上部分だけを刈り取ることになります。藻類の成長点は先でなく下部にあるので、これだとまたすぐ伸びてくるわけです。

こうした種類が多い岩場では丈の高い葉状の藻類があまり見られず、微小な藻類で覆われていることがあります。家の近くを始終食べて回るので、成長に時間のかかる丈の高い海藻は駆逐されてしまい、

## カサガイの食性による歯舌の違い

カサガイの歯舌はリボン状になっており、次々と新しい歯が作られるので、すり減ることを心配せず使える。マツバガイの歯舌リボンを取り出してみると、体長より長いこともある。歯をあまり使わない冬季は特に歯舌リボンが長くなっている。

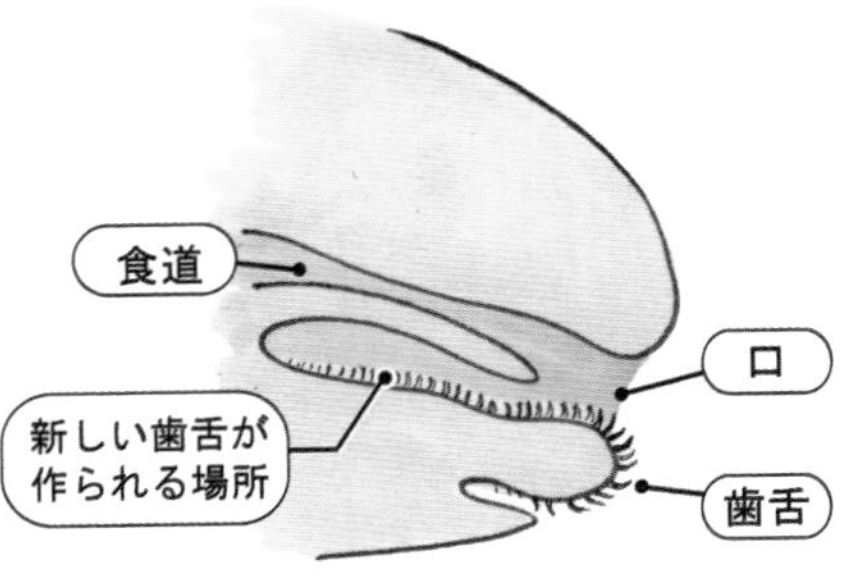


〈マツバガイの長いリボン状の歯舌〉

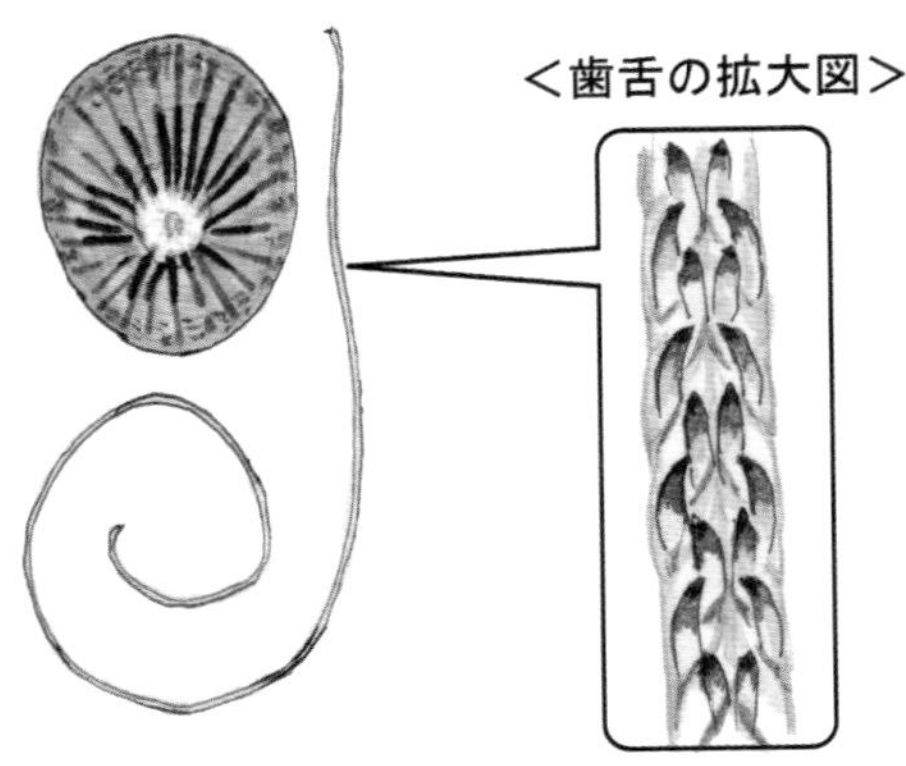


<さらに拡大すると…>

マツバガイの歯舌は長く鋭くて、まるでカギ爪。エサを岩ごと削ってしまうのも納得の形

<カラマツガイの歯舌の拡大図>

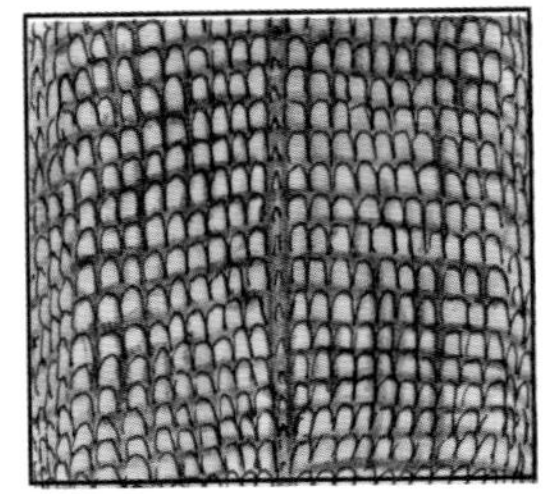

カラマツガイの歯舌はおろし金のように短い歯が無数についた構造で、食べ物を根こそぎにしないようになっている。農園を持つカサガイはみなこのタイプ。
ちなみに、カタツムリやナメクジもこうした短い歯が無数に並んだタイプの歯舌を持っている。

上部を食べられてもすぐ成長する丈の低い藻類で覆われることになったのでしょう。彼らの歯や食性が、結果として彼らにとって食べやすい藻類の成長を促しているわけです。こうした岩場は人間にはただヌルヌルの岩場にしか見えませんが、彼らにとってはいくらでも食べ物の生えてくるパラダイスなのです。

こうした良い岩場を見ると、私はサバンナやプレーリーの大草原を連想してしまいます。大型草食獣の暮らす大草原にはイネ科の植物が地平線まで覆いつくさんばかりに生えています。あの風景には実はイネ科特有の生態が関係しています。イネ科は成長点が根元にあり、穂先を食べられても食べられてもたくましく再生します。一方多くの植物の成長点は草体の先端にありますから、先を食べられると成長できず、続けて食べられるとやがて枯れてしまいます。こうして、大型草食獣のいる草原ではイネ科がどんどん増えてゆき、やがて一面イネ科の草原が現れます。大草原とカサガイの暮らすヌルヌルの岩場は、食べるものと食べられるものが作り出した風景という点でどこか似ているのです。

## ◎菜園を作るカサガイ

外国にはもっと積極的に環境に働きかけるカサガイが知られています。なかでもよく調べられているのが北アメリカの西海岸の潮間帯で普通に見られるナスビカサガイ［*Lottia gigantea*（ロッティア ギガンテア）(G.B.Sowerby I, 1834)］です。

ナスビカサガイは家痕を持つ貝です。彼らの家の周り約一メートル四方にはのっぺりと藻類が生えていて、丈の高い海藻は見当たりません。アメリカのスティムソン（Stimson）さんはこれを見て、「これはナスビカサガイのテリトリーで、決まった藻類が育ちやすいよう手入れしているのではないだろうか」と考え、様々な実験を行ってみました。まず、その場所からナスビカサガイを取り除くと他の貝が入ってきて、藻類は食べつくされてしまいました。また、他の貝が入ってこない場所であっても、丈の高い海藻が生えてフサフサの岩場に変貌してしまったそうです。そうした海藻に覆われた岩場からは、ナスビカサガイがいたときに生えていたのっぺりした藻類は消えてしまいました。丈の高い海藻に日差しを奪われてしまったためです。この実験からナスビカサガイは丈の高い藻類が生えてくるとすぐ刈り取って、お気に入りの藻類が生えるように常に手入れを行っていたことが分かったのです。

　また、テリトリーと思われる場所に他のカサガイを置いてみると、持ち主が出動してきてグイグイと追い出してしまいました。彼らはちゃんと縄張りを意識していて、食べ物が横取りされないよう守っていたのです。つまり、ナスビカサガイの家の周りに広がるのっぺりとした藻類の生える岩場は彼

ナスビカサガイの殻の内側

英名は Owl limpet、フクロウカサガイ。名の由来は殻の内側の模様がフクロウに見えるから、とあったのですが、どうでしょうか？

ナスビカサガイ
*Lottia gigantea*

大きなものは 10㎝ 近くにもなる立派なカサガイ。長く生きたものは、侵食や殻に棲みついた他のカサガイなどのせいで殻が削られていることが多い

らの「畑」であり、彼らの日々の努力と戦いの賜物だったのです。その後、彼らの食べ物のほとんどがそのお気に入りの藻類であることも分かりました。自分で育てた作物を収穫して食べているわけで、そこはまさしく「畑」、ナスビカサガイは磯の農夫だったのです。

**◎肥料をまくカサガイ**

その後も研究は続き、ナスビカサガイが自分の畑に肥料までまいていることが分かりました。解明したのはコナー（Connor）さんで、注目したのはナスビカサガイの粘液です。ナメクジやカタツムリの這った後を見れば分かるように、腹足類の貝類は粘液を分泌しながら歩きます。コナーさんはこの粘液に藻類の成長を促す何かがあるのではないかと目をつけ、実験をしました。

実験は、粘液を集めて塗り付け、藻類の成長に何か影響があるかを検証するという明快なものです。比較のためにナスビカサガイの他に、

・ナスビカサガイと同じく帰巣性のあるラフカサガイ［*Collisella scabra*（Gould, 1846）］
・放浪生活をするカサガイ［*Collisella digitalis*（Rathke, 1833）］
・肉食性のアッキガイ科の巻貝［*Nucella emarginata*（Deshayes, 1839）］

という、暮らしぶりの違う三種を用い、計四種の粘液を比較してみると、帰巣性のカサガイ種であるナスビカサガイとラフカサガイの粘液は、放浪性のカサガイや肉食巻貝のものよりも多くの炭水化物とタンパク質を含んでいて栄養に富み、微小藻類の成長を促進することが分かりました。それだけでなく、

バクテリアの成長も促していることが確認されたのです。

　粘液の粘度にも違いがあり、野外において潮間帯の一番上の高潮帯と一番下の低潮帯で四種の粘液の残存時間を調べると、高潮帯ではフクロウカサガイの粘液がより長く持続しました。ここから帰巣性のカサガイ類が分泌する粘液には栄養分があること、またネバネバが長く続くことでたくさんの微小藻類をくっつけ、生産量も増やしていることが明らかになりました。

　家を持ち、周辺を頻繁に歩くカサガイは、少々コストが高くついても、粘液に栄養分を混ぜておけば、歩きながら肥料をまくようなもので、家の周辺に藻類が増え結果的に得をします。逆に、放浪性のカサガイや肉食巻貝は粘液にコストをかけて藻類を増やしても何も得は無いので、粘液は栄養もネバネバも少ない省エネだろうと予想され、結果もそれを支持するものになったわけです。なかなか見事な実験だと思います。

　こうしてナスビカサガイは畑を手入れし、雑草を刈り、侵入者を追い払うだけでなく、肥料までまいていたことが明らかになり、農業を行う貝として知られるようになりました。

### ◎農園を持つ南アフリカのカサガイ

　農業を行う貝の発見は驚きを持って迎えられましたが、その後、南アフリカのカサガイも農業を行っていることが報告されました。しかも複数種です。南アフリカは多様なカサガイがいることで知られ、農業を行うカサガイも複数いて、「畑」のあり様もまた多様であることが分かってきたのです。

マックワイドさんとフローネマンさんが研究したのは、ツタノハガイ科のカサガイ［*Patella longicosta* (Lamarck, 1811)］です。その姿から英語ではstar limpet（ホシカサガイ）と呼ばれ、日本ではトガリウノアシと呼ばれます。大きさは七センチ程度（大きなものは九センチほどになる）ですが、そのテリトリーは大きく、一五〇平方センチほどもあるそうです。このカサガイも微小な藻類を育てますが、そのテリトリーでは微小藻類の生産性が約三割も向上したそうです。ここでも主のカサガイを取り除くと、侵入者が微小藻類を食べつくすのが観察されました。小さな体で大きな農園を手入れしつつ、侵入者からも守っているのかと思うと少し気の毒になってしまいます。

逆に心配になるほど小さなテリトリーしか持たないカサガイもいます。プラガニーさんとブランチさんの研究したチリレンゲガイ［*Patella cochlear*（Krauss, 1848）］が手入れする「畑」は、自分の殻からほんの五ミリほどは

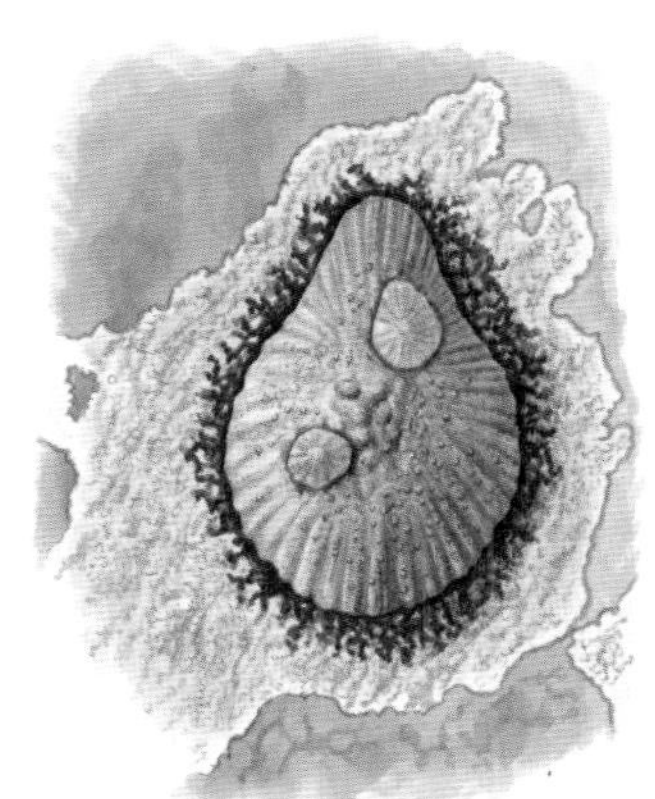

チリレンゲガイ
*Pleurobranchus forskalii*

洋ナシのような形をしたカサガイで、この貝の周囲と自身の殻にはサンゴモが薄く生え、淡いピンク色になっている。殻の周囲数mmには、この貝が育てた紅藻が生える。殻の上には同種の稚貝がよく乗っている

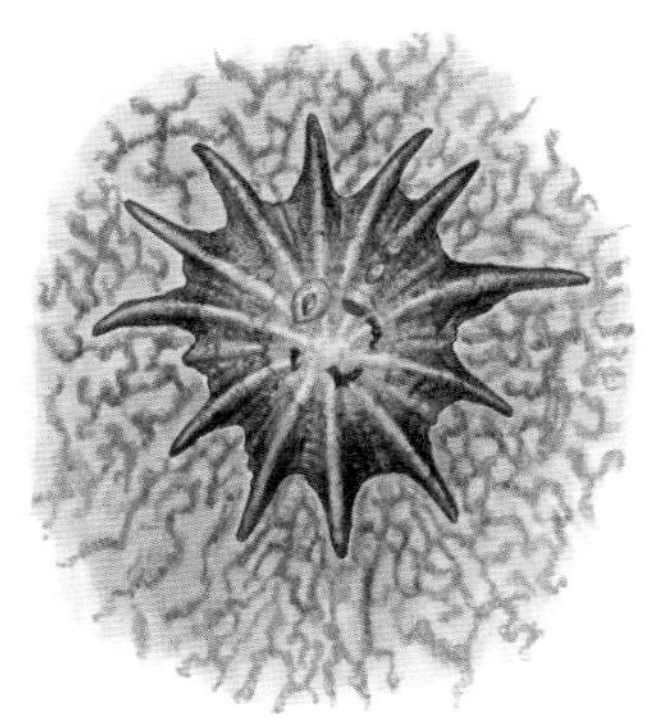

トガリウノアシ
*Patella longicosta*

日本のウノアシよりトゲが長く、7cmほどになる。縄張りが広く、農場は広大なので成長は早いが、その分苦労も多いようで、寿命はあまり長くない

み出るくらいしかないのです。トガリウノアシの畑は見回りに苦労するほどの大農園でしたが、それに比べるとチリレンゲガイの畑は小さな家庭菜園といった感じです。また、この貝も肥料を施していることが分かったのですが、彼らが肥料にするのは自分が出す尿素やアンモニウムです。しかも、肥料が海水中に散ってしまわないようちゃんと干潮時にまいていました。彼らの畑は本当にこれで食べ物が足りるのだろうか？　お腹が減ってつい食べつくしてしまったりしないのだろうか？　と心配になるほどささやかな畑ですが、彼らはここと定めるとその後、そこからほとんど動くことはなく、自分の足元で育てたわずかな藻類を食べて暮らします。なにしろ彼らが暮らすのに必要とする面積はわずかなので、狭い面積に密集して暮らすことができます。場所によってはこのチリレンゲガイで埋めつくされた岩場もあるそうで、その密度は最高で一平方メートルあ

## チリレンゲガイのコロニー

この貝はごく小さな縄張りしか持たないので、しばしば密集する。そうした場所では図のように小さな円形の縄張りが所狭しと並ぶことになる。

基本的に縄張りのものだけを食べてその中で暮らしていくことができる。スローライフの典型で、ゆっくりと長寿。25年生きているものが確認されている。

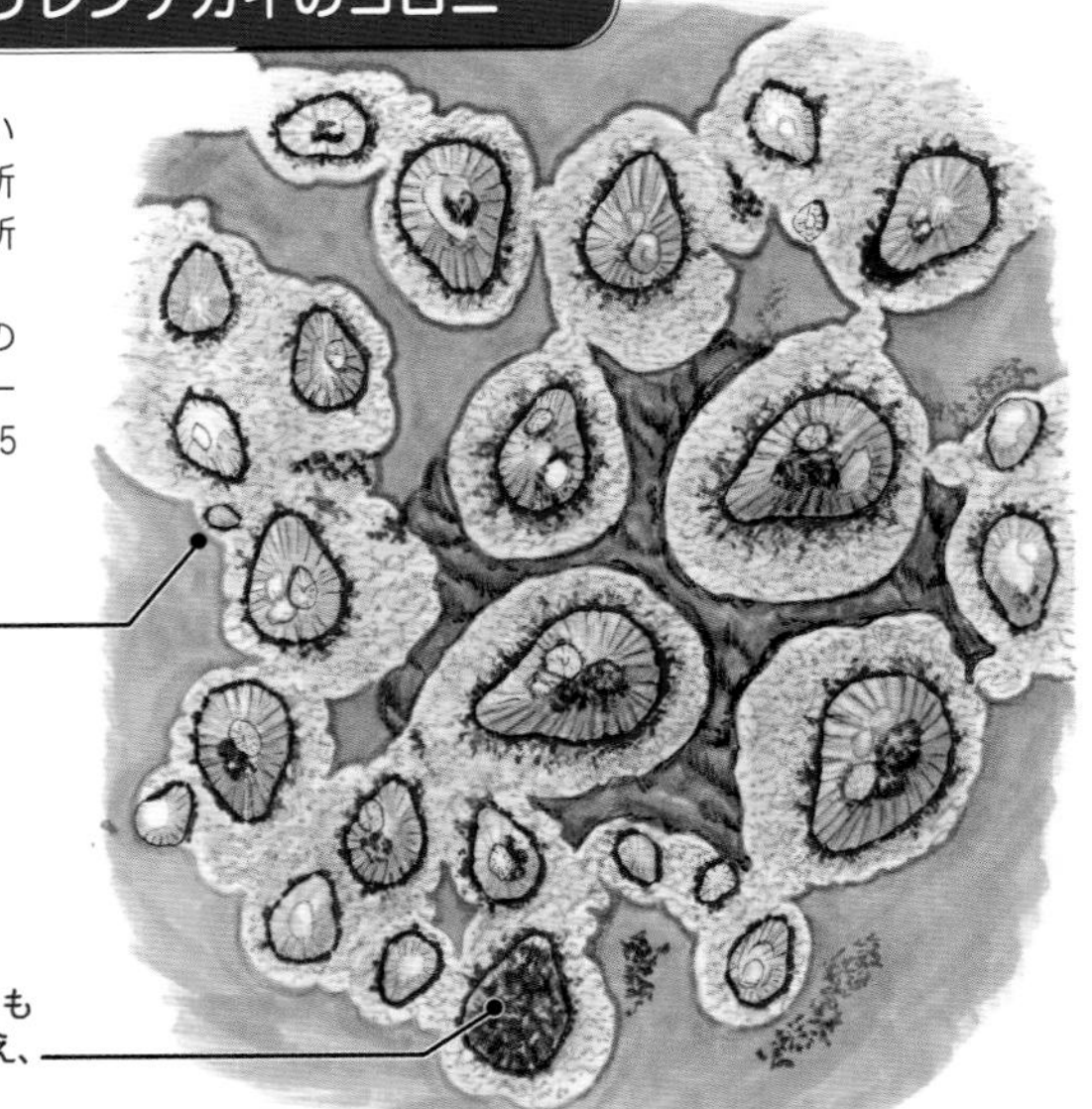

殻から降りた小さな貝は他の貝の縄張りの隙間で小さな農園を営み始める
殻の上に貝が乗っていないものには丈の高い海藻が生え、フサフサになってしまう

たり、一六〇〇個体にもなるそうです。なんだか想像もつかない密度ですが、こうした場所では幼い個体は自分の家や畑を作る余地がないので、大人の背中に乗って暮らすのだそうです。

岩場を埋めつくす無数のチリレンゲガイとその小さな農園。南アフリカのケープタウンの近く、フェールズ湾の岩礁にこの小さな貝が作り出した奇観はあるそうです。ぜひ見てみたい風景だと思いませんか。

## ◎カサガイ研究の今後

カサガイは縄張りを持ち、畑を手入れし、肥料まで与えます。これはもう農業といってもよい驚きの行動ですが、さすがに種まきまでするカサガイは見つかっていません。ですが、私が不思議に思うのは、農業を行うカサガイたちは、同じ藻類を育てているのではなく、それぞれが種ごとに特定の藻類を育てているという事実です。それぞれに生育環境が違いますから、そこで畑を作ると自然と違う種類を育てることになるのか、それとも手入れをしながら食べるときに嫌いなものは根こそぎ食べ、好きなものはまた生えてくるよう少し残すのか……。いずれにしても、もう一段、何か巧妙なことをしているような気がします。

私も農業するカサガイを自分で調べてみたく思いますが、残念ながら日本ではまだ見つかっていません。ですが、ツタノハガイとイソガワラというのっぺりとした藻類の関係は、貝が植生をコントロールしている可能性があると示唆する研究もあって、今後、日本でも農業をするカサガイが見つかるかもしれません。まだまだ面白い報告がありそうなカサガイの研究から、今後も目が離せません。

# 干潟歩き入門日記

## 小倉さん数えまくるの巻

小倉さん、今日は区画を切って何か数えている様子
小倉さ～ん、今日は何数えてんですか？
やあ、まあちょっとホソウミニナをね

ウソッ、ホソウミニナ数える気なんですか！
うん、前々から気になってたし、時間できたから数えようかな、と

小倉さんが貝を数えるのはいつもの事なのになぜ私が驚いているのか、説明がせねばなるまい！
この写真は小網代干潟を写したものですが、全体にツブツブが見えています

一部を拡大すると以下のようにツブツブは概ね貝で、矢印で指したものはみなホソウミニナなのです！

小網代干潟はホソウミニナが非常に多く、場所によっては足の踏み場もない程います。それを数えると小倉さんは言っているのです！

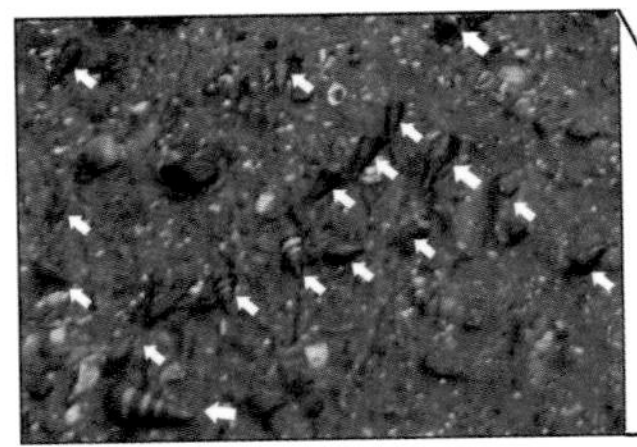

いや、まぁ確かにココで一番目につく貝だから、何匹いるのかな～とか思ったことはあるが
ヒョエ～～～
だからってホントに数える人います？しかも趣味で…小倉さんこえぇぇぇぇ
しかし、よく数えようとか思いますね…
浜の真砂を数えるがごとし…
実を言うと目的はもう一つあってですね
干潟にすむカサガイも数えようと思ってるんだ。

そのカサガイはホソウミニナの殻の上で暮らしてるんだけど、何%くらいの割合で乗ってるのか知りたいんだ
ツボミガイ
そうなると、分母になるホソウミニナの数を調べないわけにはいかないでしょう？

つまり、これはホソウミニナの数とツボミガイの乗る割合、
二つの謎がいっぺんにわかるお得な調査なんですよ
お得！
お、お得…なのか？……

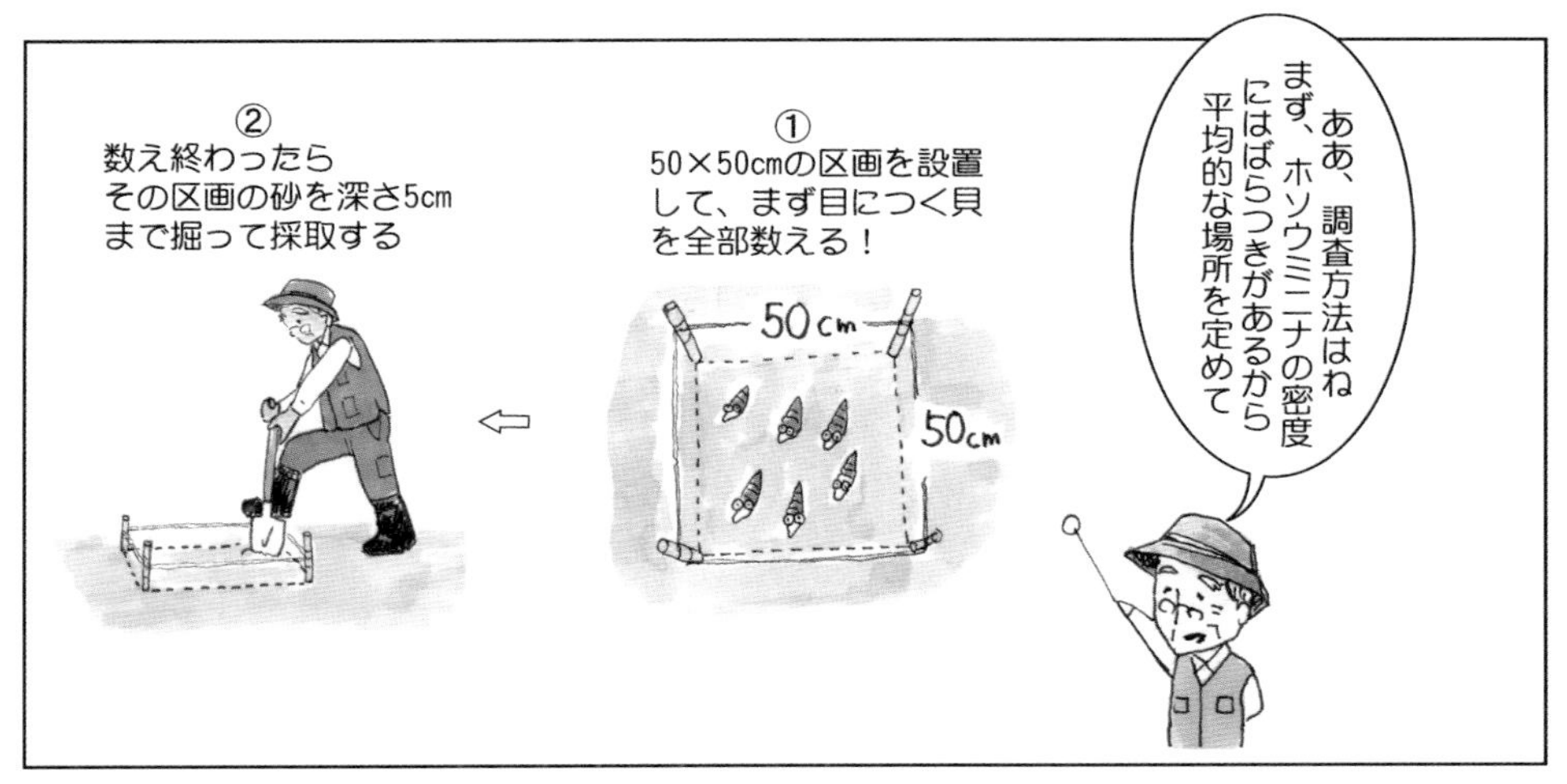
ああ、調査方法はね まず、ホソウミニナの密度にはばらつきがあるから平均的な場所を定めて
①
50×50cmの区画を設置して、まず目につく貝を全部数える！
50cm
50cm
②
数え終わったら
その区画の砂を深さ5cm
まで掘って採取する

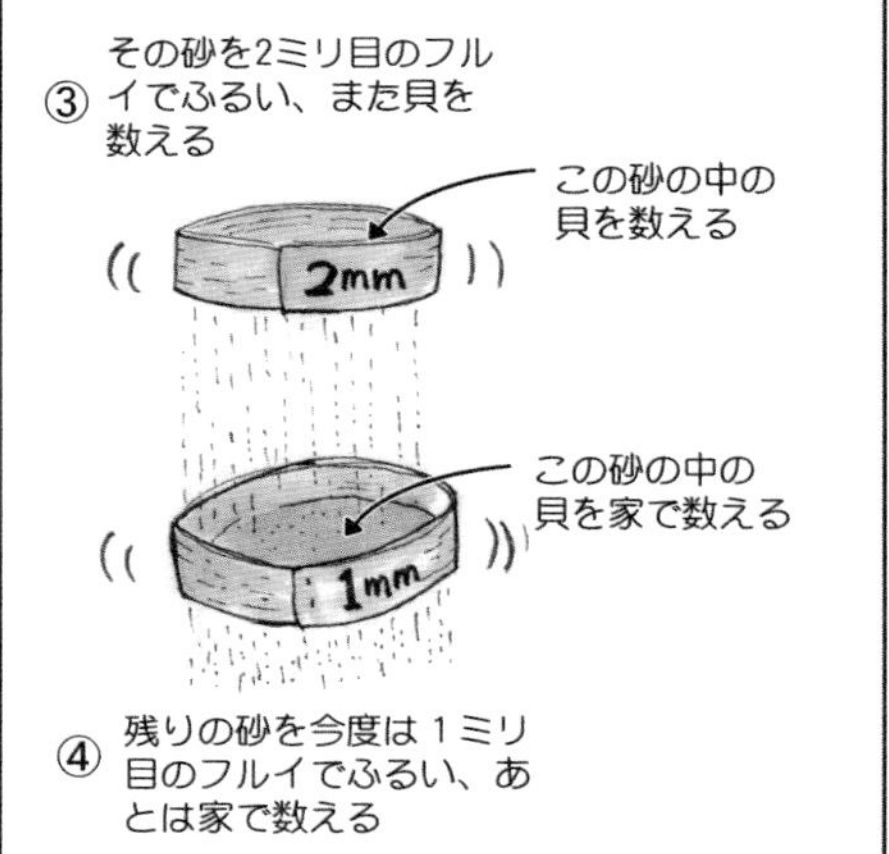
③ その砂を2ミリ目のフルイでふるい、また貝を数える
この砂の中の貝を数える
2mm
この砂の中の貝を家で数える
1mm
④ 残りの砂を今度は 1ミリ目のフルイでふるい、あとは家で数える

これで殻長1ミリのホソウミニナまでは数えられるかな、と
そ、そんな徹底的にかぞえるんですか

じゃぁ早速かぞえようかなぁ
ホント、楽しそうに数えるよなぁ…

数か月後…
おおお、小倉さんまた数えてるじゃないか
小倉さ～んどうです？何頭いるかわかりましたか～？
やぁ、まあ大体わかりましたよ

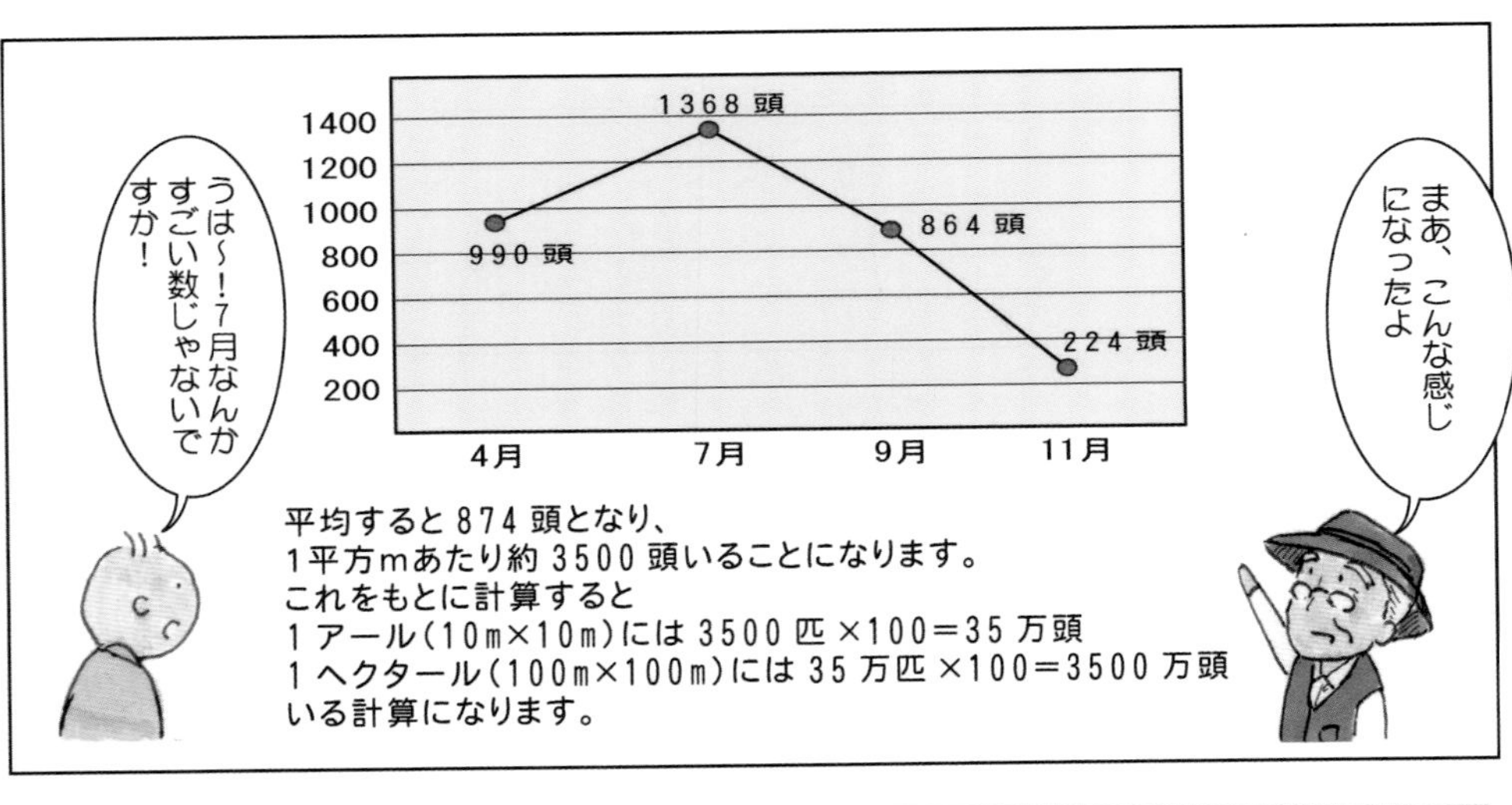
まあ、こんな感じになったよ
1400
1200
1000
800
600
400
200
990頭
1368頭
864頭
224頭
4月
7月
9月
11月
うは～！7月なんかすごい数じゃないですか！
平均すると874頭となり、
1平方mあたり約3500頭いることになります。
これをもとに計算すると
1アール(10m×10m)には3500匹×100＝35万頭
1ヘクタール(100m×100m)には35万匹×100＝3500万頭
いる計算になります。

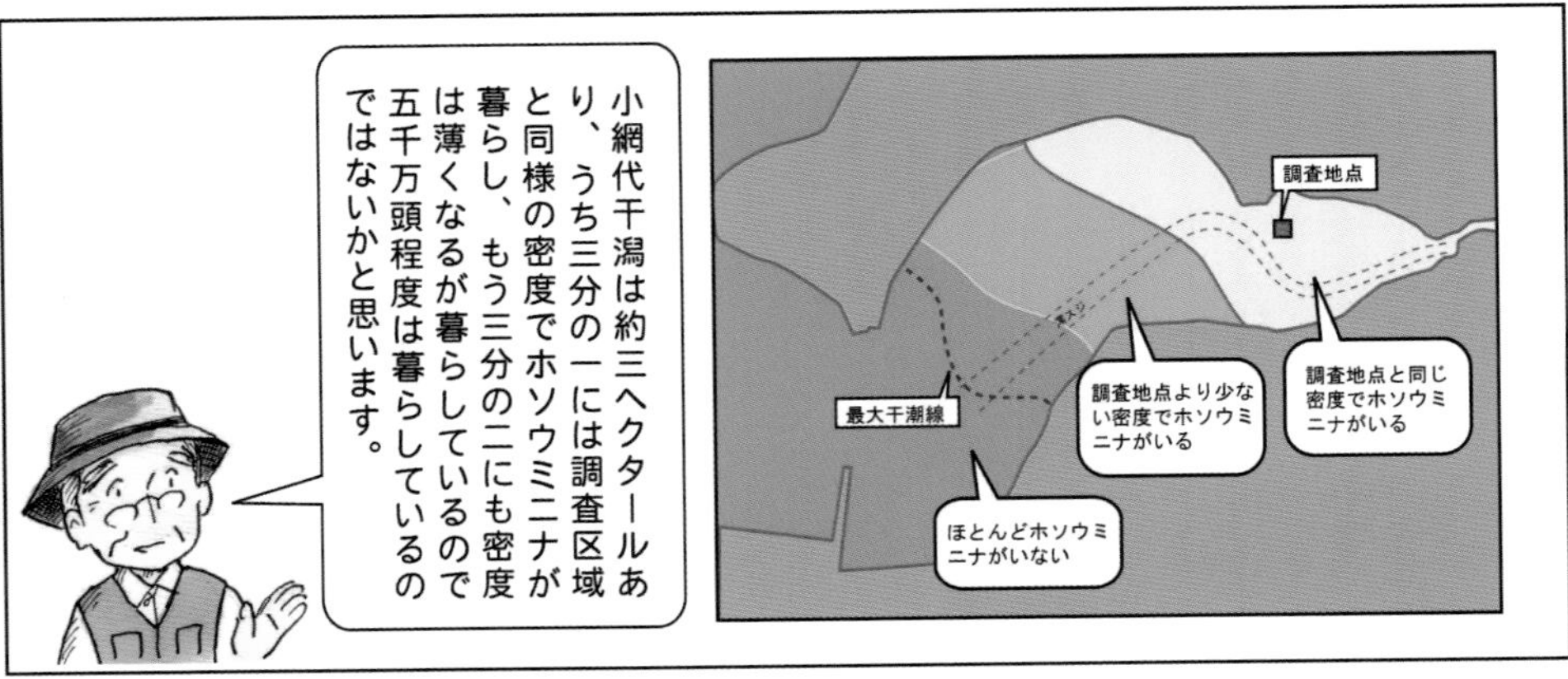
小網代干潟は約三ヘクタールあり、うち三分の一には調査区域と同様の密度でホソウミニナが暮らし、もう三分の二にも密度は薄くなるが暮らしているので五千万頭程度は暮らしているのではないかと思います。
調査地点
最大干潮線
調査地点より少ない密度でホソウミニナがいる
調査地点と同じ密度でホソウミニナがいる
ほとんどホソウミニナがいない

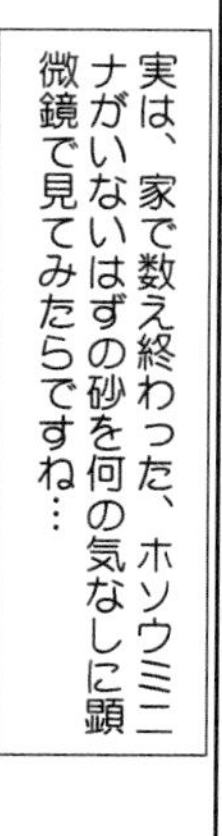


実は、家で数え終わった、ホソウミニナがいないはずの砂を何の気なしに顕微鏡で見てみたらですね…

顕微鏡で見たら…

砂粒より小さなホソウミニナがたくさん這っていた

なんと生まれたての小さなホソウミニナがたくさんいたんですよ。どうも、卵がかえったみたいで、砂の中には無数のホソウミニナの卵が含まれてるみたい

ああなってくると、とても数えきれない…一億頭いてもおかしくない気がするよ

一ミリ以下は諦めましょうよ〜小倉さ〜ん

と、いうわけで数えてきます

コドラート用の杭をもってる

面倒くさいとか思うこと無いのかなあの人…

**では、小倉さん、狂気の計数調査の結果をどうぞ**

## 2 ウミニナの背中に乗ったツボミガイ

### ◎貝の背中で暮らすカサガイ

前節でも話した通り、カサガイの多くは岩場に暮らしています。エサその他いろんな理由があってのことでしょうが、やはり一番の理由は彼らの殻のつくりにあるのではないでしょうか。ひっくり返されると無防備な彼らは、外敵に襲われた場合、逃げるか、固いものに引っつくかのどちらかしか選択肢がなく、引っつくものの無い場所には進出しにくいのだと思います。そう考えると泥や砂ばかりの干潟で暮らすのは厳しそうです。干潟を這いまわっているときに下から襲われたら、なすすべがありません。

では、干潟にカサガイはいないのでしょうか？ それが生きものというのはすごいもので、干潟でもちゃんとくっつくものを見つけて暮らしているのです。そのカサガイの名はツボミガイといい、彼らが選んだのは、なんと干潟に棲む貝の殻の上でした。小網代干潟の表面にはホソウミニナという巻貝が無数に棲んでいるのですが、ツボミガイはこの貝の上で暮らしています。また、貝の上で暮らすカサガイはツボミガイだけではなく、ごく近縁のシボリガイはマガキの殻の上で暮らしています。

### ◎ツボミガイ・シボリガイ・ヒメコザラ

実はツボミガイとシボリガイは、以前は同種だと考えられていました。この二種は岩場に棲むヒメコザラという貝が生活環境によって姿を変えた、生活型であるとされ、少し前の図鑑にはヒメコザラ、ヒメコザラ（シボリガイ型）、ヒメコザラ（ツボミ型）と、三つの貝が一つの種として整理されていたのです。まあ、殻の形以外区別がつかないくらいよく似ているので無理もない話なのですが、近年、ミトコンドリアを用いた分子系統解析によって三種は別種とするのが妥当であると発表されました。そのため、新しい図鑑では三種は別種として扱われています。

　この三種の中で私が興味を惹かれたのは、ホソウミニナに乗って暮らしているツボミガイです。普通のカサガイは波浪や敵から身を守るため、丈が低いものが多いのですが、成熟したツボミガイは丈が高く、まるで昔の人がかぶっていた烏帽子（えぼし）のような形になります。これは乗っているホソウミニナがそれほど大きくないので、笠の直径を大きくできず、しかたなしに丈を高くしたためです。ツボミガイは貝の上の暮らしに特化したユニークなカサガイなのです。小網代干潟にはホソウミニナがたくさんいて、ツボミガイも見られます。

「ツボミガイはどれくらいの割合でホソウミニナに乗っているのだろう？」

ふとこんな疑問が湧きました。割合を知るためにはまずホソウミニナを数えなければなりません。

「小網代干潟で一番目につく貝といえばホソウミニナだ、昔からどれくらいいるのか気になっていたし、ホソウミニナを数えながら、そこにつくツボミガイも数えれば、ホソウミニナの数も、ツボミガイの割合も分かって一石二鳥だからやってみよう。」

そう考えて、足の踏み場に困るほどいる小網代のホソウミニナを数えてみることにしました。とても数

## ツボミガイ=貝に乗るカサガイ

ツボミガイ

ホソウミニナに乗るツボミガイ

## ごく近縁のカサガイ2種

岩礁で暮らすヒメコザラ

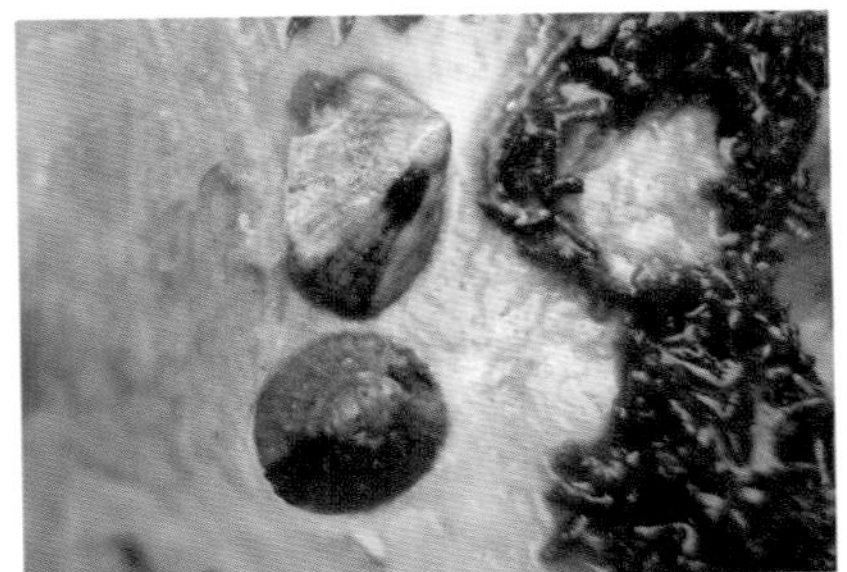

マガキの殻上で暮らすシボリガイ

## 3種のカサガイの比較

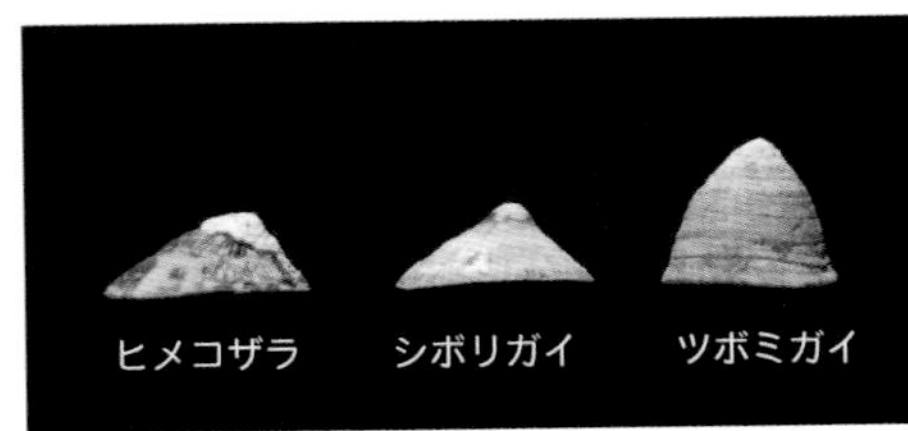


横から見るとツボミガイだけが異様に
丈が高いことがわかる

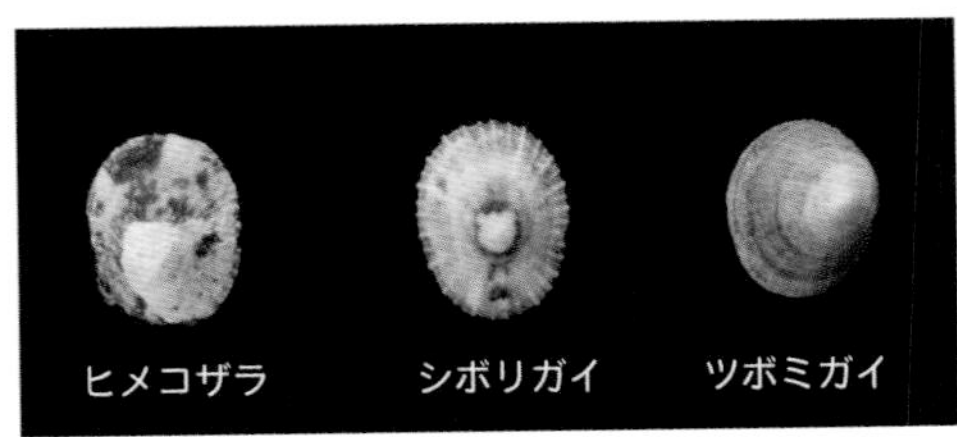


上から見るとどれも丸い貝だが…

えがいがありそうです。

**◎ホソウミニナを数える**

数えると決めて見てみると、ホソウミニナの密度も一様ではありません。せっかくなら干潟全体の様子が推測できるようにと考え、干潟を見て回って平均的な密度だと思える場所にしました。それは干潟のやや上部の岩礁のそば、仲間内ではイギリス海岸と呼んでいる場所です。そこに、五〇センチ四方の場所を定め、二ヶ月ごとに数えてみることにしました。

数え方はマンガでも述べた通り、計測エリアで目につくホソウミニナをまず全部つかまえて数えます。その後、エリア内の砂を深さ五センチまで掘って、目合い一ミリのフルイでふるって、数えます。これで、殻長二ミリくらいまでのホソウミニナは数えられるわけです。結果は、

四月　九九〇頭
七月　一三六八頭
九月　八六四頭
十一月　二七四頭

これを一ヶ月平均にすると八七四頭になります（ただし、この中には最近日本の干潟で数が減って心配されているウミニナもかなり含まれています）。さて、この数値から小網代干潟全体のホソウミニナの数を推測してみましょう。五〇平方センチに八七四頭ということは一ヘクタールあたりにすると約

三五〇〇万頭になります。小網代干潟の広さはおよそ三ヘクタールあり、うち干潟の上部三分の一には調査区画と同じ密度でホソウミニナが暮らしています。密度は低くなるものの、干潟の三分の二くらいの範囲にホソウミニナは見られるので、これらを勘案するとおそらく五〇〇〇万頭はいるのではないでしょうか。

しかし、実際には数はもっと多くなるでしょう。二ミリの大きさまで数えたのに、なぜそんなことを言うかというと、フルイの目合いより小さな個体がたくさんいて、それは計測できていないのと、ホソウミニナを数え終わった砂を、数日後、何の気なしに顕微鏡で見たところ、一ミリほどのホソウミニナがたくさん這っているのを見つけてしまったからです。どうやら、砂の中には莫大な数のホソウミニナの卵が含まれていて、それが孵化して貝になったようです（ホソウミニナは親に似た姿で生まれる直接発生です）。見えている以外にも、卵の形で砂の中に潜んでいるわけで、これでは全部を数えるのは難しいですね。

**◎ツボミガイの乗っている比率**

この調査で膨大な数のホソウミニナがいることが分かりました。そして数える際、ツボミガイも数えていたので、これで割合が分かります。季節や場所によっても異なりますが、一％から一五％くらいの割合でツボミガイが殻上に乗っていました。調べてみるとツボミガイの密度にはばらつきが見られたので、これとは別に特にツボミガイがよく乗っている場所とあまり乗っていない場所も調べてみました。

よく乗っている場所では三〇％という高い割合で乗っていました。低い場所では〇％のことも多々ありました。

また、乗っている貝に関しても、ツボミガイが乗っていたホソウミニナで一番小さなものの殻径は三・五ミリで、あまり小さいものには乗っていませんでした。これは当然の話で、あまり小さな貝に乗っては笠がはみ出してしまいますし、大きい貝は表面積も広くなり藻類もたくさん生えますから、大きいホソウミニナのほうがよい物件なのでしょう。また、ツボミガイはホソウミニナの生貝の殻上だけではなくユビナガホンヤドカリなどが利用しているホソウミニナの殻上にも乗っていたり、ウミニナにも乗っていたり、小さな石についていたこともありました。

## ◎ツボミガイの生活史

ツボミガイについては生活史も調べられており、それによるとの産卵は六月頃からで、大きさが〇・一ミリくらいの褐色がかった緑色の卵をメスが海に放つと同時に、オスが精子を放つことで受精が行われます。その後孵化してトロコフォア幼生、ベリジャー幼生を経て稚貝となり、ウミニナの背中に乗るようです（幼生については49ページのコラム参照）。小網代干潟での私の観察でも、秋から早春にかけてホソウミニナに乗った小さなツボミガイがたくさん見られました。その後ツボミガイはホソウミニナの上で暮らし成長していきますが、殻口の面積を増大させずに成長せねばならないので、殻を上方向に成長させ、その独特な形状になっていくわけです。寿命はよく分かりませんが、大きく成長したものは殻の様子などから数年は生きていると思われます。

さて、ツボミガイについて、ホソウミナに乗っている比率や、生活史が分かってきたところで、この貝を見たときに最初に感じた疑問について調べてみることにしましょう。それは、

「あんな小さな貝の上に生えている藻類を食べてお腹いっぱいになるのかな？」

という疑問です。さて、どうやって調べたものでしょう。まず私がやってみたのはツボミガイの乗っているホソウミニナ一〇頭を連れて帰り、しるしをつけて観察するというものでした。ホソウミニナには区別がつくようマーカーでチョンと色をつけ、ツボミガイは小さいので瞬間接着剤で色のついた短い糸をつけてみました。じっと見ていてもそんなに動かないだろうと、実験開始から一時間後に見てみたのですが、ツボミガイとホソウミニナの組み合わせはほとんど変わっていて、貝に乗らず飼育ケースの中を這っているものもいました。

「これは思ったより頻繁に動くようだ、一時間ごとの観察ではダメだな。」

そう思って今度はしばらくじっと見てみることにしました。するとツボミガイは思ったよりよく動き、貝から貝へ乗り移ることもあれば、容器を這って乗り移ることも、入れておいた小さな石についてしまうこともありました。

「思ったより頻繁に乗り移ることはわかったけれど、これではエサを食べつくして移ったのかなんだかよく分からないな。」

そこで、新たなホソウミニナを入れてみることにしました。新たなホソウミニナに生えている藻類は

まだ食べられていないので、新たなホソウミニナに多くのツボミガイが移ってくるならエサを求めて移ってきたといえるだろうと考えたからです。比較できるように歯ブラシで念入りにこすって藻類を落としたものも同時に入れてみました。結果はというと、特に有意に新たなホソウミニナに移ってくることはなく、どちらにも同じように乗ってきました。人気があったのは大きなホソウミニナで、これは干潟での観察時にも見られたことでした。

また、マガキに乗ったシボリガイも加えてみた実験では、ツボミガイはマガキの上にも好んで移動したにもかかわらず、シボリガイはマガキの上から動くことはありませんでした。干潟で観察した際もシボリガイがホソウミニナ乗っていた例はゼロではありませんが、非常にまれでした。マガキは表面積がホソウミニナよりずっと大きいですから、シボリガイはマガキの上だけで十分な食べ物を得られるため、あまり動く必要がないのかもしれません。これは他の研究でも報告があり、シボリガイはカキ殻上に生育する藻類を主に食べ、ツボミガイはウミニナ類の殻上とカキ殻上の両方に生育する藻類を食べていることが報告されています。

こうした微妙な食性の違いは、場所ごとに色々あるようで、小網代のツボミガイはたくさん見られるホソウミニナとウミニナに乗っていますが、香港のツボミガイはイボウミニナの上を一番好むようです。ウミニナの上には少しだけ、そしてホソウミニナの上にはほとんど乗らないようです。沖縄の泥干潟にもたくさんのイボウミニナ、ウミニナが暮らしていますが、やはりツボミガイがイボウミニナの上に乗っているのが見られました。小さな干潟でもイボウミニナの殻はたくさん見られますので、昔は小さな干潟でもイボウミニナに乗ったツボミガイをたくさん見ることができたと思われます。

ツボミガイはウミニナ類の殻に乗ってそこに生息する特別な藻類を食べるために長い時間をかけてその形態を変化させてきました。そうして見事に特殊化したツボミガイですが、乗っているホソウミニナの背中の藻類だけでは十分ではないのでしょう。そのため頻繁に乗り換えたり、小石やマガキに生える藻類を食べたりと、いろいろ食べるゼネラリストになったのではないでしょうか。別にすべてのマガキにシボリガイが乗っているわけでもないのだから、マガキをエサ場にしたところで熾烈な競争も無いように思うのですが、生きものというのはこうして様々な生きる道を開拓して、新たな種を生んでゆくもののようです。ツボミガイを見ていると種の多様性について考えさせられます。

### ◎小網代干潟にツボミガイがいるわけ

さて、最後に小網代干潟にツボミガイがいるわけを考えてみたいと思います。実はこの貝、どこにでもいるというわけではなく、近年、多くの干潟で姿を消しており、小網代のようにたくさん見られる干潟は数えるほどしかありません。そのため、環境省の準絶滅危惧種に指定されています。

興味深いのは、ホソウミニナやウミニナがたくさんいる干潟でもツボミガイがいないことが多くなっている、という事実です。おそらくそうした干潟ではホソウミニナは暮らせても、ホソウミナに生える藻類が暮らしていけないのでしょう。この藻類が生えるためにはいくつかの条件が必要で、小網代にはそれがあるが、ツボミガイのいない干潟にはそれが欠けている……。

小網代にあって、他の干潟で失われたもの、それはいったい何なのでしょう？

私は「森」だと考えています。

「貝の暮らしに森が必要？　貝は海の生きものなのだから、森は関係ないのでは？」

こんな疑問を感じる人も多いと思うのですが、私には思い当る節があるのです。それは相模湾での貝拾い経験によるものなのです。

## ◎貝屋は森を見る

私は若い頃、相模湾の貝類同好会で貝のことを学びました。とても歴史のある会で、高名な学者の方や、有名な貝収集家の方もたくさん所属していて、アマチュアでもそうした人たちから直接貝の話が聞ける貴重な場所でした。貝の採集をする中心地は当然相模湾なわけですが、いつのころからか、浜に打ち上がる貝の種類が減っていったのです。

「なんだか最近、貝の種類が減ってつまらないですね。」

そう先輩に言うと、先輩は海ではなく、山の方を見て、

「相模湾での貝拾いはもうだめかもしれないね、上を見ても森がないもの。」

「森と海、そんなに関係ありますか？」

「ああ、貝屋はまず、浜から陸を見て森があるかどうかを確かめるんだよ。森を背後に持たない海は、なぜか貧しい。」

小網代干潟から見上げると、流域で保全された豊かな森が広がる

## 小網代の谷



小網代の谷は三浦半島の南端に位置し、森・干潟・海が一体で残る関東唯一の場所です。現在、保存されているのは、流域が丸ごと緑で覆われた70ha(東京ドーム15個分)ほどの広さの森の部分です。小網代干潟にはその森に降った雨だけが注いでいます

色んな場所で長く貝を拾ってきた方でしたから、それまでも森を失ってダメになっていく海をいくつも見てきたのかもしれません。そんな方の言葉でしたので、その言葉は私の胸に深く残りました。

## ◎流域思考で保全する

その後、私は学生時代に指導教官だった岸由二先生を通じて、小網代によく訪れるようになりました。そして、小網代には森と干潟と海が一体となって残っていて、しかも、干潟にそそぐ流域丸ごとを保全しようという活動があることを知りました。相模湾で貝が減ってゆく様を目の当たりにしていた私は、この流域を単位とした保全活動がとても理にかなったものだと感じて、以来、活動のお手伝いをしてきました。嬉しいことにその活動は実を結び、小網代の森は保全されました。干潟でツボミガイを観察できるのも森あればこそ、と思っています。小網代保全の経緯は岸先生の著書『「奇跡の自然」の守りかた』に分かりやすく書かれていますので興味のある方は読んでみてください。

さて、私が思うに、ツボミガイは確かに絶滅危惧種なのですが、実はツボミガイが食べている藻類もまた絶滅危惧種なのです。ツボミガイは小さいとはいえ肉眼で見えますから、いなくなれば分かります。そして絶滅危惧種に指定されることもあるでしょう。ですが、ツボミガイの生活を支えている、ウミニナ類に生える藻類は肉眼では見えません。だからいなくなっても誰も気に留めません。もともと気づかれていないのだから、減ってしまっても絶滅危惧種に指定されることもありません。

目で見える生きものが姿を消して、初めて人は騒ぎ始めますが、実はツボミガイが姿を消す前に森が消え、藻類が消えていて、崩壊はずっと前に始まっているのです。こうしたことは気づかれないだけで、実はたくさん起きているのではないでしょうか。人には自然のほんの一部しか見えていませんし、ましてや見えていない者同士の複雑な関係性など知る由もありません。私も干潟で生きものを調べていると自分が何も知らないことをいつも痛感します。だからこそ、その複雑な関係性をそのままに、人間の都合で切り分けたりせず、謙虚になって自然の単位である流域で丸ごと守ろうとしたこと、そして本当に流域ごと守ってしまった小網代の谷保全の事例はとても価値があると思います。

## ◎これからのこと

ツボミガイはウミニナ類、藻類という二種類の生きものと深く結びついて干潟で暮らしています。この関係に森が必要不可欠であることは、森を失った干潟との比較で何となく理解できます。しかし、森の何がどう効いているのかについては全く分かっていません。分からないことはそればかりではありません。干潟で生きものが押し引きしている様を長年眺めていると、たくさんの種類の生きものが大きく、小さく複雑に影響しあっていることをひしひしと感じます。目に見えない生きものの関係まで含めると、途方もなく複雑な関係が織りなされていることでしょう。こうした複雑な関係はあまり調べられていないように思います。こうした関係を調べるには、現場に出て、色々な生きものに触れつつ、少し引いて俯瞰で全体を眺めるようにしないと見えてきません。

私が生物学を学び始めた時代は、遺伝子が見つかった熱狂から、分子レベルで生物を見る分子生物学がそれまでの生物学を席巻した時代でした。その視点が多くのことを解き明かしたのはいうまでもありませんが、取りこぼしたり、かえって見えなくなってしまったこともあると感じています。ツボミガイとホソウミニナと森のような生物間の複雑な関係の研究などは、分子生物学のまなざしではなかなか見えてこないことの一つだと思います。

こうした複雑な関係が小網代の谷では今でも保たれています。それは流域単位での保全によって、森・干潟・海の関係が保たれたためです。東京湾や相模湾の状況を思うとき、昔ながらの環境を保った小網代の谷はノアの箱舟のようだとすら感じます。そして今後も流域思考で保全されていくなら、この谷はたくさんの不思議を抱えながら未来へつなげていってくれることでしょう。生物学の潮目が変わって、生きもの同士の複雑な関連が注目されるようになった時、小網代の谷は今よりもっと貴重で重要な場所になるのではないかと思います。

# あとがき　干潟への招待

この本では干潟に暮らす小さな生きものの暮らし方をほんの少しだけ紹介しました。小網代のような小さな流域でも、健全なら森から落ち葉が川を流れ、砂や泥が河口にたまり生きものがたくさん暮らす干潟が出来上がります。干潟の環境で何千万年、何億年という長い時間、命を繋いできた生きものたち、それらのそれぞれのつながりや共存を見てみると、そのユニークな暮らし方がいとおしく思えてきます。東日本では江戸から明治、大正、昭和の初めの頃までは小さな川の河口にも小さな干潟がたくさんありました。しかし現在では、森がなくなり、大きな干潟も小さな干潟も見られなくなってきています。干潟にはたくさんの生きものが暮らし、人間にとっても大切な場所なのだということを知ってもらえたら嬉しく思います。干潟の生きものを見ながら歩いていたら、いつの間にか森の中に入ってしまった。このような干潟がいつまでも残って欲しいと願います。

不思議が詰まった小網代干潟へぜひ、と言いたいところなのですが、私たちの調査で小網代干潟が当初考えていたより、希少で壊れやすい自然環境であることが判明したため、現在は昔から干潟を利用してこられた地元の方以外は、我々も含めて不要な採取や立ち入りをなるたけ控えています。

そのため、一部を除いて干潟にはあまり入れないのが現状です。

そこはとても残念なのですが、皆さんには干潟の魅力を知ってもらいたいのです。お近くに干潟があったなら、潮干狩りでも構いません。ぜひ、干潟に出かけてみてください。

私も子どものころ親に潮干狩りにつれて行ってもらったのが干潟を好きになったきっかけだったように思います。私はアサリより他の貝や、にょろにょろした生きもの、潮から取り残された魚などの方が気になる子どもでしたから、生きものを探すうちにフラフラと沖の方へ行ってしまい、ハッと気づくと陸地ははるか遠く、潮が満ちてきています。周囲にあんなにいた人たちもみな陸に向けて帰ってしまい、誰もいません。見渡すと自分の周りには海と空と大地がいっぱいに広がっていて、

「うわぁ、なんて気持ちがいいんだろう。」

そんな呑気なことを言っていたら、もうくるぶしまで潮が満ちています。急に怖くなって陸に向かうのですが、大潮の時の上げ潮というのはすごいもので、子どもの歩く速さでは怖くなるほどのスピードで潮が満ちてきて、海に追いかけられます。陸地が近づいて親が見えた時の安堵は忘れられません。でも、胸に残っていたのは怖さより、魅力的な生きものたちや、広々した干潟の気持ち良さでした。そんな話をしたら、江良さんも全く同じことをやらかした子どもだったそうです。

干潟は海と陸と空がいっぺんに味わえる場所です。ほんの数時間前まで海底だった場所を歩くことができる場所です。足元には普段見ることのできない生きものたちが見られることでしょう。そんな時、そうした生きものたちにも暮らしがあることをふと思って、その暮らしを覗いてみたいと

思うきっかけにこの本がなってくれたなら、こんなに嬉しいことはありません。
最後まで読んでくださって、ありがとうございました。

この小著を作り上げるまでに多くの方々にたいへんお世話になりました。なかでもＮＰＯ小網代野外活動調整会議代表理事の岸由二先生には多大なご支援をいただきました。干潟調査の仲間で共著者の江良弘光さんには、無理をいってたくさんの図版を作っていただきました。心よりお礼申し上げます。

小倉雅實

おまけマンガ

# 小倉さんという人

アフリカのアワビ　殻のひだが面白い

どれも食べられて、
標本まで手に入り
一石二鳥である
地方の干潟に遠征した時も
観光地はスルーしても魚市場
は要チェックなのだった

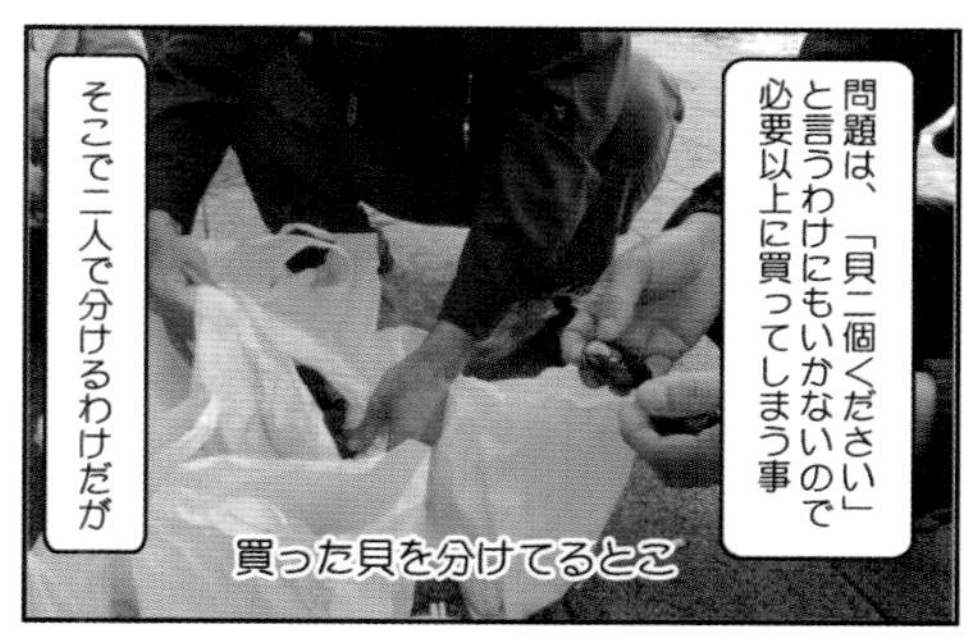

問題は、「貝二個ください」
と言うわけにもいかないので
必要以上に買ってしまう事
そこで二人で分けるわけだが

買った貝を分けてるとこ

大きいから、水管も立派でね。見ごたえあるよ
いやいや、そういう事じゃなくてですね…

小倉さん、もしや貝食べないんですか
いやいや、全部は飼えないから、さすがに食べますよそりゃ

でもあれですね一度飼っちゃうとその子は食べれないね
ま、そもそも、貝を食べるのはあんまり気が進まないけどね

ウ～ム、小倉さんにとって貝は食べ物じゃないんだな…
今までも買った貝食べずに飼ってたなこりゃ…

いや、そもそもこういう売り場を見ながら

う～んどれ飼おう…
などと、ペットショップ的な目で見ていたのだろうか…

まぁ、小倉さんが水管も見ずに、貝食べちゃうわけないか
にしても変わった人だよなぁ…
おっイトカケいた

さて、ここまでで十分変な話なのだが、話はさらにおかしくなっていくのだった

驚きのハマグリ飼育事件…
世にも奇妙
その続きをご覧ください。

ああ、揖斐川の河口あたりね

愛知の干潟も埋め立てが進んでるなぁ

伊勢湾も三河湾にも見たい干潟あったから、丁度良かった

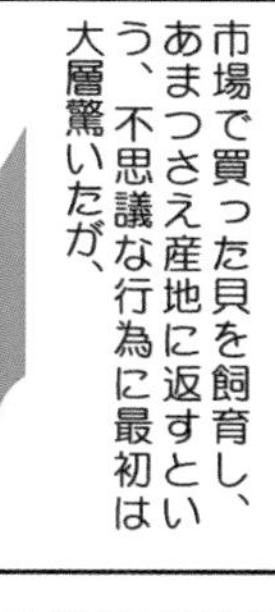


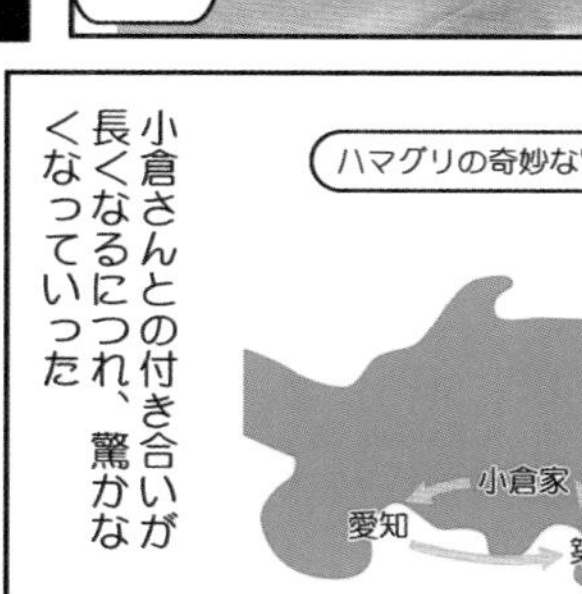


小倉さんとの付き合いが長くなるにつれ、驚かなくなっていった

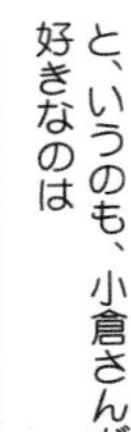

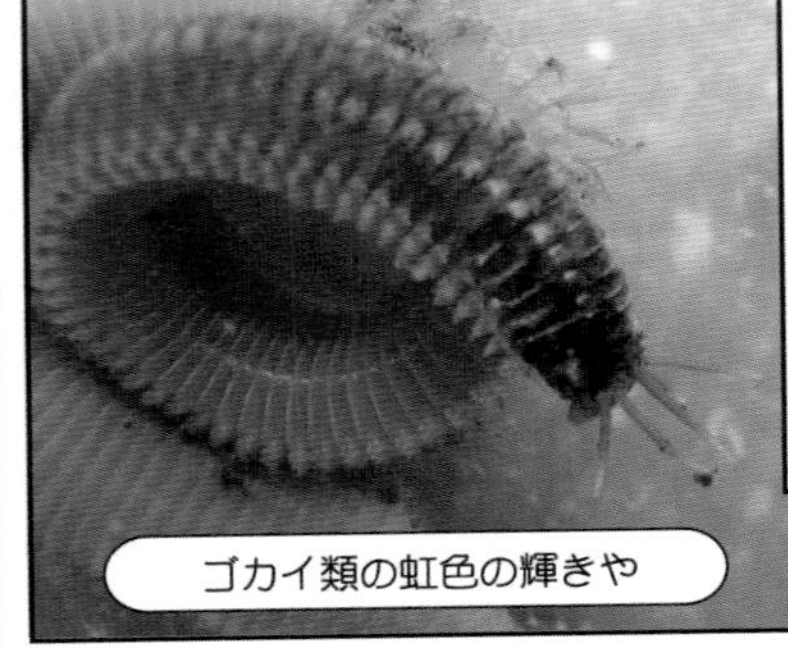

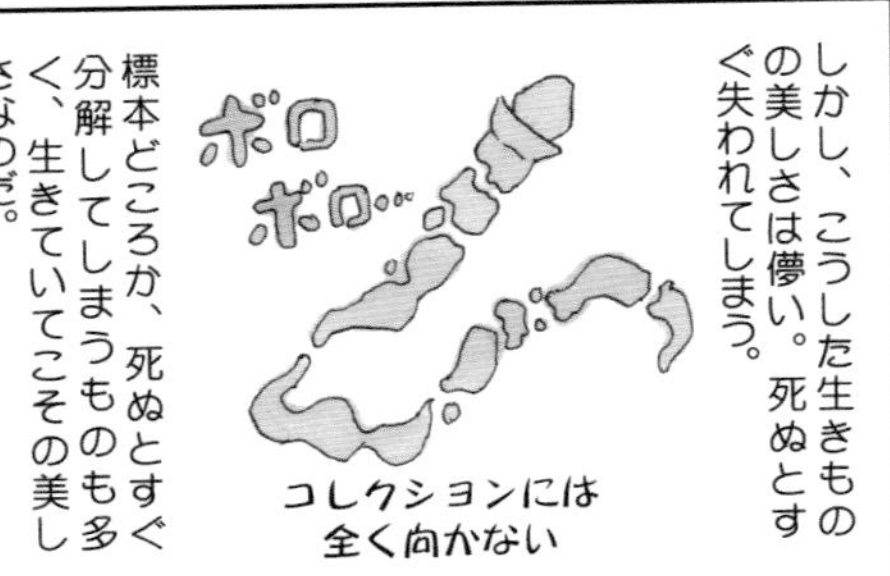


貝殻のように死後、何千年も変わらない美しさとは対極にある美しさだと思う。

こうした生きていてこそ見られる美しさを愛する小倉さんは、命をぞんざいに扱うことができないのだろう。

コレクションできる変わらない美しさにはあまり関心が無く、

コレクションには関心がない

移ろいやすければ移ろいやすいほど美しい、と感じる小倉さんの感性は独特なもので面白い。

# 参考文献

〈全体にかかわるもの〉

阿部　襄（1965）『貝の科学 ―なぎさでの研究 30 年』牧書店

奥谷喬司 編著（2000）『日本近海産貝類図鑑』（第 1 版）東海大学出版会

奥谷喬司 編著（2017）『日本近海産貝類図鑑』（第 2 版）東海大学出版会

佐々木猛智（2010）『貝類学』東京大学出版会

池谷仙之・棚部一成 編（2011）『古生物の科学 3：古生物の生活史』（普及版） 朝倉書店

〈第 1 章　干潟の小さな貝たちの暮らし〉

Berry AJ (1994) Foraminiferan Prey in the Annual Life-cycle of the Predatory Opisthobranch Gastropod *Retusa obtusa* (Montagu). Estuarine, Coastal and Shelf Science Vol.38 (6): 603-612

Berry AJ (1989) Spawning season and egg production in forth estuary *Retusa obtusa* (Montagu) (Gastropoda: Opisthobranchia). Journal of Molluscan Studies Vol.55 Issue 4: 455-459

Chaban Elena M (2000) Some materials for revision of opisthobranchs of the family Retusidae (Mollusca: Cephalaspidea). Annual Reports of the Zoological Institute, Russian Academy of Sciences

Franz David R (1971) Development and metamorphosis of the gastropod *Acteocina canaliculata* (Say). Transactions of the American Microscopical Society Vol.90 No.2: 174-182

Mikkelsen Paul S and Mikkelsen Paula M (1984) Comparison of *Acteocina canaliculata* (Say,1826), *A.candei* (d'Orbigny,1841), and *A. atrata* spec. nov. (Gastropoda: Cephalaspidea). The Veliger 27 (2): 164-192

Marcus Eveline and Marcus Ernst (1969) Opisthobranchian and Lamellarian Gastropods Collected by the "Vema". American Museum Novitates No.2368

Oskars Trond R, Bouchet Philippe, Malaquias Manuel Antonio E (2015) A new phylogeny of the Cephalaspidea (Gastropoda: Heterobranchia) based on expanded taxon sampling and gene markers. Molecular Phylogenetics and Evolution 89: 130-150

Smith S Tyrell (1967) The development of *Retusa obtusa* (Montagu) (Gastropoda, Opisthobranchia). Canadian Journal of Zoology 45(5) : 737-764

Smith S Tyrell (1967) The ecology and life history of *Retusa obtuse* (Montagu) (Gastropoda, Opisthobranchia). Canadian Journal of Zoology 45(4): 397-405

柴田健介・福田宏（2012）「コメツブガイ（腹足綱：頭楯類）の分類学的位置：科・

属の所属と 2 種の混在」VENUS 70 (1-4) : 95

Thompson TE (1976) Biology of Opisthobranch Molluscs. volume1, The Ray Society

〈第 2 章 二枚貝は干潟の地下生活者〉

Allen JA (1958) On the basic form and adaptations to habitat in the Lucinacea (Eulamellibranchia). Philosophical Transactions of the Royal Society of London. Series B Vol.241 No.684 : 421-484

Cope John CW (2000) A new look at early bivalve phylogeny (Evolutionary Biology of the Bivalvia. Edited by E M Harper, J D Taylor and J A Crame. Geological Society Special Publication No.177 : 81-95)

崔 相（1954)「ウメノハナガイ *Loripes pisidium* (Dunker) の発生とその卵について」貝類学雑誌 18（1）: 20-30

Fishelson L (2000) Comparative morphology and cytology of siphons and siphonal sensory organs in selected bivalve molluscs. Marine Biology 137: 497-509

速水 格（1990）「"中生代の海洋変革"と二枚貝類の進化」化石 49 : 23-31

Heide Tjisse van der, Govers Laura L, Fouw Jimmy de, et.al. (2012) A Three-Stage Symbiosis Forms the Foundation of Seagrass Ecosystems. Science Vol.336 : 1432-1434, 朝倉書店

勝田 毅・棚部一成（1984）「潮間帯の底生二枚貝類個体群の分布と成長 *Phacosoma japonicum* と *Coecella chinensis* を例として」日本地質学会講演要旨　第 91 年学術大会

Monismith Stephen G and Koseff Jeffrey R, Thompson Janet K, O'Riordan Catherine A and Nepf Heidi M (1990) A study of model bivalve siphonal currents. American Society of Limnology and Oceanography 35(3): 680-696

Edited by Winston F Ponder and David R Lindberg (2008) Phylogeny and Evolution of the Mollusca. University of California press

Pekkarinen Marketta (1984) Regeneration of the inhalant siphon and siphonal sense organs of brackish-water (Baltic Sea) *Macoma balthica* (Lamellibranchiata, Tellinacea) Ann. Zool. Fennici 21: 29-40

Ross Pohlo (1982) Evolution of the Tellinacea (Bivalvia). J. moll. Stud. 48: 245-256

Stanley Steven M (1968) Post-Paleozoic adaptive radiation of infaunal bivalve molluscs – a consequence of mantle fusion and siphon formation. Journal of Paleontology Vol.42 No.1: 214-229

Stanley Steven M (1975) Adaptive Themes in the Evolution of the Bivalvia (Mollusca). Annual Review of Earth and Planetary Sciences Vol.3: 361-385

Lonsdale Darcy J, Cerrato Robert M, Holland Robert, Mass Allison, Holt Lee, Schaffner Rebecca A,

Pan Jeronimo, Caron David A (2009) Influence of suspension-feeding bivalves on the pelagic food webs of shallow, coastal embayments. Aquatic Biology Vol.6: 263-279

Sartori Andre F and Domaneschi Osmar (2005) The functional morphology of the Antarctic bivalve *Thracia meridionalis* Smith, 1885 (Anomalodesmata: Thraciidae). Journal of Molluscan Studies 71: 199-210

Taylor John D and Glover Emily A (2006) Lucinidae (Bivalvia) – the most diverse group of chemosymbiotic molluscs. Zoological Journal of the Linnean Society Vol. 148: 421-438

Taylor John D and Glover Emily A (2000) Functional anatomy, chemosymbiosis and evolution of the Lucinidae. Geological Society, London, Special Publications vol.177, 207-225

竹中理佐・小森田智大・堤裕昭（2016）「緑川河口干潟におけるホトトギスガイの二次生産量の特徴」日本ベントス学会誌　71: 17-24

Williams Suzanne T, Taylor John D and Glover Emily A (2004) Molecular phylogeny of the Lucinoidea (bivalvia): non-monophyly and separate acquisition of bacterial chemosymbiosis. J. Moll. Stud 70: 187-202

Yonge CM (1949) On the structure and adaptations of the Tellinacea, deposit-feeding Eulamellibranchia. Philosophical Society of London, Series B, Biological Sciences No. 609 Vol. 234 : 29-76

Yonge CM (1937) The formation of siphonal openings by *Thracia pubescens*. Proceedings of the Malacological Society of London 22: 337-338

Adal MN and Morton Brian (1973) The fine structure of the pallial eyes of *Laternula truncata* (Bivalvia: Anomalodesmata: Pandoracea). Journal of Zoology Vol.170 (4): 533-556

Bernard F R (1979) Identification of the Living *Mya* (Bivalvia: Myoida)　現生オオノガイ属の同定. Venus Vol.38 No.3: 185-204

Cerrato Robert M, Wallace Heather VE and Lightfoot Kent G (1991) Tidal and Seasonal patterns in the Chondrophore of the Soft-Sell Clam *Mya arenaria*. Biological Bulletin Vol.181: 307-311

Checa Antonio G and Cadee Gerhard C (1997) Hydraulic burrowing in the bivalve *Mya arenaria* Linnaeus (Myoidea) and associated ligamental adaptations. Journal Molluscan Studies Vol.63: 157-171

Hsueh Pan-Wen (2003) Responses of the pea crab Pinnotheres taichungae to the life history patterns of its primary bivalve host *Laternula marilina*. Journal of Natural History Vol.37 Issue12: 1453-1462

木村総一郎（2013）「小祝地先における二枚貝類の分布」大分県農林水研報（水産）No. 3: 13-20 (Bull. Oita Pref. Agri. Forest. Res. Cent. (Fish. Div))

Lai CH, Morley SA, Tan KS, Peck LS (2011) Thermal niche separation in two sympatric tropical

intertidal *Laternula* (Bivalvia: Anomalodesmata). Journal of Experimental Marine Biology and Ecology Vol.405 Issues 1-2: 68-72

Light V E (1930) Photoreceptors in *Mya arenaria*, with special reference to their distribution, structure, and function. Journal of Morphology and Physiology 49: 1-41

Morton Brian (1976) The structure, mode of operation and variation in form of the shell of the Laternulidae (Bivalvia: Anomalodesmata: Pandoracea). Journal of Molluscan Studies Vol.42 Issue 2: 261-278

Morton Brian (2008) The Evolution of Eyes in the Bivalvia: New Insights. American Malacological Bulletin Vol.26 (1-2): 35-45

Morton Brian (2001) The Evolution of Eyes in the Bivalvia. Oceanography and Marine Biology: an Annual Review Vol.39: 165-205

Morton Brian (1973) The Biology and functional morphology of *Laternula truncata* (Lamarck 1818) (Bivalvia: Anomalodesmata: Pandoracea). Biological Bulletin Vol.145: 509-531

Morton Brian. (2000) The function of pallial eyes within the Pectinidae, with a description of those present in *Patinopecten yessoensis*. Evolutionary Biology of the Bivalvia, Geological Society Special Publication No.177: 247-255

Prezant Robert S, Sutcharit Chirasak, Chalermwat Kashane, Kakhai Nopadon, Duangdee Teerapong, Dumrongrojwattana Pongrat (2008) Population study of *Laternula truncata* (Bivalvia: Anomalodesmata: Laternulidae) in the mangrove sand flat of Kungkrabaen Bay, Thailand, with notes on Laternula cf. corrugate. The Raffles Bulletin of Zoology Supplement No.18: 57-73

Prezant Robert S, Shell Rebecca M and Wu Laying (2015) Comparative Shell Microstructure of Two Species of Tropical Laternulid Bivalves from Kungkrabaen Bay, Thailand with After-Thoughts on Laternulid Taxonomy. American Malacological Bulletin Vol.33 (1): 22-33

Savazzi Enrico (1990) Shell biomechanics in the bivalve Laternula. Lethaia Vol.23 (1): 93-101

下野 甲・冨山清升（2002）「鹿児島湾喜入町愛宕川河口干潟におけるソトオリガイの分布とサイズ季節変動」九州の貝（九州貝類談話会会報）Vol. 59 : 34-41

Matthias Strasser (1998) *Mya arenaria* – an ancient invader of the North Sea coast. Helgolander Meeresuntersuchungen Vol.52 Issue 3: 309-324

Zhuang Shuhong (2005) Influence of salinity, diurnal rhythm and daylength on feeding in *Laternula marilina* Reeve. Aquaculture Research Vol.36 Issue2: 130-136

**〈第３章　三つの眼を持つ空飛ぶ巻貝、フトヘナタリ〉**

網尾　勝（1963）「海産腹足類の比較発生学ならびに生態学的研究」水産大学校研究業績第 392 号： 229-358

Cockcroft Victor G and Forbes AT (1981) Growth, mortality, and longevity of *Cerithidea decollate* (Linnaeus) (Gastropoda, Prosobranchia) from Bayhead mangroves, Durban Bay, South Africa. Veliger 23(4): 300-308

福留早紀・冨山清升（2013)「鹿児島県喜入干潟におけるフトヘナタリ *Cerithidea rhizopyorarum* の繁殖行動　Reproductive behavior of *Cerithidea rhizophorarum* at Kiire tidal flat in Kagoshima, Japan」Nature of Kagoshima: an annual magazine for naturalists 39: 137-141

波部忠重（1955)「カワアイとフトヘナタリの産卵」貝類学雑誌 18 (3) : 204-205

Richard S Houbrick（1984）Revision of higher taxa in genus *Cerithidea* (Mesogastropoda: Potamididae) based on comparative morphology and biological data. American Malacological Bulletin Vol.2 : 1-20

金丸但馬（1942 )「日本貝類学史 (25)」貝類雑誌 12 ( 1-2 ) : 57-64

木村妙子・木村昭一・青木 茂（2000)「幻の胎殻―フトヘナタリとシマヘナタリの産卵と初期発生」VENUS Vol. 59 No.1 : 78

木村妙子・藤岡エリ子・木村昭一・青木 茂（2002)「干潟およびアシ原湿地に生息する腹足類 9 種の卵と幼生の形態比較」VENUS Vol.61 No.1-2 : 114-115

Kojima S, Kamimura S, Iijima A, Kimura T, Kurozumi T, Furota T (2006) Molecular phylogeny and population structure of tideland snails in the genus *Cerithidea* around Japan. Marine Biology 149 : 525-535

松村 勲（2009)「ヨシに付着するフトヘナタリの不思議な行動」ちりぼたん　Vol. 39 No. 3-4 : 153-155

Osamu Miura, Victor Frankel and Mark E Torchin (2011) Different developmental strategies in geminate mud snails, *Cerithideopsis californica* and *C. pliculosa*, across the Isthmus of Panama. Journal of Molluscan Studies 77 (3) : 255-258

Miura Osamu, Torchin Mark E, Bermingham Eldredge, Jacobs David K and Hechinger Ryan F (2012) Flying shell: historical dispersal of marine snails across Central America. Proceedings of the Royal Society B: Biological Sciences 279: 1061-1067

大滝陽美・真木英子・冨山清升（2001)「フトヘナタリの分布の季節変化と繁殖行動」VENUS Vol. 60 No. 3 : 199-210

大滝陽美・真木英子・冨山清升（2002 )「フトヘナタリの木登り行動」VENUS Vol. 61 No. 3-4 : 215-223

Onoda Go, Suzuka Tatsujiro, Takeuchi Yuka, Konagai Toshihiko and Tomiyama Kiyonori（2010）「フトヘナタリ（腹足綱：フトヘナタリ科）精包とその受け渡し Spermatophore

Transfer in the Dioecious Tidal Snail *Cerithidea rhizophorarum* (Gastropoda: Potamididae)」VENUS Vol. 68 No.3-4 :176-178

Ota Naotomo, Kawai Takashi and Hashimoto Atsushi (2013) Recruitment, growth, and vertical distribution of the endangered mud snail *Cerithidea rhizophorarum* A. Aams, 1855: implications for its conservation. Molluscan Research Vol.33 No.2 : 87-97

Reid DG, Dyal P, Lozouet P, Glaubrecht M, Williams S T (2008) Mudwhelks and mangroves: the evolutionary history of an ecological association (Gastropoda: Potamididae). Molecular Phylogenetics and Evolution Vol.47 No.2 : 680-699

若松あゆみ・冨山清升（2000）「北限のマングローブ林周辺干潟におけるウミニナ類分布の季節変化」VENUS Vol. 59 No. 3 : 225-243

和田恵次・西川知絵（2005）「河口域塩生湿地に生息する巻貝フトヘナタリ（腹足綱：フトヘナタリ科）の生息場所利用 日本ベントス学会誌 60 : 23-29

**〈第４章 干潟のウミウシたち〉**

Dayrat Benoit and Tillier Simon (2003) Goals and limits of phylogenetics: The Euthyneuran Gastropods (Molecular Systematics and Phylogeography of Mollusks, Edited by Charles Lydeard and David R Lindberg). Smithsonian Institution

伏谷伸宏（1990）「軟体動物後鰓類の化学防御機構」化学と生物 No.11 : 728-735

Thompson T (1988) Acidic allomones in marine organisms. J. Mar. Biol. Assoc. U.K. 68 (3): 499-517

Frings Hubert and Frings Carl (1965) Chemosensory bases of food-finding and feeding in *Aplysia juliana* (Mollusca, Opisthobranchia), Biological Bulletin, Vol.128 (2), 211-217

Gosliner Terrnce M and Behrens David W (2006) Anatomy of an Invasion: Systematics and Distribution of the Introduced Opisthobranch Snail, *Haminoea japonica* Pilsbry, 1895 (Gastropoda: Opisthobranchia: Haminoeidae). Proceedings of the California academy of sciences, Fourth Series Vol.57 (37), 1003-1010

Kandel Eric R (1979) Behavioral Biology of Aplysia. W.H. Freeman and Company, San Francisco

Lozada Paula Wendy M, Flores Libertine Agatha J, Tan Robert M and Dy Danilo T (2005) Abundance and ingestion rate of the sea hare, *Dolabella auricularia* (lightfoot, 1786) in a shallow embayment (Eastern mactan is., Cebu, Central Philippines). Philippine Scientist Vol.42 : 67-78

Malaquias Manuel Antonio E and Cervera Juan Lucas (2006) The genus *Haminoea* (Gastropoda: Cephalaspidea) in Portugal, with a review of the European species. Journal of Molluscan Studies 72 : 89-103

Prince Jeffrey S and Johnson Paul Micah (2013) Role of the Digestive Gland in Ink Production in Four Species of Sea Hares: An Ultrastructural Comparison. Journal of Marine Biology Vol. 2013 Article ID 209496 : 5

Pennings Steven C, Nadeau Masatomo T, and Paul Valerie J (1993) Selectivity and growth of the generalist herbivore *Dolabella auricular*ia feeding upon complementary resources. Ecolog, Vol. 74 (3) : 879-890

Thompson T E (1976) Biology of *Opisthobranch molluscs*. Volume 1, The Ray Society

Wagele Heike (2004) Potential key characters in Opisthobranchia (Gastropoda, Mollusca) enhancing adaptive radiation. Organisms Diversity & Evolution Vol. 4 (3, 2) : 175-188

Wagele Heike, Klussmann-Kolb Annette, Vonnemann Verena, and Medina Monica (2008) Heterobranchia 1. (Phylogeny and Evolution of the Mollusca Edited by Winston F Ponder and David R Lindberg) University of California Press : 385-408

Akimoto Ayana, Hirano Yayoi M, Sakai Atsushi, Yusa Yoichi (2014) Relative importance and interactive effects of photosynthesis and food in two solar-powered sea slugs. Marine Biology 161 (5) : 1095-1102

Clark Kerry B, Jensen Kathe R, and Stirts Hugh M (1990) Survey for functional kleptoplasty among West Atlantic Ascoglossa (=Sacoglossa) (Mollusca: Opisthobranchia) The Veliger 33: 339-345

Christa Gregor, Zimorski Verena, Woehle Christian, Tielens Aloysius GM, Wagele Heike, Martin William F and Gould Sven B (2014) Plastid-bearing sea slugs fix CO2 in the light but do not require photosynthesis to survive. Proc. R. Soc. B, 281, 20132493

Christa Gregor, Gould Sven B, Franken Johanna, Vleugels Manja, Karmeinski Dario, Handeler Katharina, Martin William F and Wagele Heike (2014) Functional kleptoplasty in a limapontioidean genus: phylogeny, food preferences and photosynthesis in *Costasiella*, with a focus on *C.ocellifera* (Gastropoda: Sacoglossa). Journal of Molluscan Studies 80: 499-507

Christa Gregor, Vries Jan de, Jahns Peter, and Gould Sven B (2014) Switching off photosynthesis. The dark side of sacoglossan slugs. Communicative & Integrative Biology 7(1): e28029

Evertsen Jussi, Burghardt Ingo, Johnsen Geir, Wagele Heike (2007) Retention of functional chloroplasts in some sacoglossans from the Indo-Pacific and Mediterranean. Mar Biol 151: 2159-2166

Jensen Kathe R (1991) Comparison of Alimentary Systems in Shelled and Non-shelled *Sacoglossa* (Mollusca, Opisthobranchia). Acta Zoologica (Stockholm) 72 No.3: 143-150

Jensen Kathe R (1993) *Morphological adaptations* and plasticity of radular teeth of the Sacoglossa

(=Ascoglossa)(Mollusca: Opisthobranchia) in relation to their food plants. Biological Journal of the Linnean Society 48: 135-155

Klochkova Tatyana A, Han Jong Won, Kim Ju-Hyoung, Kim Kwang Young and Kim Gwang Hoon (2010) Feeding specificity and photosynthetic activity of Korean sacoglossan mollusks. Algae 25 (4): 217-227

Klochkova Tatyana A, Han Jong Won, Chah Kyong-Hwa, Kim Ro Won, Kim Ju-Hyoung, Kim Kwang Young, Kim Gwang Hoon (2013) Morphology, molecular phylogeny and photosynthetic activity of the sacoglossan mollusk, *Elysia nigrocapitata*, from Korea.Mar. Biol. 160: 155-168

Yamamoto Yoshiharu, Yusa Yoichi, Yamamoto Shoko, Hirano Yayoi, Hirano Yoshiaki, Motomura Taizo, Tanemura Takanori, Obokata Junichi (2009) Identification of photosynthetic sacoglossans from Japan. Encocytobiosis Cell Res. 19: 112-119

Maeda Taro, Kajita Tadashi, Maruyama Tadashi, and Hirano Yoshiaki (2010) Molecular Phylogeny of the Sacoglossa, With a Discussion of Gain and Loss of Kleptoplasty in the Evolution of the Group. Biol. Bull. 219: 17-26

Miyamoto Ayaka, Sakai Atsushi, Nakano Rie, Yusa Yoichi (2015) Phototaxis of sacoglossan sea slugs with different photosynthetic abilities: a test of the 'crawling leaves' hypothesis. Marine Biology 162 (6) : 1343-1349

山本義治・種村尚典・遊佐陽一・平野弥生・平野義明・本村泰三・小保方潤一（2008）「光合成をするウミウシ」うみうし通信　No. 60 : 10-11

山本義治（2008）「盗葉緑体により光合成する嚢舌目ウミウシ」光合成研究 18 (2) : 42-45

山本晶子・平野弥生・平野義明・Cynthia D Trowbridge・酒井　敦・遊佐陽一（2012）「盗葉緑体による光合成が嚢舌類２種の生存および成長に果たす役割」VENUS 70 (1-4)

## 〈第５章 カサガイの楽しみ〉

岩崎敬二（1999）『貝のパラダイス』東海大学出版会

Iwasaki K (1992) Factors affecting individual variation in resting site fidelityvin the patellid limpet, *Cellana toreuma* (Reeve). Ecol Res 7: 305-331

Branch G M (1971) The Ecology of *Patella* Linnaeus from the Cape Peninsula, South Africa I. Zonation, Movements and Feeding. Zool Afr 6: 1-38

John Stimson (1973) The Role of the Territory in the Ecology of the Intertidal Limpet *Lottia Gigantea* (Gray) Ecology Vol. 54

Connor Valerie M (1986) The use of mucous trails by intertidal limpets to enhance food resources. Biol. Bull. 171: 548-564

Morton Brain (1980) Selective site segregation in Patelloida (Chiazamea) Pygmaea (Dunker) and P.(C.) Lampanicola Habe (Gastropoda: Patellacea) on a Hong Kong shore. Journal of Experimental Marine Biology and Ecology Vol.47(2) : 149-171

McQuaid Christopher D, Froneman Pierre W (1993) Mutualism between the territorial intertidal limpet *Patella longicosta* and the crustose alga *Ralfsia verrucosa*. Oecologia Vol.96 No.1: 128-133

網尾　勝（1963）「海産腹足類の比較発生ならびに生態学的研究」水産大学校研究業績第 392 号 : 229-358

石井紀明（1993）「海産貝類の歯舌における金属元素の化学特性」月刊海洋　637-664

大越健嗣（2007）『海のミネラル学─生物との関わりと利用』東海大学出版会

金谷　弦（2013）「芦崎干潟におけるツボミガイの生息状況」平成 23 年度むつ市文化財調査報告第 40 集 : 77-83

中井静子（2008）東北大学博士論文

Nakai Shizuko, Miura Osamu, Maki Masayuki and Chiba Satoshi (2006) Morphological and habitat divergence in the intertidal limpet P*atelloida pygmaea*. Marine Biology Vol.149 No.3 : 515-523

中井静子・三浦　収・牧　雅之・千葉　聡（東北大学・生命科学）(2007)「潮間帯笠貝 Patelloida における生態的・形態的分化」日本生態学会第 4 回大会要旨

中井静子・若山典央・千葉聡（2009）「潮間帯カサガイ Patelloida における特異な生息地への機能的適応」日本生態学会第 56 回大会要旨

中野智之・小澤智生（2004）「シボリガイの分類学的再検討」日本貝類学会平成 16 年度大会発表

Nakano Tomoyuki and Ozawa Tomowo (2005) Systematic revision of *Patelloida pygmaea* (Dunker, 1860) (Gastropoda: Lottiidae), with a description of a new species. Journal of Molluscan Studies 71: 357-370

Plaganyi Eva E, Branch George M (2000) Does the limpet Patella cochlear fertilize its own algal garden? Marine Ecology Progress Series Vol.194: 113-122

佐々木猛智（1999）「日本産カサガイ類の分類の現状と課題（2）ユキノカサガイ科」ちりぼたん　Vol.29 (3) : 37-46

Sasaki T & Okutani T (1994) An analysis on "*Collisella heroldi*" complex (Gastropoda: Lottiidae), with description of three new species. Venus (Jap. Jour. Malac.) 53 (4) : 251-285

## 著者紹介

干潟で調査中の小倉

### 小倉雅實（おぐら まさみ）

1949 年、神奈川県生まれ。
東京都立大学理学部生物学科で生態学を専攻後、医療関係に勤務しながら、神奈川県小網代の森での保全活動に携わり、小網代湾の干潟で長年生物調査を行う。
著書に『愉しい干潟学』（共著、八坂書房）。
NPO 小網代野外活動調整会議理事。

アサリの砂抜きを観察していたら情が移って食べられなくなり困っている江良

### 江良弘光（えら ひろあき）

1972 年、東京都生まれ。

サイエンティフィックイラストレーター。

昆虫を中心に様々な生物を描いている。

著書に『小網代の谷のカニ図鑑』『小網代干潟の生きものたち』（共に、小網代野外活動調整会議）など。

NPO 小網代野外活動調整会議干潟調査員。

**干潟に生きる小さな貝たち**

のどかで楽しい不思議な暮らし

2021年8月21日　初版第1刷発行

著　　者　小倉雅實
　　　　　江良弘光
発 行 者　八坂立人
印刷・製本　シナノ書籍印刷(株)

発 行 所　(株)八坂書房

〒101-0064 東京都千代田区神田猿楽町 1-4-11
TEL.03-3293-7975　FAX.03-3293-7977
URL: http://www.yasakashobo.co.jp





ISBN 978-4-89694-290-3